纪　金　主编

纪建华　梦　露　副主编

电机
安装与检修技能
快速学

U0229096

化学工业出版社

·北京·

本书图文结合，全面介绍了各类电动机的基本知识和维修技巧，主要包括电动机的分类与特性、电动机的基本结构与工作原理、电动机拆装与绕组重绕、三相异步电动机维修、单相电动机维修、直流电动机维修、潜水电泵电机维修、直流电机稳速原理、罩极式电动机维修、同步电机维修、步进电动机维修等，适于初学者快速入门，也适于电机维修人员全面提升技能。

　　本书可供从事电动机使用与维修的人员使用，也可作为高等职业院校及专科学校有关专业师生的教学参考书，还可作为职工的培训用书。

图书在版编目（CIP）数据

电机安装与检修技能快速学/纪金主编. —北京：
化学工业出版社，2017.3
ISBN 978-7-122-28866-0

Ⅰ.①电… Ⅱ.①纪… Ⅲ.①电机-安装②电机-检修　Ⅳ.①TM30

中国版本图书馆 CIP 数据核字（2017）第 008663 号

责任编辑：刘丽宏　　　　　　　　文字编辑：孙凤英
责任校对：王素芹　　　　　　　　装帧设计：刘丽华

出版发行：化学工业出版社（北京市东城区青年湖南街 13 号　邮政编码 100011）
印　　刷：北京云浩印刷有限责任公司
装　　订：三河市瞰发装订厂
850mm×1168mm　1/32　印张 11¾　字数 337 千字
2017 年 4 月北京第 1 版第 1 次印刷

购书咨询：010-64518888（传真：010-64519686）　　售后服务：010-64518899
网　　址：http://www.cip.com.cn
凡购买本书，如有缺损质量问题，本社销售中心负责调换。

定　　价：48.00 元

前　言

　　电动机是一种把电能转换成机械能的设备，它广泛应用于工农业生产、国防建设、科学研究和日常生活等各个方面。目前，在我国电网的总负荷中，电动机的用电量约占60％，充分说明电动机在我国国民经济生产和人们生活中所起的作用非同一般。为了能使初学者更快地掌握电动机维修方面的知识，我们特编写了本书。

　　本书从最基本的电动机修理知识着手，详细讲解了电动机的绕组与拆装、绕组重绕、计算方法及改制，单相异步电动、三相异步电动机、串激电动机、直流电动机嵌线与维修，电子调速直流电机、罩极式电动机及同步电机维修等内容，同时也对工具及测试仪器和机电维修与故障诊断方面的知识作了较详细的介绍。

　　书中所讲解的内容，都是从生产实践中提炼出来的，读者经过学习、理解和掌握后，就可用于实际操作了。在编写过程中，重点突出图解的形式，力求图文并茂、文字简明，使广大读者在轻松的阅读中迅速掌握电机检修技能。

　　本书由纪金任主编，纪建华、梦露任副主编，参加本书编写的还有刘道、刘军辉、罗名干、骆金梅、牟睿、彭文珍、司胜南、宋晓龙、万建刚、韦加法、伍先长、耿霞、冯单、张伯虎、纪宁、纪学永、耿建建、顾承志、冯颖辉、刘宗欢、黄建新、张贺、魏宣、马英、张伯虎等。

由于水平所限，书中难免存在不足之处，恳请广大读者批评指正。

编者

目 录

第3章 三相异步电动机的维修 (087)

第4章　单相电动机维修　(225)

第5章　直流电动机维修　(281)

第6章　潜水电泵电机维修　(296)

第7章 小型电机维修 335

参考文献 364

第1章 电动机的基础知识

1.1 电动机的分类与特性

1.1.1 电动机的分类

（1）**电动机的分类**　电动机种类较多，分类如表 1-1 所示。

表 1-1　电动机分类

电动机	直流电动机			
	交流电动机	异步电动机	单相异步电动机	
			三相异步电动机	鼠笼型电动机
				绕线型电动机
		同步电动机		

（2）**电动机的型号**　电动机编号方法如图 1-1 所示。

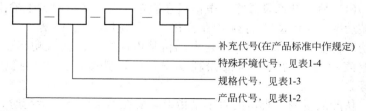

补充代号(在产品标准中作规定)

特殊环境代号，见表1-4

规格代号，见表1-3

产品代号，见表1-2

图 1-1　电动机编号方法

表 1-2　电动机产品代号

电动机代号	代号汉字意义	电动机代号	代号汉字意义
Y	异	YQ	异起
YR	异绕	YH	异（滑）
YK	异（快）	YD	异多
YRL	异绕（快）	YL	异立
YRL	异绕立	YEP	异（制）旁

表 1-3　电动机规格代号

产品名称	产品型号构成部分及其内容
小型异步电动机	中心高（mm）—机座长度（字母代号）—铁芯长度（数字代号）—极数
大、中型异步电动机	中心高（mm）—铁芯长度（数字代号）—极数
小型同步电动机	中心高（mm）—机座长度（字母代号）—铁芯长度（数字代号）—极数
大、中型同步电动机	中心高（mm）—铁芯长度（数字代号）—极数
交流换向器电动机	中心高或机壳外径（mm）（或/）铁芯长、转速（均用数字代号）

表 1-4　电动机特殊环境代号

汉字意义	汉语拼音代号	汉字意义	汉语拼音代号
热带用	T	船（海）用	H
湿热带用	TH	化工防腐用	F
干热带用	TA	户外用	W
高原用	G		

1.1.2　电动机主要性能指标

（1）**额定功率及效率**　电动机在额定状态下运行时轴上输出的机械功率，是电动机的额定功率 P_{2N}，单位以千瓦（kW）计。输出功率与输入功率不等，它比电动机从电网吸取的输入功率要小，其差值就是电动机本身的损耗功率，包括铁损、铜损和机械损耗等。

从产品目录中查得的效率是指电动机在额定状态下运行时，输出功率与输入功率的比值。因此三相异步电动机的额定输入功率

P_{1N} 可由铭牌所标的额定功率 P_{2N}（或从产品目录中查得）和效率 η_N 求得，即 $P_{1N}=P_{2N}/\eta_N$。

三相异步电动机的额定功率可用下式计算：

$$P_{2N}=\frac{\sqrt{3}U_N I_N \cos\phi\, \eta_N}{1000}\ (kW)$$

式中　P_{2N}——电动机的额定功率，kW；

　　　U_N——电动机的额定线电压，V；

　　　I_N——电动机的额定线电流，A；

　　　$\cos\phi$——电动机在额定状态运行时，定子电路的功率因数；

　　　η_N——电动机在额定状态运行时的效率。

电动机运行在非额定情况时，此公式也成立，只是各物理量均为非额定值。

三相异步电动机的效率和功率因数如表 1-5 所示。

表 1-5　三相异步电动机的效率和功率因数

功率		10kW 以下	10~30kW	30~100kW
2 极	效率 $\eta/\%$	76~86	87~89	90~92
	功率因数 $\cos\phi$	0.85~0.88	0.88~0.90	0.91~0.92
4 极	效率 $\eta/\%$	75~86	86~89	90~92
	功率因数 $\cos\phi$	0.76~0.78	0.87~0.88	0.88~0.90
6 极	效率 $\eta/\%$	70~85	86~89	90~92
	功率因数 $\cos\phi$	0.68~0.80	0.81~0.85	0.86~0.89

（2）电压与接法　电动机在额定运行情况下的线电压为电动机的额定电压，铭牌上标明的"电压"就是指加在定子绕组上的额定电压（U_N）值。目前在全国推广使用的 Y 系列中小型异步电动机额定功率在 4kW 及以上的，其额定电压为 380/220V，为 Y/△接法。这个符号的含义是当电源线电压为 380V 时，电动机的定子绕组应接成星形（Y）；而当电源线电压为 220V 时，定子绕组应接成三角形（△）。

一般规定电动机的电压不应高于或低于额定值的 5%。当电压高于额定值时，磁通将增大（因 $U_1=4.44f_1 N_1 f\Phi$），会引起励磁电流的增大，使铁损大大增加，造成铁芯过热。当电压低于额定值时，将引起转速下降，定子、转子电流增加，在满载或接近满载时，可能使电流超过额定值，引起绕组过热，在低于额定电压下较长时间运行时，由于转矩与电压的平方成正比，在负载转矩不减小的情况下，可能造成严重过载，这对电动机的运行是十分不利的。

(3) **额定电流**   电动机在额定运行情况下的定子绕组的线电流为电动机的额定电流（I_N），单位为 A。对于"380V、△接法"的电动机，对应的线电流只有一个；而对于"380/220V、Y/△接法"的电动机，对应的线电流则有两个。在运行中应特别注意电动机的实际电流，不允许长时间超过额定电流值。

(4) **额定转速**   电动机在额定状态下运行时，电动机转轴的转速称为额定转速，单位为 r/min。

(5) **温升及绝缘等级**   温升是指电动机在长期运行时所允许的最高温度与周围环境的温度之差。我国规定环境温度取 40℃，电动机的允许温升与电动机所采用的绝缘材料的耐热性能有关，常用绝缘材料的等级和最高允许温度如表 1-6 所示。

表 1-6   绝缘等级与温升的关系

绝缘等级	A	E	B	F	H
绝缘材料最高允许温度/℃	105	120	130	155	180
电机的允许温升/℃	60	75	80	100	125

(6) **定额**（或工作方式）   定额指电动机正常使用时允许连续运转的时间。一般分有连续、短时和断续三种工作方式。

连续：指允许在额定运行情况下长期连续工作。

短时：指每次只允许在规定时间内额定运行、待冷却一定时间后再启动工作，其温升达不到稳定值。

断续：指允许以间歇方式重复短时工作，它的发热既达不到稳定值，又冷却不到周围的环境温度。

(7) **功率因数**   铭牌上给定的功率因数指电动机在额定运行情况下的额定功率因数（cosφ）。电动机的功率因数不是一个常数，它是随电动机所带负载的大小而变动的。一般电动机在额定负载运行时的功率因数为 0.7～0.9，轻载和空载时更低，空载时功率因数只有 0.2～0.3。

由于异步电动机的功率因数比较低，因此应力求避免在轻载或空载的情况下长期运行。对较大容量的电动机应采取一定措施，使其处于接近满载情况下工作，并采取并联电容器来提高线路的功率因数。

(8) **额定频率**　电动机在额定运行情况下，定子绕组所接交流电源的频率称额定频率（f），单位为 Hz。我国规定标准交流电源频率为 50Hz。

(9) **功率因数**　电动机有功功率与视在功率之比称为功率因数。异步电动机空载运行时，功率因数为 0.2。异步电动机在额定功率下运行的功率因数如表 1-5 所示。

(10) **启动电流**　电动机启动时的瞬间电流称为启动电流。电动机的启动电流一般是额定电流的 5.5～7 倍。

(11) **启动转矩**　电动机在启动时所输出的力矩称启动转矩，常用启动转矩与额定转矩的倍数来表示。异步电动机的启动转矩一般是额定转矩的 1～1.8 倍。

(12) **最大转矩**　电动机所能拖动最大负载的转矩，称为电动机的最大转矩，常用最大转矩与额定转矩的倍数来表示。异步电动机的最大转矩一般是额定转矩的 1.8～2.2 倍。

1.1.3　电动机的选择

(1) **电动机容量的选择**　要为某一台生产机械选配电动机，首先需要考虑电动机的容量。如果电动机的容量选大了，则虽然能保证设备正常运行，但是不仅增加了投资，而且由于电动机经常不是在满负荷下运行，它的效率和功率因数也都不高，会造成电力的消费；如果电动机的容量选小了，则就不能保证电动机的生产机械正常运行，不能充分发挥生产机械的效能，并会使电动机过早地损坏。

电动机的容量是根据它的发热情况来选择的。在容许温度以内，电动机绝缘材料的寿命为 15～25 年。如果超过了容许温度，则电动机的使用年限就要缩短；一般说来，多超过 8℃，使用寿命就要缩短一半。电动机的发热情况，又与负载的大小及运行时间的长短（运行方式）有关。所以应按不同的运行方式来考虑电动机容量的选择问题。

电动机的运行方式通常可分为长期运行、短时运行和重复短时运行三种。下面分别进行讨论。

① 长期运行电动机容量的选择

a. 在恒定负载下长期运行的电动机容量＝生产机械所需的功率/效率。

b. 在变动负载下长期运行的电动机，选择其容量时，常采用等效负载法，就是假设一个恒定负载来代替实际的变动负载，但是两者的发热情况应相同，然后按 a 所述原则选择电动机容量，所选容量应等于或略大于等效负载。

② 短时运行电动机容量的选择　所谓短时运行方式，是指电动机的温升在工作期间未达到稳定值，而停止运转时，电动机能完全冷却到周围环境的温度。

电动机在短时运行时，可以容许过载，工作时间越短，则过载就可以越大，但过载量不能无限增大，必须小于电动机的最大转矩。选择电动机容量可根据过载系数 λ（最大转矩/额定转矩）来考虑电动机的预定功率≥生产机械所要求的功率/λ。

③ 重复短时运行电动机容量的选择　专门用于重复短时运行的交流异步电动机为 JZR 和 JZ 系列。标准负载持续率分 15％、25％、40％和 60％四种，重复运行周期不大于 10min。电动机的功率也可应用等效负载法来选择。

(2) 电动机种类的选择　选择电动机的种类是从交流或直流、机械特性、调速与启动性能、维护及价格等方面来考虑的。

① 要求机械特性较好而无特殊调速要求的一般生产机械，如功率不大的水泵、通风机和小型机床等，应尽可能选用鼠笼式电动机。

② 某些要求启动性能较好，在不大的范围内平滑调速的设备，如起重机、卷扬机等，可采用绕线式电动机。

③ 为了提高电网的功率因数，并且功率较大而又不需要调速的生产机械，如大功率水泵和空气压缩机等，可采用同步电

动机。

④ 在设备有特殊调速大启动转矩等方面的要求而交流电动机不能满足时，才考虑使用直流电动机。

(3) 电动机电压的选择 交流电动机额定电压一般选用 380V 或 380V 和 220V 两用，只有大容量的交流电动机才采用 3000V 或 6000V 的额定电压。

(4) 电动机转速的选择 电动机的额定转速是根据生产机械的要求而选定的。但是，当功率一定时，电动机的转速越低，其尺寸就越大，价格越贵，而且效率越低。因此，如无安装尺寸等特殊要求时，就不如购买一台高速电动机再另配减速器，这样更便宜些。通常电动机都采用 4 极的（同步转速 $n_0 = 1500\text{r/min}$）。

(5) 电动机结构形式的选择 为保证电动机在不同环境中安全可靠地运行，电动机结构形式的选择可参照下列原则：

① 灰尘少、无腐蚀性气体的场合选用防护式。

② 灰尘多、潮湿或含有腐蚀性气体的场合选用封闭式。

③ 有爆炸性气体的场合选用防爆式。

(6) 直接传动 使用联轴器把电动机和设备的轴直接连接起来的传动，叫做直接传动。这种传动方式的优点是：传动效率高、设备简单、成本低、运行可靠、安全性好。因此，当电动机的转速和所带动的设备如风机、水泵等的转速相同时，应尽可能采用这种传动装置。

(7) 皮带传动 当电动机和所带动的设备转速不一致时，就需要采用变速的传动装置，最简单的方式就是皮带传动。这种传动方式的优点是：结构简单、成本低廉、拆装方便，并可以缓和由负载引起的冲击和振动。

① 平皮带传动 平皮带传动的最大优点是简单易做、工作可靠，如果安装得恰当，则其传动效率可达 95%。但这种皮带的传动比不宜大于 5，一般采用 3，所以在传动比不大的情况下，可以选用这种传动方式。

② 三角皮带传动 三角皮带传动可以得到比较大的传动比，最高可达 10，并且两皮带轮的中心距可以比较近。此外，以这种方式运转时振动小、效率高，故可用于许多场合。其缺点是，寿命

较短，成本较高。

(8) 电动机的安装 对于安装位置固定的电动机，在使用过程中，如果不是与其他机械配套安装在一起，则均应采用混凝土或砖砌成的基础。混凝土基础要在电机安装前 15 天做好；砖砌基础要在安装前 7 天做好。基础面应平整，基础尺寸应符合设计要求，并留有装地脚螺栓的孔眼，其位置应正确，孔眼要比螺栓大一些，以便于灌浆。地脚螺栓的下端要做成钩形，以免拧紧螺栓时，螺栓跟着转动。浇灌地脚螺栓可用 1∶1 的水泥砂浆，灌浆前应先用水将孔眼灌湿冲净，然后再灌浆捣实。

至于经常流动使用的电动机，可因地制宜，采用合适的安装结构。但必须注意，不管在什么情况下，都要保证有足够的强度，避免造成不必要的人身设备事故。

选择安装电动机的地点时一般应注意以下几点：

① 尽量安装在干燥、灰尘较少的地方。

② 尽量安装在通风较好的地方。

③ 尽量安装在较宽敞的地方，以便于进行日常操作和维修。

(9) 电动机的安装与校正

① 电动机的水平校正 电动机在基础上安放好后，首先应检查它的水平情况，可用普通水平仪来校正电动机的纵向和横向的水平情况。如果不平，可用 0.5～5mm 厚的钢片垫在机座下进行找平。不能用木片和竹片垫在机座下，以免在拧紧螺母或在以后电动机运行中木、竹片变形或碎裂。

校正好电动机水平后，再校正传动装置。

② 皮带传动的校正 用皮带传动时，必须使电动机皮带轮的轴和被传动机器皮带轮的轴保持平行位置，同时还要将两皮带轮宽度的中心线调整到同一直线上来。

③ 联轴器的传动的校正

a.以机器或泵为基准调整两联轴器，使之轴向平行，若不平行，则应加垫或减垫。

b.找正两联轴器平面，如两联轴器上面间隙大，则减少前面垫铁；如下面间隙大，则减少后边垫铁。两联轴器容许平面间隙应合乎表 1-7 的规定。

表 1-7　两联轴器容许平面间隙　　　　　　　　　　　mm

联轴器直径	两联轴器容许平面间隙
90～140	2.5
140～260	2.5～4
200～500	4～6

1.2 三相异步电动机的基本结构与工作原理

1.2.1　三相异步电动机的构造

　　三相异步电动机分成两个基本部分：定子（固定部分）和转子（旋转部分）。三相鼠笼式异步电动机的构造如图 1-2 所示。

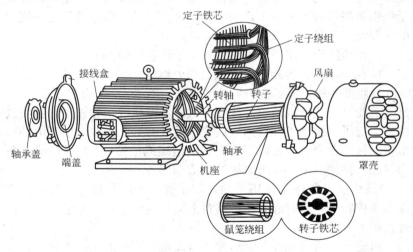

图 1-2　三相鼠笼式异步电动机的构造

　　(1) 定子　电动机的静止部分称为定子，主要包括有定子铁芯、定子绕组和机座等部件。

　　① 定子铁芯　定子铁芯的作用是作为电机磁路的一部分，并在其上放置定子绕组。定子铁芯一般由 0.35～0.5mm 厚、表面具有绝缘层的硅钢片（涂绝缘漆或硅钢片表面具有氧化膜绝缘层）冲

制、叠压而成，在铁芯的内圆冲有均匀分布的槽，用以嵌放对称的三相绕组 AX、BY、CZ，有的连接成星形，有的连接成三角形。

② 定子绕组　定子绕组是电动机的电路部分，通入三相交流电，产生旋转磁场。当三相异步电动机通以三相交流电时，在定子与转子之间的气隙中形成旋转磁场，电动机的转子处以旋转磁场切割转子导体，将在转子绕组中产生感应电动势和感应电流。转子电流产生的磁场与定子所通电流产生的旋转磁场相互作用，根据左手定则，转子将受到电磁力矩的作用而旋转起来，旋转方向与磁场的方向相同，而旋转速度略低于旋转磁场的转速。

小型异步电动机的定子绕组通常用高强度漆包线（铜线）绕制各种线圈后，再嵌放在定子铁芯槽内。大、中型电动机则用各种规格的铜条经过绝缘处理后，再嵌入在定子铁芯槽内。为了保证各导电部分与铁芯之间的可靠绝缘以及绕组本身之间的可靠绝缘，在定子绕组制造过程中采取了许多绝缘措施。三相异步电动机定子绕组的主要绝缘项目有以下三种。

a. 对地绝缘：定子绕组整体与定子铁芯之间的绝缘。

b. 相间绝缘：各相定子绕组之间的绝缘。

c. 匝间绝缘：每相绕组各线匝之间的绝缘。

三相异步电动机绕组的接线方式有星形接线法和三角形接线法两种。定子三相绕组在槽内嵌放完毕后共有 6 个出线端引到电动机机座的接线盒内，可按需要将三相绕组接成星形（Y）接法或三角形（△）接法。定子绕组的接线方法如图 1-3 所示。

③ 机座　机座的作用是固定定子铁芯和定子绕组，并以两个端盖支撑转子，同时起到保护整台电动机的电磁部分和散发电动机运行中产生的热量。

机座通常为铸铁件，大型异步电动机机座一般用钢板焊成，而有些微型电动机的机座采用铸铝件以降低电动质量，封闭式电动机的机座外面设有散热筋以增加散热面积，防护式电动机的机座两端端盖开有通风孔，使电动机内外的空气可以直接对流，以利于散热。

（2）**转子**　转子是电动机的旋转部分，包括转子铁芯、转子绕组和转轴等部件。

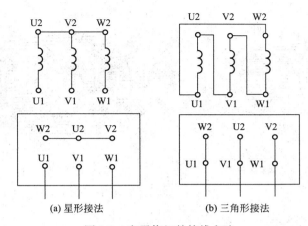

(a) 星形接法　　　　　(b) 三角形接法

图 1-3　定子绕组的接线方法

① 转子铁芯　转子铁芯作为电动机磁路的一部分，并随转子绕组旋转，一般用 0.5mm 厚的硅钢片冲制、叠压而成，硅钢片外圆冲有均匀分布的孔，用来安置转子绕组。通常都是用定子冲落后的硅钢片内圆来冲制转子铁芯。一般小型异步电动机的转子铁芯直接压装在转轴上，而大、中型异步电动机（转子直径在 300～400mm 以上）的转子铁芯则借助于转子支架压在转轴上。

② 转子绕组　转子绕组的作用是切割定子磁场，产生感应电动势和电流，并在旋转磁场的作用下受力而使转子转动。根据构造的不同可分为鼠笼式转子和绕线式转子两种类型。

a.鼠笼式转子。鼠笼式转子通常有两种结构形式，中、小型异步电动机的鼠笼式转子一般为铸铝式转子，即采用离心铸铝法，将熔化了的铝浇在转子铁芯槽内成为一个完整体，连两端的短路环和风扇叶片一起铸成。图 1-4(a) 所示为铸铝转子的绕组部分，图 1-4(b) 所示为整个铸铝转子结构。而所谓离心铸铝法即是让转子铁芯高速旋转，使熔化的铝在离心力作用下能充满铁芯槽内的各部分，以避免出现气孔或裂缝。

另一种结构为铜条转子，即在转子铁芯槽内放置没有绝缘的铜条，铜条的两端用短路环焊接起来，形成一个鼠笼开关，铜条转子结构如图 1-5 所示。

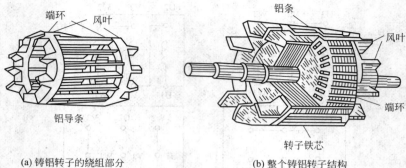

(a) 铸铝转子的绕组部分

(b) 整个铸铝转子结构

图 1-4　铸铝转子结构

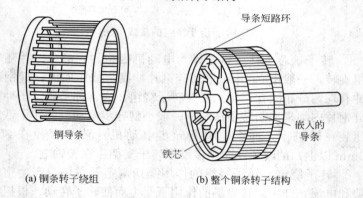

(a) 铜条转子绕组

(b) 整个铜条转子结构

图 1-5　铜条转子结构

　　笼式电动机由于构造简单、价格低廉、工作可靠、使用方便，成为生产上应用得最广泛的一种电动机。

　　b. 绕线式转子。绕线式异步电动机的定子绕组结构与鼠笼式异步电动机完全一样，但其转子绕组与鼠笼式异步电动机截然不同，绕线式转子绕组也和定子绕组一样做成三相对称绕组，其极对数和定子绕组也相同。三级转子绕组一般都接成星形接法，三相绕组的首端引出线接到固定在转轴上并互相绝缘的 3 个铜制滑环上，通常就是根据绕线式异步电动机具有 3 个滑环的构造特点来辨认。由一组安装在端盖上的电刷与滑环接触，转子三相绕组通过三相电刷连接到外电路上（一般为频敏变阻器等），如图 1-6 所示。

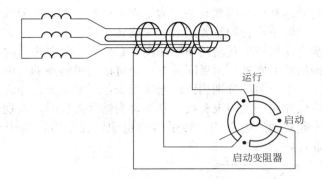
运行

启动

启动变阻器

图 1-6　绕线式转子绕组与外加电阻接线图

由于绕线式电动机转子结构较复杂（与鼠笼式转子相比），加上电刷与滑环的接触面有可能出现接触不良的故障，因此绕线式电动机的应用不如鼠笼式电动机那样广泛。但由于绕线式电动机的启动及调速性能较好，故在要求一定范围内能进行平滑调速的设备，如吊车、电梯、空气压缩机等上面被广泛采用。

转轴用以传递转矩及支承转子的质量，一般都由中碳钢或合金钢制成。

（3）其他附件

① 端盖　分别装在机座的两侧，起支承转子的作用，一般为铸铁件。

② 轴承　连接转动部分与不动部分，目前中、小型电动机采用滚动轴承以减小摩擦，大型及部分中型电动机采用滑动轴承。

③ 轴承端盖　保护轴承，使轴承内的润滑油不致溢出。

④ 风扇　冷却电动机。

鼠笼式和绕线式电动机只是转子的构造不同，二者的工作原理是一样的。鼠笼式电动机作为生产上应用得最广泛的电动机，在变频器和软启动开关的配合下，可在很多场合代替绕线式电动机。

1.2.2　三相异步电动机的转动原理

在实践中我们看到，一台三相异步电动机的定子绕组接通三相电源后，转子就会以某种速度转动。通电后电动机为什么会转动，电动机的转速和哪些因素有关？为了理解这些问题，下面我们首先分析讨论使转子旋转的重要因素——旋转磁场。

异步电动机转子转动的演示如图 1-7 所示，图中所示的是一个装有手柄的蹄形磁铁，磁极间放有一个可以自由转动的、由铜条组成的转子。铜条两端分别用铜环连接起来，形似鼠笼，作为鼠笼式转子。磁极和转子之间没有机械联系。当摇动磁极时，发现转子跟着磁极一起转动。摇得快，转子转得也快；摇得慢，转子转得也慢；反摇，转子马上反转。

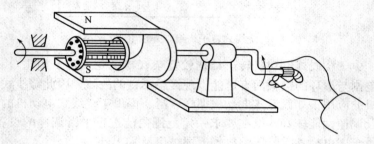

图 1-7　异步电动机转子转动的演示

从这一演示得出两点启示：第一，有一个旋转的磁场；第二，转子跟着磁场转动。异步电动机转子转动的原理是与上述演示相似的。那么，在三相异步电动机中磁场从何而来，又怎么还会旋转呢？下面就首先来讨论这个问题。

(1) 旋转磁场

① 旋转磁场的产生　三相异步电动机的定子铁芯中放有三相对称绕组 AX、BY、CZ，设将三相绕组连接成星形，接在三相电源上，绕组中便通入三相对称电流。

$$i_A = I_m \sin\omega t \tag{1-1}$$

$$i_B = I_m \sin(\omega t - 120°) \tag{1-2}$$

$$i_C = I_m \sin(\omega t + 120°) \tag{1-3}$$

三相对称电流的波形如图 1-8 所示。取绕组始端到末端的方向作为电流的参考方向。在电流的正半周时，其值为正，其实际方向与参考方向一致；在负半周时，其值为负，其实际方向与参考方向相反。

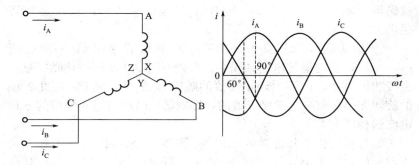

图 1-8　三相对称电流

三相电流产生的旋转磁场（$p=1$）如图 1-9 所示，在 $\omega t=0°$ 的瞬时，定子绕组中的电流方向如图 1-9(a) 所示。这时 $i_A=0$；i_B 是负的，其方向与参考方向相反，即自 Y 到 B；i_C 是正的，其方向与参考方向相同，即自 C 到 Z。将每相电流所产生的磁场相加，便得出三相电流的合成磁场。在图 1-9(a) 中合成磁场轴线的方向是自上而下。

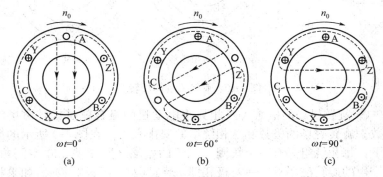

图 1-9　三相电流产生的旋转磁场（$p=1$）

图 1-9(b) 所示的是 $\omega t=60°$ 时定子绕组中电流的方向和三相电流的合成磁场的方向。这时的合成磁场已在空间转过了 $60°$。

同理可得在 $\omega t=90°$ 时的三相电流的合成磁场，它比 $\omega t=60°$ 时的合成磁场在空间又转过了 $30°$，如图 1-9(c) 所示。

由上可知，当定子绕组中通入三相电流后，它们共同产生的合成磁场是随电流的交变而在空间不断地旋转着的，这就是旋转磁场。

②　旋转磁场的转向　　图 1-9（c）所示的情况是 A 相电流 $i_A = +I_\omega$，这时旋转磁场轴线的方向恰好与 A 相绕组的轴线一致。在三相电流中，电流出现正幅值的顺序为 A 到 B 到 C，因此磁场的旋转方向是与这个顺序一致的，即磁场的转向与通入绕组的三相电流的相序有关。

如果将三相电源连接的三根导线中的任意两根的一端对调位置，例如对调了 B 与 C，则电动机三相绕组的 B 相与 C 相对调（注意：电源三相端子的相序未变），旋转磁场因此反转，如图 1-10 所示。

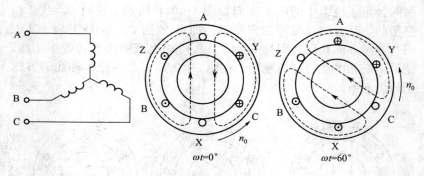

图 1-10　旋转磁场的反转

③　旋转磁场的极数　　三相异步电动机的极数就是旋转磁场的极数。旋转磁场的极数和三相绕组的安排有关。在图 1-9 所示的情况下，每相绕组只有一个线圈，绕组的始端之间相差 120°空间角，则产生的旋转磁场具有一对极，即 $p=1$（p 是磁极对数）。如果将定子绕组安排得如图 1-11 所示那样，即每相绕组有两个线圈串联，绕组的始端之间相差 60°空间角，则产生的旋转磁场具有两对极，即 $p=2$，如图 1-12 所示。

同理，如果要产生有三对极即 $p=3$ 的旋转磁场，则每相绕组必须有均匀安排在空间的串联的 3 个线圈，绕组的始端之间相差 40°（$=120°/p$）空间角。

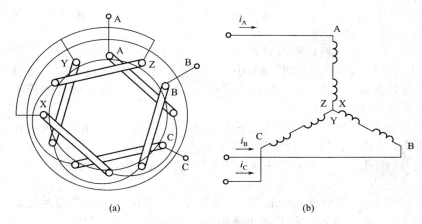

图 1-11 产生四极旋转磁场的定子绕组

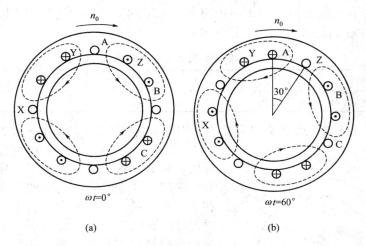

图 1-12 三相电流产生的旋转磁场（$p = 2$）

④ 旋转磁场的转速 三相异步电动机的转速与旋转磁场的转速有关，而旋转磁场的转速又决定于磁场的极数。在一对极的情况下，由图 1-9 可见，当电流从 $\omega t = 0°$ 到 $\omega t = 60°$ 时，磁场在空间也旋转了 60°。当电流交变了一次（一个周期）时，磁场恰好在空间旋转了一圈。设电流的频率为 f_1，即电流每秒钟变 f_1 次或每分钟

交变 $60f_1$ 次，则旋转磁场的转速为 $n_0 = 60f_1$，转速的单位为 r/min。

在旋转磁场具有两对极的情况下，由图 1-12 可见，当电流也从 $\omega t = 0°$ 到 $\omega t = 60°$ 时，磁场在空间仅旋转了 30°。就是说，当电流交变了一次时，磁场仅旋转了半转，比 $p = 1$ 情况下的转速慢了一半，即 $n_0 = 60f_1/2$。

同理，在三对极的情况下，电流交变一次，磁场在空间仅旋转了 1/3 转，只是 $p = 1$ 情况下的转速的 1/3，即 $n_0 = 60f_1/3$。

由此推知，当旋转磁场的转速具有 p 对极时，磁场的转速为

$$n_0 = 60f_1/p \tag{1-4}$$

因此，旋转磁场的转速 n_0 决定于电流频率 f_1 和磁场的极对数 p，而后者又决定于三相绕组的安排情况。对某一异步电动机讲，f_1 和 p 通常是一定的，所以磁场转速 n_0 是个常数。

在我国工频 $f_1 = 50\text{Hz}$，于是由式(1-4) 可得出对应于不同极对数 p 的旋转磁场转速 n_0(r/min)，见表 1-8。

表 1-8　不同极对数对应的旋转磁场转速

p	1	2	3	4	5	6
n_0/(r/min)	3000	1500	1000	750	600	500

(2) 电动机的转动原理　三相异步电动机转子转动的原理如图

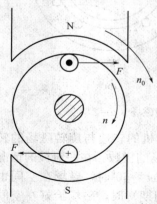

图 1-13　转子转动的原理

1-13 所示，图中 N、S 表示两极旋转磁场，转子中只示出两根导条，导条中应感应出电动势。电动势的方向由右手定则确定。在这里应用右手定则时，可假设磁极不动，而转子导条逆时针方向旋转切割磁力线，这与实际上磁极顺时针方向旋转时磁力线切割转子导条是类似的。

在电动势的作用下，闭合的导条中产生电流。这个电流与旋转磁场相互作用，而使转子导条受到电磁力 F。电磁力的方向可用左手定则来确定。

由电磁力产生电磁转矩，转子就转动起来。由图 1-13 可见，转子转动的方向和磁极旋转的方向相同。这就是图 1-7 所示的演示中转子跟着磁场转动，当旋转磁场反转时，电动机也跟着反转的原理。

由图 1-13 可见，电动机转子转动的方向与磁场旋转的相同，但转子的转速 n 不可能达到与旋转磁场的转速 n_0 相同，即 $n < n_0$。这是因为，如果两者相等，则转子与旋转磁场之间就没有相对运动，因而磁通就不切割转子导条，转子电动势、转子电流及转矩也就都不存在，这样转子就不可能继续以 n_0 的转速转动。因此，转子转速与磁场转速之间必须要有差别。这就是异步电动机名称的由来。而旋转磁场的转速 n_0 常称为同步转速。

我们用转差率 s 来表示转子转速 n 与磁场转速 n_0 相差的程度，即

$$s = (n_0 - n)/n_0 \qquad (1\text{-}5)$$

转差率是异步电动机的一个重要的物理量。转子转速越接近磁场转速，则转差率越小。由于三相异步电动机的额定转速与同步转速相近，所以其转差率很小。通常异步电动机在额定负载时的转差率为 0.01～0.09。

当 $n = 0$ 时（启动初始瞬间），$s = 1$，这时转差率最大。

式(1-5) 也可写为：

$$n = (1-s)n_0 \qquad (1\text{-}6)$$

【例 1-1】 有一台三相异步电动机，其额定转速 $n = 975 \text{r/min}$，电源频率 $f_1 = 50 \text{Hz}$，试求电动机的极数和额定负载时的转差率。

解： 由于电动机的额定转速接近而略小于同步转速，而同步转速对应于不同的极对数有一系列固定的数值，见表 1-8，显然与 975r/min 相应的同步转速 $n_0 = 1000 \text{r/min}$，与此相应的磁极对数 $p = 3$。因此，额定负载时的转差率为：

$$s = (n_0 - n)/n_0 = (1000 - 975)/1000 = 0.025$$

1.3　异步电动机的铭牌与型号

要正确使用电动机，必须要看懂铭牌。现以 Y132M-4 型电动

机的铭牌（样式见表 1-9）为例来说明各个数据的含义。

表 1-9 电动机的铭牌样式

三相异步电动机					
型号	Y132M-4	功率	7.5kW	频率	50Hz
电压	380V	电流	15.4A	接法	△
转速	1440r/min	绝缘等级	B	工作方式	连续
功率因数	0.85	效率	87%	防护等级	IP68
年　月　编号　×××电动机厂					

(1) 型号　　为了适应不同用途和不同工作环境的需要，电动机制成不同的系列，每种系列用各种型号表示。例如：Y132M-4

Y——三相异步电动机；

132——机座中心高，mm；

M——机座长度代号（S—短机座；M—中机座；L—长机座）；

4——磁极数 4。

常用异步电动机名称代号性能及用途见表 1-10。

表 1-10 常用异步电动机代号性能及用途

序号	名称及系列代号	性能结构	用途
1	异步电动机 Y（异）（老代号 J、JO）	封闭式，铸铁机座，外表有散热筋，外风扇吹冷，铸铝转子	广泛用于农业、工业、一般机械设备上
2	异步绕线转子电动机 YR（异绕）（老代号 JR、JRO）	封闭式，铸铁外壳，绕线型转子	用于电源容量不足及要求启动转矩高的场合
3	高启动转矩异步电动机 YQ（异启）（老代号 JQ、JQO）	结构同 Y。转子采用双笼或深槽，启动转矩大	适用于静止负荷或惯性较大的机械，如压缩机、粉碎机等
4	高转差率异步电动机 YH	结构同 Y。转子采用高电阻铝合金浇铸	适用于惯性矩较大且具有冲击性负荷机械的转动，如剪床、冲压机、锻压机及小型起重机等
5	多速异步电动机 YD	结构同 Y。通过改变定子绕组的接线方式或改变极对数，得到多种转速，因此其引出线为 6～12 根	用途同 Y。使用在要求 2～4 种转速的场合，如机床、印染机、印刷机等变速设备

序号	名称及系列代号	性能结构	用途
6	防爆安全型异步电动机 YA	在正常运行时不产生火花、电弧或危险温度的电动机,采用适当措施,如降低各部分温升限度,增强绝缘,提高导体连接可靠性,提高对固定异物与水的防护等级等,以提高防爆安全性	适用于仅在不正常情况下才能形成爆炸性混合物的场所和即使在不正常情况下形成爆炸性混合物的可能性也较小的场所
7	隔爆型异步电动机 YB(老代号 JB、JBS)	封闭自扇冷式,增强外壳的机械强度,一旦电动机内部爆炸,不致引起外部易燃物爆炸	适用于石油、化工、煤矿井下有爆炸危险的场所
8	起重冶金用异步电动机 YZ	断续定额,封闭自扇冷式。采用高电阻铝合金浇铸的笼形转子。启动转矩大,能频繁启动,过载能力大,转差率高	适用于冶金和一般起重设备
9	起重冶金绕线转子异步电动机 YZR	转子为绕线型,其余和 YZ 相同	适用于冶金和一般起重设备
10	立式深井泵用异步电动机 YLB	立式,自扇冷,空心轴,泵轴穿过电动机的空心轴于顶端以键相连。带有止逆装置,不允许逆转	专用于长轴深井泵配套,组成深井电泵,潜入井下供灌溉提水之用
11	井用潜入异步电动机(充水)YQS	电动机外径因受井径限制,其外形细长,内腔充满清水,密封,下部有压力调节装置,轴伸端有防砂密封装置	专用于潜水泵配套,组成潜水电泵,潜入井下供灌溉提水之用
12	井用潜水异步电动机(充油)YQSY	结构基本与 YQS 相同,但内腔充满绝缘油,另有保护装置,以调节、平衡电动机内腔与外部压力,并作为贫油保护之用	专用于潜水配套,组成潜水电泵,潜入井下供灌溉提水之用
13	河流泵用异步电动机	电动机密封,内腔充油	与河流泵配套使用,在0.5~3m 深度浅水中提水
14	电磁调整异步电动机 YCT	由异步电动机和电磁转差离合器组合而成,通过控制离合器的励磁电流来调节转速	适用于恒转矩和风机类型设备的无级调整

续表

序号	名称及系列代号	性能结构	用途
15	换向器变速异步电动机 YHT	相当于反装的绕线型异步电动机。转子上有换向器、调节绕组和放电绕组,并有特殊的移刷机构	可作恒转矩无级调速,调速范围较广,适用于印刷机、印染机及试验设备
16	齿轮减速异步电动机 YCJ	由通用异步电动机与两级圆柱齿轮减速箱合成一体	适用于矿山、轧钢、造纸、化工等行业中低转速、大转矩的机械设备,可用联轴器或正齿轮与传动机构连接
17	摆线针轮减速异步电动机 YXJ	由通用异步电动机与摆线针轮减速器直接合成一体,结构紧凑,体积小、质量轻、速比大,一级减速比有 9 种范围,在 11～37 之间	适用于矿山、轧钢、造纸和化工等低速大转矩的机械设备,电动机可用联轴器或正齿轮与传动机构连接
18	旁磁制动异步电动机 YEP	带有断电制动的机构,通电时,转子端部的分磁块吸合导磁环压缩弹簧,打开制动机构	用于单梁吊或机床给进系统
19	杠杆制动异步电动机 YEG	带断电制动的机构,通电时定子吸合其内圆处的衔铁,通过杠杆压缩弹簧,打开制动装置	用于单梁吊车或机床给进系统
20	锥形转子制动异步电动机 YEZ	带有断电制动机构,定子内圆和转子外圆都呈锥形,有单速机和双速机式。通电时定转子间的轴向吸力压缩弹簧,打开制动装置	用于单梁吊车或机床给进系统
21	精密机床异步电动机 YJ	振动小,转动部分要求精密平衡;用低噪声轴承,提高轴承室精度,用噪声较低的槽配合	适用于精密机床

小型 Y、Y-L 系列鼠笼式异步电动机是取代 JO2 系列的新产品,采用封闭自冷。Y 系列定子绕组为铜线,Y-L 系列为铝线。电动机功率是 0.55～90kW。同样功率的电动机,Y 系列比 JO2 系列体积小、质量轻、效率高。

（2）**接法**　这是指定子三相绕组的接法。一般鼠笼式电动机的接线盒中有 6 根引出线，标有 U1、V1、W1、U2、V2、W2，其中：U1、U2 是第一相绕组的两端（旧标号是 D1、D4）；V1、V2 是第二相绕组的两端（旧标号是 D2、D5）；W1、W2 是第三相绕组的两端（旧标号是 D3、D6）。如果 U1、V1、W1 分别是三相绕组的始端，则 U2、V2、W2 是相应的末端。

这 6 个引出线端在接电源之前，相互间必须正确连接。连接方法有星形连接和三角形连接两种，如图 1-3 所示。通常三相异步电动机功率在 3kW 以下者，连接成星形；功率在 4kW 以上者，连接成三角形。

如果电动机的这 6 个线端未标有 U1、U2…字样，则可用试验方法确定。先确定每相绕组的两个线端，而后用下面的方法确定每相绕组的头尾。

把任何一相的两线端先标上 U1 和 U2，而后照如图 1-14 所示

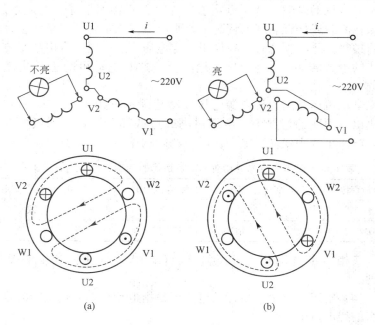

图 1-14　确定绕组的方法

的方法确定第二相绕组的头尾，如 V1 和 V2。同理，再确定 W1
和 W2。

如果连成图 1-14(a) 所示的情况，两绕组的合成磁通不穿过第
二绕组，第二绕组中不产生感应电动势，于是电灯不亮（也可用一
个适当量程的交流电压表来代替电灯）。这时，与第一绕组的尾
（U2）相连的是第二绕组的尾（V2）。当连成图 1-14(b) 所示的情
况时，灯丝发红。这时，与 U2 相连的是 V1。

(3) 电压　铭牌上所标的电压值是指电动机在额定运行时定子
绕组上应加的线电压值。一般规定电动机的电压不应高于或低于额
定值的 5%。

当电压高于额定值时，磁通将增大（因 $U_1 \approx 4.44 f_1 N_1 \Phi$）。
若所加电压较额定电压高出较多，则将使励磁电流大大增加，电流
大于额定电流，使绕组过热。同时，由于磁通的增大，铁损（与磁
通平方成正比）也就增大，使定子铁芯过热。

但常见的是电压低于额定值。这时引起转速下降、电流增加。
如果在满载或接近满载的情况下，则电流的增加将超过额定值，使
绕组过热。还必须注意，在低于额定电压下运行时，和电压平方成
正比的最大转矩 T_{max} 会显著地降低，这对电动机的运行也是不
利的。

电动机运行的允许电源电压波动范围是 $-10\% \sim +5\%$，在电
动机出力不变的情况下，电压过高或过低都会导致电动机发热增
加，电压小范围变动对电动机运行的影响见表 1-11。

表 1-11　电压小范围变动对电动机运行的影响（与额定值相比）

电压变化	启动转矩变化	转差变化	满载电流变化	启动电流变化	温度变化
增 10%	增 21%	减 17%	减 7%	增 10%	减 4%
减 10%	减 19%	增 23%	增 11%	减 19%	增 7%

三相异步电动机的额定电压有 380V、3000V 和 6000V 等
多种。

(4) 电流　铭牌上所标的电流值是指电动机在额定运行时定子
绕组的线电流值。

当电动机空载时，转子转速接近于旋转磁场的转速，两者之间

相对转速很小，所以转子电流近似为零，这时定子电流几乎全为建立旋转磁场的励磁电流。当输出功率增大时，转子电流和定子电流都随之相应增大，$I_1 = f(P_2)$ 曲线如图 1-15 所示，这是一台功率为 10kW 的三相异步电动机的工作特性曲线。

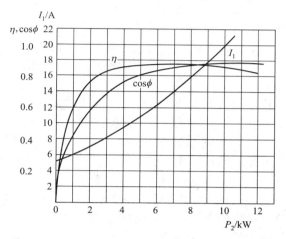

图 1-15　三相异步电动机的工作特性曲线

(5) 功率与效率　铭牌上所标的功率值是指电动机在额定运行时轴上输出的机械功率值。输出功率与输入功率不等，其差值等于电动机本身的损耗功率，包括铜损、铁损及机械损耗等。所谓效率 η 就是输出功率与输入功率的比值。

如以 Y132M-4 型电动机为例：

输入功率 $P_1 = \sqrt{3}\,U_1 I_1 \cos\phi = \sqrt{3} \times 380 \times 15.4 \times 0.85 = 8.6$（kW）

输出功率 $P_2 = 7.5$（kW）

效率 $\eta = (P_2/P_1) \times 100\% = (7.5/8.6) \times 100\% = 87\%$

一般鼠笼式电动机在额定运行时的效率为 $72\% \sim 93\%$。$\eta = f(P_2)$ 曲线如图 1-15 所示，在额定功率的 75% 左右时效率最高。

(6) 功率因数　因为电动机是电感性负载，定子相电流比相电压滞后一个 ϕ 角，$\cos\phi$ 就是电动机的功率因数。

三相异步电动机的因数较低，在额定负载时为 0.7～0.9；而在轻载和空载时更低，空载时只有 0.2～0.3。因此必须正确选择电动机的容量，防止"大马拉小车"，并力求缩短空载的时间。

$\cos\phi = f(P_2)$ 的曲线如图 1-15 所示。

(7) 转速 由于生产机械对转速的要求不同，需要生产不同磁极数的异步电动机，因此有不同的转速等级。机械驱动中最常用的是 4 个极的（$n_0 = 1500\text{r/min}$）；转速较慢的用 6 极的；工业风机一般用 2 极的。

三相异步电动机额定转速稍低于其同步转速（同步转速与其自身的磁极对数和电源频率有关，磁极对数为 p、电源频率为 f 的三相异步电动机，其同步转速为 $n = 60f/p$），电动机刚启动时，转子由静止开始旋转，转速很低，旋转磁场与转子的相对切割速度很高，转子绕组的感应电流很大，根据变压器原理，定子绕组的启动电流也很大，可达额定电流的 4～7 倍。所以一般情况下不允许对电动机进行频繁的启动，以防绕组过热老化。

(8) 绝缘等级 绝缘等级是按电动机绕组所用的绝缘材料在使用时允许的极限温度来分级的。所谓极限温度，是指电动机绝缘结构中最热点的最高温度。电动机的温升是指实际运行温度减去环境温度的差值。电动机的允许温升与其绝缘材料有关，其关系见表 1-16。一般规定环境最高温度为 40℃，电动机的定子最大允许温度是 100℃，滚动轴承最大允许温度是 80℃，滑动轴承最高温度是 70℃。

(9) 工作方式 电动机的工作方式分为八类，用字母 S1～S8 分别表示。例如：

① 连续工作方式（S1）。

② 短时工作方式（S2），分 10min、30min、60min、90min 四种。

③ 断续周期工作方式（S3），其周期由一个额定负载时间和一个停止时间组成。额定负载时间与整个周期之比称为负载持续率。标准持续率有 15%、25%、40% 和 60% 几种，每个周期为 10min。

（10）**防护等级** 防护等级是 Ingress Protection 的缩写，该指标由两个固定识别字母"IP"和两个表示防护程度的特征数字组成，例如，IP68 表示防护等级的最高级别。电动机防护等级后两位数字代号的含义见表 1-12。

表 1-12 电动机防护等级后两位数字代号的含义

第一位（固体防护）			第二位（液体防护）		
数字	表明	保护范围的说明	数字	表明	保护范围的说明
0	无保护	无防止带电或移动部分接触人身的保护；无防止固体异物侵入的保护	0	无保护	无任何特殊的保护
			1	防止垂直滴下水滴的保护	垂直滴下的水滴不得造成任何有害的影响
1	防止大尺寸异物侵入的保护	防止与带电部件或内部移动部件发生意外的大面积接触（例如双手接触）的保护；防止直径大于 50mm 的异物侵入的保护；但无防止与这些部件发生细微接触的保护	2	防止从某个角度滴下水滴的保护	从 15°到垂直方向滴下的水滴不得造成任何有害的影响
			3	防止喷雾水滴的保护	从 60°到垂直方向滴下的水滴不得造成任何有害影响
2	防止中等尺寸异物侵入的保护	防止手指与带电部件或内部移动部件接触的保护；防止直径大于 12mm 的固体异物侵入的保护	4	防止飞溅水滴的保护	从任何方向飞溅到设备上的水滴不得造成任何有害影响
			5	防止喷射水滴的保护	从各个角度的喷嘴喷射到设备上的水滴不得造成任何有害影响
3	防止小尺寸异物侵入的保护	防止工具、导线等厚度大于 2.5mm 的物体与带电或内部移动部件接触的保护；防止直径大于 2.5mm 的固体异物侵入的保护	6	防止洪水的保护	在暂时性的洪水中，例如在暴雨季节，浸入设备的水液不得超过有害数量
4	防止颗粒异物侵入的保护	防止工具、导线等厚度大于 1mm 的物体与带电或内部移动部件接触的保护	7	防止浸没的保护	当设备浸没在水中时，在规定的压力和时间条件下，浸入设备的水液不得超过有害数量

续表

第一位（固体防护）			第二位（液体防护）		
数字	表明	保护范围的说明	数字	表明	保护范围的说明
5	防止灰尘堆积的保护	防止与带电或内部移动部件接触的完整保护；防止有害灰尘堆积的保护。无法完全防止灰尘的进入，但进入灰尘的数量不会多到影响电缆工作的程度	8	防止淹没的保护	如果设备浸没在水中，浸入设备中的水液不得超过有害数量
6	防止灰尘进入的保护	防止与带电或内部移动部件接触的完整保护；防止灰尘进入的保护			

第2章
电动机拆装与绕组重绕

2.1 电动机绕组

2.1.1 电动机绕组及线圈

（1）**线圈** 线圈是由带绝缘皮的铜线（简称漆包线）按规定的匝数绕制而成的。线圈的两边叫有效边，是嵌入定子铁芯槽内作为电磁能量转换的部分，两头伸出铁芯在槽外有弧形的部分叫端部。端部是不能直接转换的部分，仅起连接两个有效边的桥梁作用，端部越长，能量浪费越大。引线是引入电流的连接线。

每个线圈所绕的圈数称为线圈匝数。线圈有单个的也有多个连在一起的，多个连在一起的又分同心式和叠式两种。双层绕组线圈基本上都是叠式的。

图 2-1 中所示线圈直的部分是有效边，圆弧形的为端部。

（2）**绕组** 绕组是由若干个线圈按一定规律放在铁芯槽内而组成的。每槽只嵌放一个线圈的称为单层绕组；每槽嵌放两个线圈（上层和下层）的称为双层绕组。单层绕组分为链式、交叉式、同心式等；双层绕组一般为叠式。三相电动机共有三相绕组即 A 相、B 相和 C 相。每相绕组的排列都相同，只是空间位置上依次相差 120°（这里指 2 极电动机绕组）。

（3）**节距** 单元绕组的跨距指同一单元绕组的两个有效边相隔

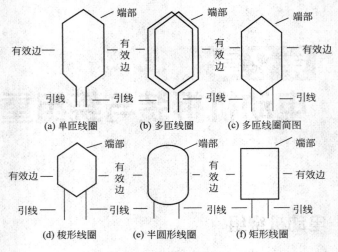

(a) 单匝线圈   (b) 多匝线圈   (c) 多匝线圈简图

(d) 梭形线圈   (e) 半圆形线圈   (f) 矩形线圈

图 2-1　绕组线圈

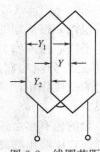

图 2-2　线圈节距示意图

的槽数，一般称为绕组的节距，用字母 Y 表示。如图 2-2 所示，节距是最重要的，它决定了线圈的大小。当节距 Y 等于极距时线圈称为整距线圈；当节距 Y 小于极距时称为短距线圈；当节距 Y 大于极距时称为长距线圈。电动机的定子绕组多采用短距线圈，特别是双层绕组电动机。虽然短距线圈与长距线圈的电气性能相同，但是短距线圈比长距线圈要节省端部铜线从而降低成本，改善感应电动势波形及磁动式空间分布波形。例如，Y＝5 时，槽习惯上用 1～6 槽的方式表示，即线圈的有效边相隔 5 槽，分别嵌于第一槽和第六槽。

（4）极距　极距是指相邻磁极之间的距离，用字母 τ 表示。在绕组分配和排列中极距用槽数表示，即：

$$\tau = Z/(2p)$$

式中　Z——定子铁芯总槽数；

p——磁极对数；

τ——极距。

例如：6 极 24 槽电机绕组，$p=3$，$Z=24$，那么 $\tau=Z/2p=$ $24/(2\times3)=4$（1～5 槽），表示极距为 4，从第 1 槽至第 5 槽。

极距 τ 也可以用长度表示，就是每个磁极沿定子铁芯内圆所占的弦长：

$$\tau=\pi D/(2p)$$

式中　　D——定子铁芯内圆直径；

　　　　p——磁极对数；

　　　　π——圆周率（3.142）。

(5) 机械角度与电角度　电动机的铁芯内腔是一个圆。绕组的线圈必须按一定规律分布排列在铁芯的内腔，才能产生有规律的磁场，从而才能使电动机正常运行。为表明线圈排列的顺序规律，必须引用"电角度"来表示绕组线圈之间相对的位置。

在交流电中对应于一个周期的电角度是 360°，在研究绕组布线的技术上不论电动机的极数多少，都把三相交流电所产生的旋转磁场经过一个周期所转过的角度作 360°电角度。根据这一规定，在不同极数的电动机里旋转磁场的机械角度与电角度在数值上的关系就不相同了。

在 2 极电动机中：经过一个周期磁场旋转一周机械角度为 360°，而电角度也为 360°。在 4 极电动机中：磁场一个周期中旋转 1/2 周，机械角度是 180°，电角度是 360°。在 6 极电动机中：磁场在一个周期中旋转 1/3 周，机械角度是 120°，电角度也是 360°。

根据上述原理可知：不同极数的电动机的电角度与机械角度之间的关系可以用下列公式表示：

$$a_{电}=pQ_{机}$$

式中　　$a_{电}$——对应机械角的角度；

　　　　$Q_{机}$——机械角度；

　　　　p——磁极对数。

表 2-1 列出了两对磁极的电动机其电角度与机械角度的关系。

表 2-1　两对磁极的电动机其电角度与机械角度的关系

极数	2	4	6	8	10	12
极对数	1	2	3	4	5	6
电角度	360°	720°	1080°	1440°	1800°	2160°

(6) **槽距角**　电动机相邻两槽间的距离，用槽距角，可以用以下公式计算：

$$a = p \times 360°/Q$$

式中　a——槽距角；

　　　p——磁极对数；

　　　Q——铁芯槽数。

(7) **每极每相槽数**　每极每相槽数用 q 表示。公式如下：

$$q = Q/(2pm)$$

式中　p——磁极对数

　　　Q——铁芯槽数；

　　　m——相数。

q 可以是整数也可以是分数。若 q 为整数，则该绕组称为整数槽绕组；若 q 为分数则称为分数槽绕组；若 $q=1$ 即每个极下每相绕组只占一个槽，称为集中绕组；若 $q>1$ 则称为分布绕组。

(8) **极相组**　在定子绕组中将同一个磁极的线圈定为一组称为极相组。极相组可以由一个或多个线圈组成（多个线圈一次连绕而成）。极相组之间的连接线称为跨接线。在三相绕组中每相都有一头一尾，三个头依次为 U1、V1、W1；三尾依次为 U2、V2、W2。

2.1.2　绕组的连接方式

(1) 三相绕组首尾端的判断方法

① 用万用表电阻挡测量确定每相绕组的两个线端　电阻值近似为零时，两表笔所接为一组绕组的两个线端，依次分清三个绕组的各两端，如图 2-3 所示。

② 用万用表检查的第一种检查方法

a. 万用表置 mA 挡，按图 2-4 所示进行接线。假设一端接线为头（U1、Vl、W1），另一端接线为尾（U2、V2、W2）。

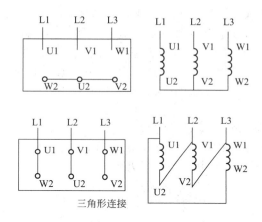

图 2-3 三相绕组的接线

b. 用手转动转子，如万用表指针不动，则表明假设正确；如万用表指针摆动，则表明假设错误，应对调其中一相绕组头、尾端后重试，直至万用表不摆动时，即可将连在一起的 3 个线头确定为头或尾。

③ 用万用表检查的第二种检查方法

a. 万用表置 mA 挡，按图 2-5 所示进行接线。

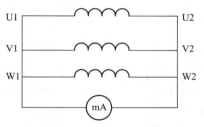

图 2-4 用万用表检查的第一种检查法

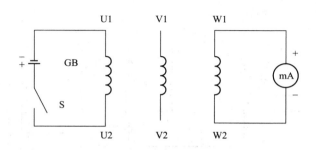

图 2-5 用万用表检查的第二种检查法

b. 闭合开关 S，瞬间万用表指针向右摆动，则表明电池正极所接线头与万用表负表笔所接线头同为头或尾；如指针向左反摆，则表明电池正极所接线头与万用表正表笔所接线头同为头或尾。

c. 将电池（或万用表）改接到第三相绕组的两个线头上重复以上试验，确定第三相绕组的头、尾，以此确定三相绕组各自的头和尾。

④ 用灯泡检查的第一种方法

a. 准备一台 220V/36V 降压变压器并按图 2-6 所示进行接线（小容量电动机可直接接 220V 交流电源）。

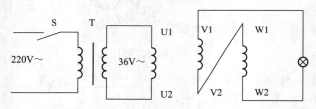

图 2-6　用灯泡检查的第一种检查方法

b. 闭合开关 S，如灯泡亮，则表明两相绕组为头、尾串联，作用在灯泡上的电压是两相绕组感应电动势的矢量和；如灯泡不亮，则表明两组绕组为尾、尾串联或头、头串联，作用在灯泡上的电压是两相绕组感应电动势矢量差。

c. 将检查确定的线头作好标记，将其中一相与接 36V 电源一相对调重试，以此确定三相绕组所有头、尾端。

⑤ 用灯泡检查的第二种检查方法

a. 按图 2-7 所示进行接线。

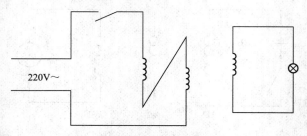

图 2-7　用灯泡检查的第二种检查方法

b.闭合开关 S，如 36V 灯泡亮，则表示接 220V 电源的两相绕组为头、尾串联；如灯泡不亮，则表示两相绕组为头、头串联或尾、尾串联。

c.将检查确定的线头作好标记，将其中一相与接灯泡一相对调重试，以此确定三相绕组所有头、尾端。

在中小型电动机中，极相组内的线圈通常是连续绕制而成的，如图2-8 所示。

极相组内的连接属于同一相，且同一支路内各个极相组通常有两种连接方法。

图 2-8 极相组内的连接

① 正串连接：即极相组的尾端接首端，首端接尾端，如图 2-9 所示。

② 反串连接：即极相组的尾端接尾端，首端接首端，如图 2-10 所示。

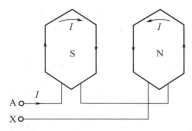

图 2-9 正串连接示意图

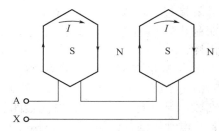

图 2-10 反串连接示意图

(2) 线圈匝数和导线直径 线圈匝数和导线直径是原先设计决定的，在重绕时应根据原始的数据进行绕制，电动机的功率越大电流也越大，要求的线径也越粗，而匝数反而越少。导线直径是指裸铜线的直径。漆包线应去漆后用千分尺量才能量出准确的直径。去漆可采用火烧，不但速度快而且准确；如果用刀刮则不小心会刮伤铜线，这样量出来的数据就有误差，会造成不必要的麻烦，有时还会造成返工。

(3) 并绕根数 功率较大的电动机因电流较大，故要用较粗的线径。直径在 1.6mm 以上的漆包线硬而难绕，设计时就采用几根较细的漆包线并绕来代替。在拆绕组的时候务必要弄清并绕的根数，以便于复原。在平时修理电动机时如果没有相同的线径的漆包线，也可以采用几根较细的漆包线并绕来代替，但要注意代替线的接法，截面积的和要等于被代替的截面积。

(4) **并联支路** 功率较大的电动机所需要的电流较大，因此在设计绕组时往往把每一相的线圈平均分成多串，各串里的极相组依次串联后再按规定的方式并联起来。这一种连接方式称为并联支路。

(5) **相绕组引出线的位置** 三相绕组在空间分布上是对称的，相与相之间相隔的电角度为 120°，那么相绕组的引出线 U1、V1、W1 之间以及 U2、V2、W2 之间相隔的电角度也应该为 120°。但从实际出发，只要各线圈边电源方向不变。

(6) **气隙** 异步电动机气隙的大小及对称性，集中反映了电动机的机械加工质量和装配质量，对电动机的性能和运转可靠性有重大影响。对于气隙对称性可以调整的中、大型电动机，每台都要检查气隙大小及其对称性。对于采用端盖既无定位又无气隙探测孔的小型电机，试验时也要在前、后端盖钻孔探测气隙对称性。

① 测量方法 中、小型异步电动机的气隙，通常在转子静止时沿定子圆周大约各相隔 120°处测量三点；大型座式轴承电机的气隙，须在上、下、左、右测量四点，以便在装配时调整定子的位置。电动机的气隙须在铁芯两端分别测量，封闭式电机允许只测量一端。

塞尺（厚薄规）是测量气隙的工具，其宽度一般为 10～15mm，长度视需要而定，一般在 250mm 以上，测量时宜将不同厚度的塞尺逐个插入电机定、转子铁芯的齿部之间，如恰好松紧程度适宜，则塞尺的厚度就作为气隙大小。塞尺须顺着电机转轴方向插入铁芯，左右偏斜会使测量值偏小。塞尺插入铁芯的深度不得少于 30mm，尽可能达到两个铁芯段的长度。由于铁芯的齿胀现象，插得太深会使测量值偏大。对于采用开口槽铁心的电机，塞尺不得插在线圈的槽楔上。

由于塞尺不成弧形，故气隙测量值都比实际值小几忽米（1 忽米＝0.01mm）。在小型电动机中，由于塞尺与定子铁芯内圆的强度差得较多，加之铁芯表面的漆膜也有一定厚度，气隙测量误差较大，且随测量者对塞尺松紧的感觉不同而有差别，因此对于小型电机，一般只用塞尺来检查气隙对称性，气隙大小按定子铁芯内径与转子铁芯外径之差来确定。

② 对气隙大小及对称性的要求　11 号机座以上的电动机，气隙实测平均值（铁芯表面喷漆者再加 0.05mm）与设计值之差，不得超过设计值的±(5%～10%)。气隙过小，会影响电动机的安全运转；气隙过大，会影响电机的性能和温升。

大型座式轴承电动机的气隙不均匀度按下式计算：

$$气隙不均匀度＝\frac{气隙（最大值或最小值）－气隙（平均值）}{气隙（平均值）}×100\%$$

大型电动机的气隙对称性可以调整，所以对基本要求较高，铁芯任何一端的气隙不均匀度不超过 5%～10%，同一方向铁芯两端气隙之差不超过气隙平均值的 5%。

2.2　电动机的拆卸与安装

2.2.1　电动机的拆卸

电动机拆卸步骤如下：

(1) 拆卸皮带轮　拆卸皮带轮的方法有两种，一是用两爪或三爪扒子拆卸，二是用锤子和铁棒直接敲击皮带轮拆卸，如图 2-11 所示。

(2) 拆卸风叶罩　用改锥或扳手卸下风叶罩的螺钉，取下风叶罩，如图 2-12 所示。

(3) 拆卸风扇　用扳手取下风扇螺钉，拆下风扇，如图 2-13 所示。

(4) 拆卸后端盖　取下后端盖的固定螺钉（当前、后端盖都有轴承端盖固定螺钉时，应将轴承端盖固定螺钉同时取下），用锤子敲

图 2-11 拆卸皮带轮

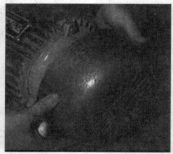

(a) 取下螺钉　　　　　　　　　　(b) 取下风叶罩

图 2-12 拆卸风叶罩

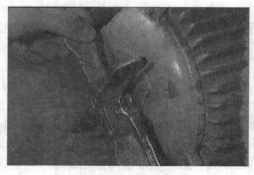

图 2-13 拆卸风扇

击电机轴，取下后端盖（也可以将电动机立起，掭开电动机转子，取下端盖），如图 2-14 所示。

图 2-14　拆卸后端盖

（5）**取出转子**　当拆掉后端盖后，可以将转子慢慢抽出来（体积较大时，可以用吊制法取出转子），为了防止抽取转子时损坏绕组，应当在转子与绕组之间加垫绝缘纸，如图 2-15 所示。

图 2-15　取出转子

2.2.2　电动机的安装

电动机所有零部件如图 2-16 所示。电动机安装的步骤如下：

图 2-16　电动机零部件图

（1）**安装轴承**　将轴承装入转子轴上，给轴承和端盖涂抹润滑油，如图 2-17 所示。

图 2-17　安装轴承及涂抹润滑油

（2）**安装端盖**　将转子立起，装入端盖，用锤子在不同部位敲击端盖，直至轴承进入槽内为止，如图 2-18 所示。

图 2-18　安装端盖

（3）**安装轴承端盖螺钉**　将轴承端盖螺钉安装并紧固，如图 2-19 所示。

（4）**装入转子**　装好轴承端盖后，将转子插入定子中，并装好端盖螺钉，如图 2-20 所示。在装入转子过程中，应注意转子不能碰触绕组，以免造成绕组损坏。

图 2-19 装好轴承端盖

图 2-20 装入转子紧固端盖螺钉

(5) 装入前端盖

① 首先用三根硬导线将端部折成 90°弯，插入轴承端盖三个孔中，如图 2-21(a) 所示。

② 将三根导线插入端盖轴承孔，如图 2-21(b) 所示。

③ 将端盖套入转子轴，如图 2-21(c) 所示。

④ 向外拽三根硬导线，并取出其中一根导线，装入轴承端盖螺钉，如图 2-21(d) 所示。

⑤ 用锤子敲击前端盖，装入端盖螺钉，如图 2-21(e) 所示。

⑥ 取出另外两根硬导线，装入轴承端盖螺钉，并装入端盖固

定螺钉，将螺钉全部紧固，如图 2-21（f）所示。

（a）　　　　　　　　　　（b）

（c）　　　　　　　　　　（d）

（e）　　　　　　　　　　（f）

图 2-21　前端盖的安装过程

（6）安装扇叶及扇罩　首先安装好扇叶，再紧固螺钉，然后将扇罩装入机身，如图 2-22 所示。

图 2-22　安装扇叶和扇罩

(7) **用兆欧表检测电动机绝缘电阻**　将电动机组装完成后，用万用表检测绕组间的绝缘及绕组与外壳的绝缘，判断是否有短路或漏电现象，如图 2-23 所示。

(8) **安装电动机接线**　将电动机绕组接线接入接线柱，并用扳手紧固螺钉，如图 2-24 所示。

图 2-23　用兆欧表检测
电动机绝缘

图 2-24　将绕组接线
接入接线柱

(9) **通电试转**　接好电源线，接通空气断路器（或普通刀开关），给电动机接通电源，电动机应能正常运转（此时可以应用转速表测量电动机的转速，电动机应当以额定转速内的速度旋转），如图 2-25 所示。

图 2-25 接电源线

2.3 绕组重绕与计算方法及改制

2.3.1 绕组重绕步骤

电动机最常见的故障是绕组短路或烧损，需要重新绕制绕组，绕组重绕的步骤如下：

如图 2-26 所示测量各项数据并记录。

（1）记录原始数据内容（图 2-26）

① 启用记录：

送机者姓名_____ 单位_____ 日期 年____月____日____

损坏程度_____ 所差件_____ 应修部位_____

初定价_____ 取机日期_____ 其他事项_____

维修人员_____

② 铭牌数据：

型号_____ 极数_____ 转速_____ r/min

功率_____ W 电压_____ V 电流_____ A

电容器容量_____ μF 电动机启动运转方式_____式

其他_____

③ 定子铁芯及绕组数据。

④ 铁芯数据：

定子外径____ mm 定子内径____ mm 定子有效长度____ mm

转子外径____ mm　　定子轭高____ mm　　定子铁芯外径____ mm

内径____ mm　　　　长度____ mm　　　　定槽数____

导线直径____ mm　　空气隙宽度____ mm　　转子槽数____

⑤ 定子绕组：

导线规格_____　　　每槽导线数_____　　　　线圈匝数_____

并绕根数_____　　　并联支路数_____　　　　绕组形式_____

每极每相槽数_____　节距_____

绕组形式_____式　　线把组成_____

若是单相电机正旋选波绕组还应记录：

第1个线把（从小线把开始），周长____ mm，匝数____匝，绕线模标记____。

第2个线把，周长____ mm，匝数____匝，绕线模标记____。

第3个线把，周长____ mm，匝数____匝，绕线模标记____。

第4个线把，周长____ mm，匝数____匝，绕线模标记____。

第5个线把，周长____ mm，匝数____匝，绕组模标记____。

第6个线把，周长____ mm，匝数____匝，绕线模标记____。

启动绕组记录，周长____ mm，导线由____个线把组成，匝数____匝等。

第1个线把（从小线把开始），周长____ mm，匝数____匝，绕线模标记____。

第2个线把，周长____ mm，匝数____匝，绕线模标记____。

第3个线把，周长____ mm，匝数____匝，绕线模标记____。

第4个线把，周长____ mm，匝数____匝，绕线模标记____。

第5个线把，周长____ mm，匝数____匝，绕线模标记____。

第6个线把，周长____ mm，匝数____匝，绕线模标记____。

每个起动线圈____圈，长度____ mm，导线直径____ mm。

运转绕线旧线质量____ kg，用新线____ kg，

启动绕线旧线质量____ kg，用新线质量____ kg，

其他____。

⑥ 转子绕组（绕线式）：

导线规格_____　　　每槽导线数_____　　线圈匝数_____

并绕根数_____　　　并联去路数_____　　绕组形式_____

每极每相槽数_____

⑦ 绝缘材料：

槽绝缘_____　　绕组绝缘_____　　外覆绝缘_____

⑧ 画出绕组展开图与接线草图。

⑨ 故障原因及改进措施_____

⑩ 维修总结_____

图 2-26 测量各项数据并记录

(2) 拆除旧绕组 有三种方法：第一种为热拆法；第二种为冷拆法；第三种为溶剂溶解法。

先用錾子錾切线圈一端绕组（多选择有接线的一端），錾切时应注意錾子的角度，不能过陡或过平，以免损坏定子铁芯或造成线端不平整，给拆线带来困难，如图 2-27 所示。

图 2-27 錾切线圈

图 2-28 烤箱加热

① **热拆法** 錾切线圈后可以采用电烤箱（灯泡、电炉子等）进行加热，如图 2-28 所示，当温度升到 100℃时，用撬棍撬出绕

组，如图 2-29 所示。

图 2-29　用撬棍撬出绕组

　　② 溶解法　用 9% 的氢氧化钠溶液或 50% 的丙酮溶液、20% 的酒精、5% 左右的石蜡、45% 的甲苯配成溶剂浸泡或涂刷 2～2.5h，使绝缘物软化后拆除，如图 2-30 所示。由于溶剂有毒易挥发，使用时应注意人身安全。

(a) 溶剂的配制

(b) 涂刷溶剂　　　　　　　　　　(c) 拆除线圈

图 2-30　溶解法拆除绕组

③ 冷拆法 把定子垂直立起来，使绕组引出线一端在上面，用一把锋利的扁铲挨着铁芯把绕组一端铲掉，如图 2-31 所示。扁铲要放平，不能把定子铁芯铲坏，铲掉线把的截面要与定子铁芯成平面，不能有歪茬。然后把定子垫起来，垫物高度应高于定子铁芯的高度。用一把与槽口截面积相似但比槽口截面积稍小的冲子，把转圈从槽中往下冲，如图 2-32 所示。线把因浸漆烤干已成为坚固的一体，线把在每个槽中四周又有一层绝缘纸随冲子往下冲，槽内绝缘纸与线把的边形成了一道间隙，槽内已成一体的导线是好冲的，但因绕组下面的端部粘连很牢固，使劲冲槽的话就会造成这槽的导线弯曲在槽内，因此要求从某槽开始转圈往下冲，每个槽一次冲下 20mm 左右。

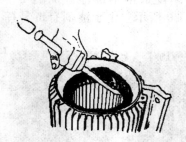 

图 2-31 用扁铲铲掉一端导线　　图 2-32 用冲子转圈冲出每槽中的线把

注意：拆除线圈时最好保留一个完整线圈，作为绕制新线圈的样品。

(3) 清理铁芯 线圈拆完后，应对定子铁芯进行清理。清理工具主要使用铁刷、砂纸、毛刷等。清理时应当注意铁芯是否有损坏、弯曲、缺口，如有应予以修理，如图 2-33 所示。

(4) 绕制线圈

① 准备漆包线 从拆下的旧绕组中取一小段铜线，在火上烧一下，将漆皮擦除，用千分尺测量出漆包线的直径。选购同样的新漆包线（如无合适的漆包线，则可适当地选择稍大或稍小的导线代用）。

(a) 用砂纸清理

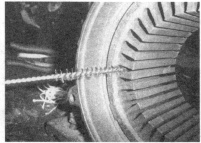

(b) 用清槽刷清理

(c) 用毛刷扫干净

(d) 清理好的定子

图 2-33　清理铁芯

② 确定线圈的尺寸　将拆除完整的旧线圈进行整形，确定线圈的尺寸，如图 2-34 所示。线把太小，将给嵌线带来困难；线把过大，不仅浪费导线，还会造成安装时绕组端部与外壳短路。所以在制作绕线模前，一定要精确测量线把周长，这样制作出的绕线模才精确。

③ 选择线模　按照拆除完整的旧线圈的形状，选择合适的线模，若没有合适的线模，则可以自行制作。

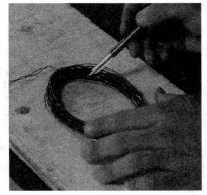

图 2-34　线圈尺寸的确定

　　a.固定式绕线模。固定式绕线模一般用木材制成，由模芯和隔板组成，绕线时是将导线绕在模芯上，隔板起到挡着导线不脱离模芯的作用。一次要绕制几联把的线，就要做几个模芯，隔板数要比模芯数多一个。固定绕线模分圆弧形和棱形两种，图2-35（a）所示圆弧形绕线模的模芯和隔板，用该绕线模绕出的线把主要用在单层绕组的电动机中。图2-35（b）所示棱形绕线模的模芯和隔板，用该绕线模绕出的线把主要用在双层绕组的电动机中。图2-35（c）所示棱形绕线模组装图，跨线槽的作用是在一把线绕好后将线把与线把的连接线从跨线槽中过到另一个模芯上，继续绕另一把线；扎线槽的作用是待将线把全部绕好后，从扎线槽中穿进绑带，将线把两边绑好。

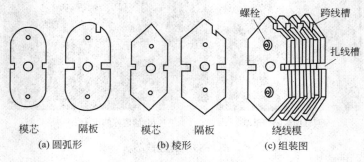

螺栓　　　　跨线槽

扎线槽

　模芯　　　隔板　　　　模芯　　　隔板　　　　　绕线模
　　(a) 圆弧形　　　　　　(b) 棱形　　　　　　(c) 组装图

图 2-35　固定绕线模

　　固定绕线模最好能一次绕出一相绕组（整个绕组中无接头），双层绕组一次能绕出一个极电阻，模芯做好后要放在溶化的腊中浸煮，这样绕线模既防潮不变形又好卸线把。

　　b.万用绕线模　由于电动机种类很多，在重换绕组时要为每个型号的电动机制造绕线模，不但费工费料，而且影响修理进度。因此可制作能调节尺寸的万用绕线模。图2-36所示即为万用绕线模中的一种。

　　4个线架装在滑块上，转动左右纹螺杆2时，滑块在滑轨中移动可调整线把的宽度；转动左右纹螺杆1时，滑轨在底盘上移动可调整线把的直线部分长度；另外两个菱端线轮直接装在滑轨上，调整菱端线轮位置就可调整线把的端伸长度。绕线时，将底盘安装在绕线机上，进行绕线。绕好、扎好一组线把后，转动螺杆1缩短滑轨距，卸下线把。

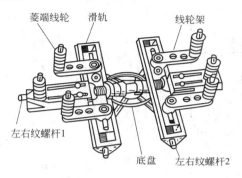

　　菱端线轮　　滑轨　　　　　　　　线轮架

　　左右纹螺杆1　　　　　　底盘　　左右纹螺杆2

图 2-36　万用绕线模

　　遵化市电动机维修技术研制生产的万用绕线模，是在图 2-36 所示万用绕线模基础上，经过多次研究改进生产的一种更为理想的万用绕线模，一次能绕出 6 把线，并能绕不同节距的线把，适应 40kW 以下各种型号电动机，调试简单精确。修理部或业余修理者应有一台万用绕线模，以满足修理普通电动机的需要。现将 SB-1 型、SB-2 型万用绕线模性能使用方法介绍如下：

　　• SB-1 型万用绕线模使用方法。SB-1 型万用绕线模，由 36 块塑料端部模块、2 块 1.52mm 厚的铁挡板和 6 根长固定螺杆、12 根细螺杆组成。适用于绕制单相和三相电动机不同形式的线把，按每相绕组线把数增减每组模块数，一相绕组可一次成形，中间无接头，同心式、交叉式、链式和叠式绕组全部通用。

　　图 2-37 示出了各种形式线把的各部位名称代号，L 代表线把两边长度，一般比定子铁芯长 20～40mm。D_1 代表小线把两个边的宽度，D_2 代表中线把两个边的宽度，D_3 代表大线把两个边的宽度。C_1 代表小线把周长，C_2 代表中线把周长，C_3 代表大线把周长，表 2-2、表 2-3 分别列出常用 JO2、Y 系列电动机的 D、L、C 数值，供修理时参考。

　　拆线组时每一种线把都要留一个整体的线把，并记下 L、D、C 数据。

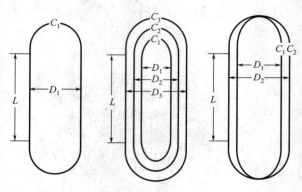

图 2-37 各种绕组部位代号示意图

绕制 D 小于 60mm 的线把时采用图 2-38(a) 所示的调试方法，由 2 组模块组成，每相绕组或每个极相组有几个线把，每组就用几个模块，用细螺杆固定成一个整体，穿在粗螺杆上，改变粗螺杆孔位和每个模块位置，就可以调试出每把线的周长，绕线机轴选穿在 $\Phi2$。

在绕制 D 大于 60mm 的线把时，采用图 2-38(b) 所示的调试方法，由 4 组模块组成，每相绕组或每个极相组有几个线把，每组

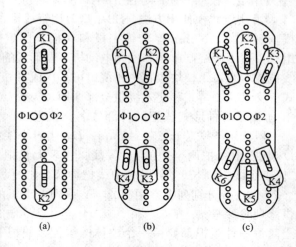

图 2-38 SB-1 型万用绕线模调试方法

表2-2 JO2系列电动机技术数据和万用绕线模使用参数

型号	极数	功率/kW	槽数	并绕根数	导线直径/mm	每槽匝数	定子绕组			线重/kg	万用绕线模参数/mm				
							接法	绕组形式	节距		D_1	D_2	L	C_1	C_2
JO2-11-2	2	0.8	24	1	0.67	94	Y	同心式	1~12	1.61	60	80	100	388	451
JO2-12-2		1.1	24	1	0.77	72	Y		2~11	1.775	60	80	120	428	491
JO2-21-2		1.5	18	1	0.83	80	Y	交叉式	2(1~9)	1.805	90	95	100	483	498
JO2-22-2		2.2	18	1	0.93	60	Y		1(1~8)	1.88	90	95	122	526	542
JO2-31-2		3	24	1	1.12	41	Y			2.74	95	120	120	538	617
JO2-32-2		4.0	24	1	0.96	56	△	同心式		3.02	95	120	150	598	677
JO2-41-2		5.5	24	2	0.93	53	△		1~12	5.76	110	140	140	625	720
JO2-42-2		7.5	24	2	1.08	43	△		2~11	6.77	110	140	165	625	770
JO2-51-2		10	24	2	1.35	40	△			10.4	130	170	150	708	834
JO2-52-2		13	24	3	1.25	32	△			11.22	130	170	190	788	914
JO2-61-2		17	30	1	1.45	50	2△		1~11	9.15	140	180	195	910	
JO2-71-2		22	36	4	1.35	20	△	双叠式		17.92	180	180	195	910	
JO2-72-2		30	36	4	1.60	16	△		1~13	21.8	180	250	250	1020	
JO2-82-2		40	36	2	1.56	26	△			29.8	202	280	280	1180	
JO2-91-2		55	42	4	1.56	16	2△			38.7	234	300	300	1308	
JO2-92-2		75	42	5	1.56	16	2△		1~15	42.7	234	340	340	1388	
JO2-93-2		100	42	7	1.56	12	2△			48.9	234	400	400	1508	

续表

型号	极数	功率/kW	槽数	定子绕组							万用绕线模参数/mm				
				并绕根数	导线直径/mm	每槽匝数	接法	绕组形式	节距	线重/kg	D_1	D_2	L	C_1	C_2
JO2-11-4		0.6	24	1	0.57	115	Y	链式	1~6	1.217	50		100	357	
JO2-12-4		0.8	24	1	0.67	96	Y			1.52	50		115	387	
JO2-21-4		1.1	24	1	0.72	80	Y			1.445	60		95	378	
JO2-22-4		1.5	24	1	0.83	62	Y			1.715	60		125	438	
JO2-31-4		2.2	36	1	0.96	41	Y			2.27	65	70	114	432	448
JO2-32-4		3.0	36	1	1.12	31	Y			2.74	65	70	154	512	528
JO2-41-4		4.0	36	1	1.0	52	△	交叉式	2(1~9)	3.55	65	70	144	492	508
JO2-42-4		5.5	36	1	1.12	42	△		1(1~8)	3.96	65	70	170	544	560
JO2-51-4	4	7.5	36	2	1.0	38	△			6.08	90	95	140	563	578
JO2-52-4		10	36	2	1.12	29	△			6.56	90	95	180	643	658
JO2-61-4		13	36	1	1.25	54	2△	双叠式	1~8	7.58	100		183	680	
JO2-62-4		17	36	1	1.45	42	2△			8.75	100		218	750	
JO2-71-4		22	36	2	1.25	42	2△		1~0	14.05	140		194	828	
JO2-72-4		30	36	2	1.50	32	2△			17.7	160		300	968	
JO2-82-4		40	48	3	1.40	22	2△		1~11	24.4	170		315	1046	
JO2-91-4		55	60	2	1.50	34	4△	链式	1~13	37.1	197		300	1080	
JO2-92-4		75	60	3	1.45	26	4△		1~13	45.5	197		380	1240	
JO2-93-4		100	60	4	1.40	22	4△		1~13	50.8	197		420	1320	

续表

型号	极数	功率/kW	槽数	并绕根数	导线直径/mm	每槽面数	接法	绕组形式	节距	线重/kg	D	L	C
JO2-21-6	6	0.8	36	1	0.67	81	Y	链式	1~6	1.62	50	95	347
JO2-22-6		1.1	36	1	0.77	61	Y			1.895	50	125	407
JO2-31-6		1.5	36	1	0.786	60	Y			2.28	50	120	397
JO2-32-6		2.2	36	1	1.04	42	Y			2.81	90	160	477
JO2-41-6		3	36	1	1.20	40	Y			3.44	60	135	458
JO2-42-6		4	36	1	1.04	55	△			4.03	60	165	518
JO2-51-6		5.5	36	1	1.20	47	△			4.70	70	157	534
JO2-52-6		7.5	36	1	1.40	37	△			5.81	70	197	614
JO2-61-6		10	54	2	1.12	22	△	双叠式	1~8	7.6	100	219	658
JO2-62-6		13	54	2	1.35	18	△			9.53	100	264	748
JO2-71-6		17	54	2	1.20	28	2△			11.5	110	222	728
JO2-72-6		22	54	2	1.20	28	2△			13.42	110	290	828
JO2-81-6		30	72	2	1.25	32	3△		1~11	23.3	120	260	864
JO2-82-6		40	72	2	1.45	24	3△			27.20	124	350	1004
JO2-91-6		55	72	3	1.40	20	3△			33.6	138	360	1064
JO2-92-6		75	72	2	1.40	30	6△			39.8	138	460	1264

表2-3　Y系列电动机技术数据和万用绕线模使用参数

型号	极数	槽数	功率/kW	并绕根数	导线直径/mm	每槽匝数	定子绕组 接法	定子绕组 绕组形式	定子绕组 节距	线重/kg	D_1	D_2	D_3	L	C_1	C_2	C_3
Y-801-2	2	18	0.75	1	0.63	111	Y		2(1~9)	1.30	60	65		110	408	424	
Y-802-2		18	1.1	1	0.71	90	Y	交叉式		1.45	60	65		125	438	454	
Y-90S-2		18	1.5	1	0.80	77	Y		1(1~8)	1.60	65	70		120	444	460	
Y-90L-2		18	2.2	1	0.95	58	Y			1.90	65	70		148	500	516	
Y-100L-2		24	3.0	1	1.18	40	Y		1~12 2~11	2.80	80	100	120	132	515	578	
Y-112M-2		30	4.0	1	1.06	48	△		1~16	3.70	80	100	145	154	559	622	685
Y-132S-2		30	5.5	2	0.93	44	△	同心式	2~15	5.70	90	110	145	154	591	653	763
Y-132M1-2		30	7.5	2	1.04	37	△		3~14	6.30	90	110	145	174	631	693	803
Y-160M1-2		30	11	3	1.20	28	△		1~14	11.2	120	145	170	184	745	823	902
Y-160M2-2		30	15	4	1.16	23	△			12.0	120	145	170	214	805	883	962
Y-160L-2		30	18.5	5	1.16	19	△		2~13	13.3	120	145	170	254	885	963	1042
Y-180M-2		36	22	4	1.35	16	2△	双叠式		14.65	200			210	920		
Y-200L1-2		36	30	4	1.16	28	2△		1~14	20.2	230			225	1010		
Y-200L2-2		36	37	3	1.45	24	2△			22.4	230			255	1070		
Y-225M-2		36	45	4	1.50	21	2△		1~14	28.8	260			250	1136		
Y-250M-2		36	55	6	1.40	20	2△			37.6	280			255	970		
Y-280S-2		42	75	7	1.50	14	2△		1~16	45.6	312			275	1318		
Y-280M-2		42	90	8	1.50	12	2△			47.0	312			315	1390		

（D_1、D_2、D_3、L、C_1、C_2、C_3 为万用绕线模参数/mm）

续表

型号	极数	功率/kW	槽数	并绕根数	导线直径/mm	每槽匝数	接法	绕组形式	节距	线重/kg	D_1	D_2	L	C_1	C_2
											万用绕线模参数/mm				
Y-801L-4	4	0.55	24	1	0.59	128	Y	链式	1~6	1.15	50		75	307	
Y-802L-4		0.75	24	1	0.63	103	Y			1.30	50		105	367	
Y-90S-4		1.1	24	1	0.71	81	Y			1.40	50		112	381	
Y-90L-4		1.5	24	1	0.80	63	Y			1.60	50		140	437	
Y-100L1-4		2.2	36	2	0.71	41	Y			2.5	65	70	125	454	470
Y-100L2-4		3.0	36	1	1.18	31	Y			2.9	65	70	144	492	508
Y-112M-4		4.0	36	1	1.06	46	△	交叉式	2(1~9)	3.7	90	95	126	535	550
Y-132S-4		5.5	36	2	0.93	47	△		1(1~8)	5.7	90	95	126	535	550
Y-132M-4		7.5	36	2	1.06	35	△			6.5	90	95	176	635	650
Y-160M-4		11	36	1	1.30	56	2△			8.4	95	100	190	678	694
Y-160L-4		15	36	4	1.04	22	2△			9.9	95	100	230	758	774
Y-180M-4		18.5	48	2	1.18	32	2△	双叠式	1~11	12.5	130		231	776	
Y-180L-4		22	48	2	1.30	28	4△			14.2	130		261	836	
Y-200L-4		30	48	2	1.08	48	4△			18.4	150		260	898	
Y-225S-4		37	48	2	1.25	40	4△			24.1	190		246	948	
Y-225M-4		45	48	2	1.35	36	4△		1~12	26.3	190		275	1018	
Y-250M-4		55	48	4	1.3	26	4△			34.6	200		290	1056	
Y-280S-4		75	60	4	1.3	26	4△		1~14	42.1	220		290	1056	
Y-280M-4		90	60	5	1.3	20	4△			48.4	220		375	1298	

续表

型号	极数	功率/kW	槽数	定子绕组							万用绕线模参数/mm		
				并绕根数	导线直径/mm	每槽面数	接法	绕组形式	节距	线重/kg	D	L	C
Y-90S-6		0.75	36	1	0.67	77	Y			1.7	50	112	381
Y-90L-6		1.1	36	1	0.75	63	Y			1.9	50	134	425
Y-100L-6		1.5	36	1	0.85	53	Y			2.0	50	120	397
Y-112L-6		2.2	36	1	1.06	44	Y			2.8	50	135	427
Y-132S-6		3.0	36	1 1	0.90 0.85	38	Y	链式	1~6	3.5	60	120	428
Y-132M1-6		4.0	36	1	1.06	52	△			4.0	60	160	508
Y-132M2-6		5.5	36	1	1.25	42	△			5.2	60	200	588
Y-160M-6		7.5	38	1 1	1.12 1.18	38	△			7.1	70	180	580
Y-160L1-6		11	36	4	0.95	28	△			8.9	70	220	660
Y-180L-6		15	54	1	1.50	34	2△	双叠式	1~9	11.1	80	232	714
Y-200L1-6		18.5	54	2	1.16	32	2△			12.3	90	218	720
Y-200L2-6		22	54	2	1.25	28	2△			13.8	90	268	780
Y-225M-6		30	54	3	1.35	28	2△			23.8	100	245	804
Y-250M-6		37	72	3	1.16	28	3△			27.2	120	260	898
Y-280S-6		45	72	3	1.35	26	3△	双叠式	1~12	34.4	160	265	930
Y-280M-6		55	72	3	1.5	22	3△			38.8	310	310	1020
Y-315S-6		75	72	3	1.5	34	6△			43.2	170	350	1160

就用几个模块，绕线机轴选穿在 Φ1。改变 K1、K2 和 K3、K4 的角度，就可以调试出 D 的尺寸；改变螺杆孔位和 K1～K4 的位置，就可以调试出 L 和 C 的数值。

在绕制 D 大于 90mm 的线把时采用图 2-38(c) 所示的调试方法，由 6 组模块组成，每相绕组或每个极相有几个线把，每组就有几个模块，绕线机轴选穿在 Φ2。改变 K1、K3 和 K4、K6 的角度，就可以调试出 D 的尺寸；改变螺杆孔距，就可以调试出 L 的数值；同时配合调整 K1～K6 模块位置，就可以调试出线把周长 C 的数值。

在调试链式、叠式绕组的线把时，将模块摞在一起直接调试。在调试同心式、交叉式绕组的线把时，可用 φ1mm 左右的导线按小、中、大线把的周长焊成圈，套在模块的模芯上进行调试。SB-1 型万用绕线模是针对适应初学者、低成本、通用型设计的，不管调试什么形式的线把，只要 L、C、D 与原电动机线把尺寸相符即可。

将调试好的万用绕线模每组模块用 2 根细长螺杆固定在一起，并记录清楚位置，将每组模块穿在粗螺杆上，固定所对应孔的两块挡板之间，最后将装配好的 SB-1 型万用绕线模固定在绕线机或铁架上，按原电动机线把匝数、线把数分别绕制出单相电动机所需线把数。

•SB-2 型万用绕线模的使用方法。SB-2 型万用绕线模根据 D 分别是 87mm、60mm、47mm 的独立的三组模板和模芯分大、中、小三个型号，每个型号由 14 块塑料挡板、12 个模芯、4 根细长螺丝杆、1 块铁挡板、2 根粗螺杆组成。D 等于 87mm 的定为大号，D 等于 60mm 的定为中号，D 等于 47mm 的定为小号。SB-2 型万用绕线模的组装如图 2-39 所示，每组模芯的组装如图 2-40 所示。按照电动机线把的要求选择 D 的尺寸，按图 2-41 所示调试模芯上下位置就可以调试 L 的尺寸。

将调试好的万用绕线模照图 2-42 所示安装在绕线机轴上，垫上大圆垫圈，拧紧绕线机螺母，按原电动机线把匝数、线把数分别绕制出单相电动机的匝数、线把数。

线把绕制好后，用绑扎线将各线把两边分别绑扎好，松动螺

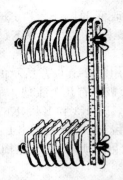

图 2-39　SB-2 型万用绕线模整体示意图

图 2-40　每组模芯示意图

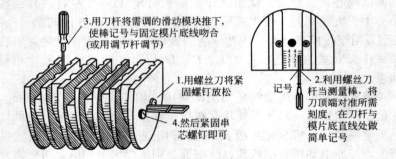

3.用刀杆将需调的滑动模块推下，使棒记号与固定模片底线吻合（或用调节杆调节）

1.用螺丝刀将紧固螺钉放松

4.然后紧固串芯螺钉即可

记号

2.利用螺丝刀杆当测量棒，将刀顶端对准所需刻度，在刀杆与模片底直线处做简单记号

图 2-41　调试模芯的方法

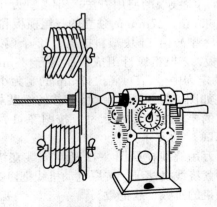

图 2-42　将绕线模安装在绕线机上

帽，用手捏住模块，相对于绕组旋转 90°，即可取出模块，另一端模块也用同样方法取出，如图 2-43 所示。

　　④ 线圈的绕制　确定好线圈的匝数和模具后，即可以绕制线圈。绕制线圈时，先放置绑扎线，然后用绕线机绕制线圈，如图 2-44 所示。注意：如线圈有接头时，应插入绝缘管刮掉漆皮将线头拧在一起，并进行焊接，以确保导线良好。

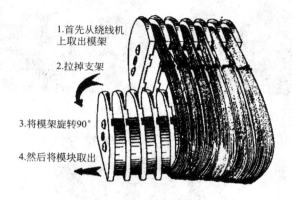

1.首先从绕线机上取出模架

2.拉掉支架

3.将模架旋转90°

4.然后将模块取出

图 2-43　拆下线把的方法

(a) 绑扎线绕制　　　　(b) 绕制线圈　　　　(c) 漆包线支架

图 2-44　线圈的绕制

　　⑤ 退模　线圈绕制好后，绑好绑扎线，松开绕线模，将线圈从绕线模中取出，如图 2-45 所示。

　　(5) 绝缘材料的准备　按铁芯的长度裁切绝缘纸和模楔。绝缘纸的长度应大于铁芯长度 5～10mm，宽度应大于铁芯高度的 2～4

倍，如图 2-46 所示。

图 2-45　退模及成品线圈

图 2-46　裁切绝缘纸

　　放入绝缘纸，将裁好的绝缘纸放入铁芯，注意绝缘纸的两端不能太长，否则在嵌线时会损坏绝缘，如图 2-47 所示。

　　槽楔是用来安插在槽中封槽口的，最好用新厚竹片子制作，也可用筷子制作。槽楔截面是等腰梯形，长度与槽绝缘纸长度相等，制作方法简单，做出的槽楔要保证与原电动机的槽楔基本相似。具体做法如下。

图 2-47 将绝缘纸放入定子铁芯

第1步：把竹片子或筷子截成与槽绝缘纸一般的长度。

第2步：把竹片子或筷子劈开，注意宽度厚度与原槽楔宽度厚度一样。

第3步：右手将电工刀刃卡在桌子上，左手拿槽楔半成品一端（硬皮在下面），往怀中抽，使刀刃平滑地削成斜面，如图 2-48 所示。千万不要像用刀削萝卜皮一样来削槽楔，那样削出的槽楔既不符合规格又不好用。做出的槽楔不能是"△"形，槽楔上端部不能高出定子铁芯，如果高出定子铁芯，则当转手按入定子内时，可能造成摩擦故障。

第4步：用同样的方法削掉对面斜腰，将槽楔半成品调个方向，用同样的方法削掉另一端的两边斜腰。

第 5 步：按图 2-49 所示将槽楔一头削成斜茬，为的是槽楔能顺利插入槽中，并不损坏槽绝缘纸。

图 2-48　制槽楔的方法　　　图 2-49　将槽楔一头削成斜茬

槽楔分五步七刀制好。要自己领会，掌握要领，使制作的槽楔与原电动机槽楔一样。

一般是下完一槽线制作一根槽楔，在下线前可将制作槽楔的材料截好，放在一边，一边下线一边制作。

(6) 嵌线　线圈放入绝缘纸后，即可嵌线。

① 准备嵌线工具　嵌线工具主要有压线板、划线板、剪刀、橡胶锤、打板等。

② 捏线　将准备嵌入的线圈的一边用手捏扁，并对线圈进行整形，如图 2-50 所示。

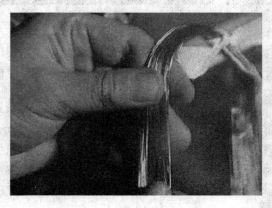

图 2-50　捏线

③ 嵌线和划线 将捏扁的线圈放入镶好绝缘纸的铁芯内，并用手直接拉入线圈，如有少数未入槽的导线，可用划线板划入槽内，如图 2-51 所示。

(a) 拉入线圈   (b) 划线

图 2-51 嵌线和划线

④ 裁切绝缘纸放入槽楔

a. 线圈全部放入槽内后，用剪刀剪去多余的绝缘纸，用划线板将绝缘纸压入槽内，如图 2-52 所示。

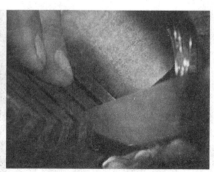

(a) 剪去槽口绝缘纸   (b) 用划线板将绝缘纸压入槽内

图 2-52 裁剪绝缘纸

b. 放入槽楔，用划线板压入绝缘纸后，可以用压角进行振压，然后将槽楔放入槽内，如图 2-53 所示。

图 2-53 放入槽楔

c.按照嵌线规律，将所有嵌线全部嵌入定子铁芯（有关嵌线规律见后面各章节中相关内容），如图 2-54 所示。

(a) 嵌入第二把线圈　　　　　(b) 用压角压制电磁线圈

(c) 隔槽嵌入第三把线圈　　　　(d) 吊把后压入第三把线圈

(e) 放入槽楔　　　　(f) 按此方法逐步嵌入所有线圈

(g) 最后将吊把嵌入槽内　　　　　(h) 嵌好线后的定子

图 2-54　嵌线步骤

(7) 垫相绝缘　嵌好线后,将绝缘纸嵌入导流边中,做好相间绝缘,如图 2-55 所示。

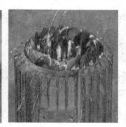

(a) 垫相间绝缘　　　　(b) 裁切相间绝缘　　　　(c) 垫好相间绝缘

图 2-55　垫相绝缘

(8) 接线　按照接线规律,将各线头套入绝缘管,将各相线圈连接好,并接好连接电缆,接头处需要用铬铁焊接(大功率电动机需要使用火焰钎焊或电阻焊焊接),如图 2-56 所示。

(a) 穿入绝缘管　　　　　　　　(b) 焊接接头

图 2-56　接线

(9) 绑扎及整形 用绝缘带将线圈端部绑扎好，并用橡皮锤及打板对端部进行整形，如图 2-57 所示。

(a) 绑扎线圈　　　　　　(b) 整形

图 2-57　绑扎及整形

(10) 浸漆和烘干 电动机绕组浸漆的目的是提高绕组的绝缘强度、耐热性、耐潮性及导热能力，同时也增加绕组的机械强度和耐腐蚀能力。

① 预加热　浸漆前要将电动机定子进行预烘，目的是排除水分潮气。预烘温度一般为 110℃左右，时间为 6～8h（小电动机用小值，中、大电动机用大值）。预烘时，每隔 1h 测量绝缘电阻一次，其绝缘电阻必须在 3h 内不变化，才可以结束预烘。如果电动机绕组一时不易烘干，则可暂停一段时间，并加强通风，待绕组冷却后，再进行烘焙，直至其绝缘电阻达到稳定状态，如图 2-58 所示。

(a) 灯泡加热　　　　　　(b) 烤箱加热

图 2-58　预加热

② 浸漆　绕组温度降到 50~60℃ 才能浸漆。E 级绝缘常用 1032 三聚氰胺醇酸漆分两次浸漆。根据浸漆的方式不同，分为浇漆和浸漆两种。

浇漆是指将电动机垂直放在漆盘上，先浇绕组的一端，再浇另一端。漆要浇得均匀，全部都要浇到，最好重复浇几次，如图 2-59 所示。

图 2-59　浇漆

浸漆指的是将电机定子浸入漆筒中 15min 以上，直至无气泡为止，再取出定子。

③ 擦除定子残留漆　待定子冷却后，用棉丝蘸松节油擦除定子及其他处残留的绝缘漆，目的是使安装方便，转子转动灵活。也可以待烤干后，用金属扁铲铲掉定子铁芯残留的绝缘漆。如图 2-60 所示。

图 2-60　擦除定子残留漆

④ 烘干　烘干过程如图 2-61 所示。

烘干的目的是使漆中的溶剂和水分挥发掉，使绕组表面形成较坚固的漆膜。烘干最好分为两个阶段：第一阶段是低温烘焙，温度控制在 70~80℃，烘 2~4h。这样使溶剂挥发不太强烈，以免表面干燥太快而结成漆膜，使内部气体无法排出；第二阶段是高温阶段，温度控制在 130℃左右，时间为 8～16h。转子尽可能竖烘，以便校平衡。

图 2-61　烘干

在烘干过程中，每隔 1h 用兆欧表测一次绕组对地的绝缘电阻。开始时绝缘电阻下降，后来逐步上升，最后 3h 必须趋于稳定，电阻值一般在 5MΩ 以上，烘干才算结束。

常用的烘干方法有以下几种。

a.灯泡烘干法。操作此法的工艺、设备简单方便，耗电少，适用于小型电动机，烘干时注意用温度计监视定子内的温度，不得超过规定的温度，灯泡也不要过于靠近绕组，以免烤焦。为了升温快，应将灯泡放入电机定子内部，并加盖保温材料（可以使用纸箱）。

b.烘房烘干法。在通电的过程中，必须用温度计监测烘房的温度，不得超过允许值。烘房顶部留有出气孔，烘房的大小根据常修电动机容量大小和每次烘干电动机的台数决定。

c.电流烘干法。将定子绕组接在低压电源上,靠绕组自身发热进行干燥。烘干过程中,须经常监视绕组温度。若温度过高则应暂时停止通电,以调节温度,还要不断测量电动机的绝缘电阻,符合要求后就停止通电。

图 2-62 电动机绝缘检查

(11) 电动绕组及电动机特性试验

① 电动机浸漆烘干后,应用兆欧表及万用表对电动机绕组进行绝缘检查,如图 2-62 所示,电动机烘焙完毕,必须用兆欧表测量绕组对机壳及各相绕组相互间的绝缘电阻。绝缘电阻每千伏工作电压不得小于 $1M\Omega$;一般低压 (380V)、容量在 100kW 以下的电动机不得小于 $0.5M\Omega$;滑环式电动机的转子绕组的绝缘电阻亦不得小于 $0.5M\Omega$。

② 三相电流平衡试验。将三相绕组并联通入单相交流电 (电压为 24~36V),如图 2-63 所示。如果三相的电流平衡,则表示没有故障;如果不平衡,则说明绕组匝数或导线规格可能有错误,或者有匝间短路、接头接触不良等现象。

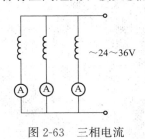

~24~36V

图 2-63 三相电流平衡试验

③ 直流电阻测量。将要测量的绕组串联一只直流电流表接到 6~12V 的直流电源上,再将一只直流电压表并联到绕组上,测出通过绕组的电流和绕组上的电压降,再算出电阻。或者用电桥测量各绕组的直流电阻,测量三次取其平均值,即 $R=\dfrac{R_1+R_2+R_3}{3}$。测得的三相之间的直流电阻误差不大于 $\pm2\%$,且直流电阻与出厂测量值误差不大于 $\pm2\%$,即为合格。但若测量时,温度不同于出厂测量温度,则可按下式换算(对铜导线):

$$R_2 = R_1 \frac{235 + T_2}{235 + T_1}$$

式中　R_2——在温度为 T_2 时的电阻；

　　　R_1——在温度为 T_1 时的电阻；

　T_1，T_2——温度。

④ 耐压试验。耐压试验是做绕组对机壳及不同绕组间的绝缘强度试验。对额定电压为 380V、额定功率在 1kW 以上的电动机，试验电压有效值为 1760V；对额定功率小于 1kW 的电动机，试验电压为 1260V。绕组在上述条件下，承受 1min 而不发生击穿者为合格。

⑤ 空载试验。电动机经上述试验后无误后，对电动机进行组装并进行半小时以上的空载通电试验。如图 2-64 所示空载运转时，三相电流不平衡应在 ±10% 以内。如果空载电流超出容许范围很多，则表示定子与转子之间的气隙可能超出容许值，或是定子匝数太少，或是应一路串联但错接成两路并联了；如果空载电流太低，则表示定子绕组匝数太多，或应是三角形连接但误接成星形，两路并联错接成一路串联等。此外，还应检查轴承的温度是否过高，电动机和轴承是否有异常的声音等。滑环式异步电动机空转时，还应检查启动时电刷有无冒火花、过热等现象。

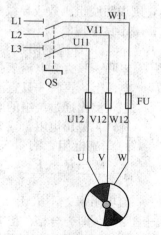

图 2-64　对组装好的电动机通电试验

2.3.2 电动机绕组重绕计算

在电动机的检修工作中,经常会遇到电动机铭牌丢失或绕组数据无处考查的情况。有时还需要改变使用电压,变更电动机转速,改变导线规格来修复电动机的绕组。这时必须经过一些计算,才能确定所需要的数据。

当修复一台电动机时,如果没有原来规格的导线,则可以选用其他规格的导线,但其截面要等于或接近于原来的导线截面,使修复后电动机的电流密度不超过表 2-4 所列的数值。

表 2-4 中小型电动机铜线电流密度容许值 A/m²

极数 型式	2	4	6	8
封闭式	4.0~4.5	4.5~5.5		4.0~5.0
开启式	5.0~6.0	5.5~6.5		5.0~6.0

注:1.表中数据适用于系列产品,对早年及非系列产品应酌情减小 10%~15%。

2.一般小容量的电动机取其较大值,较大容量的电动机取其较小值。

改变线圈导线的并绕数。如果没有相同截面的导线,则可以将线圈中较大截面的导线换为两根或数根较小截面的导线并绕,匝数不变。但此时需要考虑导线在槽内是否能装得下,也就是要验算电动机的槽满率。

所谓槽满率 F_m,就是槽内带绝缘导体的总截面与槽的有效截面的比值。

$$F_m = \frac{NS}{S_c} = \frac{N(nd^2)}{S_c} \times \frac{\pi}{4} \approx \frac{Nnd^2}{S_c}$$

式中 N——槽内导体数;

d——带绝缘导线的外径;

n——每个线圈并绕导线的根数,由不同外径的导线并绕时,式中的 (nd^2) 应换以不同的线径平方之和,即 $nd^2 = d_1^2 + d_2^2 + d_3^2 + \cdots$;

S_c——定子铁芯槽的面积减去槽绝缘和槽楔后的净面积,mm²。

一般 F_m 值控制在 $0.60 \sim 0.75$ 的范围内。

改变绕组的并联支路数。原来为一个支路接线的绕组，如果没有相同规格的导线，则可换用适当规格的导线，并改变其支路数。在改变支路数的线圈中，每根导线的截面积 S 与支路数 a 成反比：

$$S_{\text{II}} = \frac{S_{\text{I}}}{a_{\text{II}}}$$

每个线圈的匝数 W 与并联支路数 a 成正比：

$$W_{\text{II}} = a_{\text{II}} W_{\text{I}}$$

在以上公式中，字母下脚注有 I 者为原有数据；注有 II 者，为改变支路数后的各种数据。

若鼠笼式异步电动机的铭牌和绕组数据已遗失，则根据电动机铁芯，可按下述方法重算定子绕组（适用于 50Hz、100kW 以下低压绕组）。

① 先确定重绕后电动机的电源电压和转速（或极数）。

② 测量定子铁芯内径 D_1（cm），铁芯长度 L（不包括通风槽）（cm），定子槽数 Z_1，定子槽截面积 S_c（mm²），定子齿的宽度 b_2（cm）和定子轭的高度 h_a（cm）。选 p 为极对数。

③ 极距：

$$\tau = \frac{\pi D_1}{2p} \text{（厘米）}$$

④ 每极磁通：

$$\Phi = 0.637 \tau L B_g \times 0.92 \text{(Mx)} \quad (1\text{Mx} = 10^{-8}\text{Wb})$$

式中　B_g——气隙磁通密度，Gs（$1\text{Gs} = 10^{-4}\text{T}$）；

　　　L——铁芯长度，cm。

⑤ 验算轭磁通密度：

$$B_a = \frac{\Phi}{2h_a L \times 0.92} \text{(Gs)}$$

计算所得的 B_a 值应按表 2-5 所列进行核对，如相差很大，就说明极数 $2p$ 选择得不正确，应重新选择极数；如相差不大，则可重新选择 B_g，以适合于表 2-5 中所列 B_a 的数值。

⑥ 验算齿磁通密度：

$$B_z = \frac{1.57\Phi}{\frac{Z_1}{2p}b_z L \times 0.92}(\text{Gs})$$

所得 B_z 值应符合表 2-5 所列的数值，如有相差则可以重选 B_g 值（重复以上计算使得出的 B_z 值符合表 2-5 所列的数值）。

表 2-5　小型异步电动机定子绕组电磁计算的参考数据

数值名称	符号	单位	定子铁芯外径/mm		
			150~250	200~350	350~750
气隙磁通密度	B_g	Gs	6000~7000	6500~7500	7000~8000
轭磁通密度	B_a	Gs	11000~15000	12000~15000	13000~15000
齿磁通密度	B_z	Gs	13000~16000	14000~17000	15000~18000
A级绝缘防护式电动机定子绕组的电流密度	j_1	A/mm²	5~6	5~5.6	5~5.6
A级绝缘封闭式电动机定子绕组的电流密度	j_1	A/mm²	4.8~5.5	4.2~5.2	3.7~4.2
线负载	AS	A/cm	150~250	200~350	350~400

⑦ 确定线圈节距的绕组系数 K：

单层线圈采用全节距：

$$Y = \frac{Z_1}{2p}$$

双层线圈采用短节距，短距系数 β 按下式计算：

$$\beta = \frac{Y_1}{Y}$$

式中　Y_1——短距线圈的节距。

一般取短距系数 β 约在 0.8，根据短距系数及分布系数 γ（由每极每相的线圈元件数来决定）按表 2-6 所示决定绕组系数 K。

⑧ 绕组每相匝数：

$$\text{单层绕组 } W_1 = \frac{U_{xg} \times 10^6}{2.22\Phi}(\text{匝/相})$$

$$\text{双层绕组 } W_2 = \frac{U_{xg} \times 10^6}{2.22K\Phi}(\text{匝/相})$$

⑨ 每槽有效导线数：

$$n_0 = \frac{6W_1}{Z_1}（根/槽）$$

表 2-6   双层短距绕组的绕组系数 K

每极每相的 线圈元件数	分布系数 （γ）	短距系数（β）								
		0.95	0.90	0.85	0.80	0.75	0.70	0.65	0.60	0.55
1	1.0	0.997	0.988	0.972	0.951	0.924	0.891	0.853	0.809	0.760
2	0.966	0.963	0.954	0.939	0.910	0.893	0.861	0.824	0.784	0.735
3	0.960	0.957	0.948	0.933	0.913	0.887	0.855	0.819	0.777	0.730
4	0.985	0.955	0.947	0.931	0.911	0.885	0.854	0.817	0.775	0.728
5～7	0.957	0.954	0.946	0.930	0.910	0.884	0.853	0.816	0.774	0.727

⑩ 导线截面积：

$$S_1 = \frac{S_c K_r}{n_c}（\text{mm}^2）$$

式中 S_c——槽的截面积 mm^2；

$\qquad$ K_r——槽内充填系数，当采用双纱包圆铜线时，$K_r = 0.35～0.42$；采用单纱漆包线时，$K_r = 0.43～0.45$；采用漆包线时，$K_r = 0.46～0.48$。

当导线截面较大时，可采用多根导线并联绕制线圈，或按表 2-7 所示采用 2 路以上的并联支路数。这时每根导线截面积 S_x 按下式计算：

$$S_x = \frac{S_1}{2an}$$

式中 n——每个线圈的并绕导线数；

$\qquad$ 2——系数，表示双层绕组。

表 2-7   三相绕组并联支路数 a

极数	2	4	6	8	10	12
并联支路数	1、2	1、2、4	1、2、3、6	1、2、3、8	1、2、5、10	1、2、3、4、6、12

⑪ 确定每根导线的直径：

$$d = \sqrt{\frac{S_x}{\pi/4}}（\text{mm}）$$

⑫ 每相绕组容许通过的电流：

$$I_{nxg}=S_1 j_1=2an S_x j_1 (\text{A})$$

式中　J_1——电流密度，由表 2-5 查出。

⑬ 验算线负荷：

$$AS=\frac{I_n n_c Z_1}{\pi D_1}(\text{A/cm})$$

计算所得值应符合表 2-5 所列，否则应重选 J_1。

⑭ 确定电动机额定功率：

$$P_n=3U_{xg}I_{nxg}\cos\phi\eta\times10^{-3}=\sqrt{3}U_n I_n\cos\phi\eta\times10^{-3}(\text{kW})$$

【例 2-1】一台防护式鼠笼型异步电动机，其铭牌和绕组数据已遗失，定子铁芯的数据测量如下：

定子铁芯外径 $D=38.5\text{cm}$。

定子铁芯内径 $D_1=25.4\text{cm}$。

定子铁芯长度 $L=18\text{cm}$。

定子槽数 $Z_1=48$。

定子槽截面积 $S_c=252\text{mm}^2$。

定子齿的宽度 $b_z=0.70\text{cm}$。

定子轭的高度 $h_a=3.7\text{cm}$。

求定子绕组数据和电动机功率。

解：① 确定电源电压为 3 相、50Hz、380V，电动机转速为 1440r/min（即磁极数为 4）。

② 定子铁芯的数据已测得。

③ 极距：

$$\tau=\frac{\pi D_1}{2p}=\frac{3.14\times25.4}{4}=20（\text{cm}）$$

④ 根据定子铁芯外径 $D=38.5\text{cm}$，取 $B_g=7500\text{Gs}$，故每极磁通：

$$\Phi=0637\tau L B_g\times0.92=0.637\times20\times18\times7500\times0.92$$
$$=1.58\times10^6（\text{Mx}）$$

⑤ 验算轭磁通密度：

$$B_a = \frac{\Phi}{2h_a L \times 0.92} = \frac{1.58 \times 10^6}{2 \times 3.7 \times 18 \times 0.92} \approx 13000 \ (\text{Gs})$$

计算所得 B_a 值基本符合表 2-5 中所示的范围。

⑥ 验算齿磁通密度：

$$B_z = \frac{1.57\Phi}{\dfrac{Z_1}{2p} b_z L \times 0.92} = \frac{1.57 \times 1.58 \times 10^6}{\dfrac{48}{4} \times 0.7 \times 18 \times 0.92} = 17800 \ (\text{Gs})$$

B_z 值符合表 2-5 中所示的范围。

⑦ 选用双层叠绕线圈，短节距。取短距系数 $B = 0.8$：

$$Y_1 = \beta \frac{Z_1}{2p} = 0.8 \times \frac{48}{4} \approx 10$$

故线圈槽距为 $1 \sim 11$。每根每相元件数为 3，得绕组系数 $K = 0.913$。

⑧ 采用△接法，$U_{xg} = 380\text{V}$。

绕组每相匝数：

$$W_2 = \frac{U_{xg} \times 10^6}{2.22\Phi K} = \frac{380 \times 10^6}{2.22 \times 1.58 \times 10^6 \times 0.933} = 116 \ (\text{匝/相})$$

⑨ 每槽有效导线数：

$$n_c = \frac{6W_2}{Z_1} = \frac{6 \times 116}{48} = 14.5 \ (\text{根/槽})$$

n_c 应为整数，且双层绕组应取偶数，故取 $n_c = 14$（根/槽）。

⑩ 导线采用高强度漆包线，其截面面积：

$$S_1 = \frac{S_c K_r}{n_c} = \frac{256 \times 0.46}{14} = 8.28 \ (\text{mm}^2)$$

因单根导线截面较大，故分为三根并绕，每根导线的截面为 $8.28 \div 3 = 2.76$（mm^2）。

⑪ 查漆包线截面表，截面为 2.76mm^2 的漆包线，标称直径取 1.88mm。

⑫ 由表 2-5 取 $j_1 = 5.0\text{A/mm}^2$，故相电流：

$$I_{nxg} = S_1 j_1 = 8.28 \times 5 = 41.4 \ (\text{A})$$

⑬ 验算线负荷：

$$AS = \frac{I_n n_c Z_1}{\pi D_1} = \frac{41.4 \times 14 \times 48}{3.14 \times 25.4} = 349 \ (\text{A/匝})$$

计算所得 AS 值符合表 2-5 内所示的范围。

⑭ 根据极数和相电流关系查函数表，取 $\cos\phi$ 为 0.88，η 为 0.895，故电动机的功率为：

$$P_n = \sqrt{3}U_n I_n \cos\phi\eta \times 10^{-3}$$
$$= 1.73 \times 380 \times 41.4 \times 0.88 \times 0.895 \times 10^{-3} = 21.4 \ (\text{kW})$$

2.3.3 电动机改制计算

在生产中，有时需改变电动机绕组的连接方式，或重新配制绕组来改变电动机的极数，以获得所需要的电动机转速。

(1) **改极计算** 改极计算应注意以下事项：

① 由于电动机改变了极数，必须注意，定子槽数 Z_1 与转子槽数 Z_2 的配合不应有下列关系：

$$Z_1 - Z_2 = \pm 2p$$
$$Z_1 - Z_2 = 1 \pm 2p$$
$$Z_1 - Z_2 = \pm 2 \pm 4p$$

否则电动机可能发生强烈的噪声，甚至不能运转。

② 改变电动机极数时，必须考虑到电动机容量将与转速近似成正比地变化。

③ 改变电动机转速时，不宜使其前后相差过大，尤其是提高转速时应特别注意。

④ 提高转速时，应事先考虑到轴承是否会过热或寿命过低，转子和转轴的机械强度是否可靠等，必要时应进行验算。

⑤ 绕线式电动机改变极数时，必须将定子绕组和转子绕组同时更换，所以一般只对鼠笼式电动机定子线圈加以改制。

(2) **改变极数的两种情况** 一种是不改变绕组线圈的数据，只改变其极相组及极间连线，其电动机容量保持不变。此时，应验算磁路各部分的磁通密度，只要没有达到饱和值或超过不多即可。

另一种情况是重新计算绕组数据。改制前，应确切记好电动机的铭牌、绕组和铁芯的各项数据，并按所述方法计算改制前绕组的 W_1、Φ、B_z、B_a、n_c 和 AS 等各项数据，以便和改制后相应的数据作对比。

① 改制后提高电动机转速的方法和步骤

a. 改制后极距 $\tau' = \dfrac{\pi D_1}{2p'}$ （cm）

b. 改制后每极磁通 $\Phi' = 1.84h_a LB_a'$ (Mx)

式中　B_a'——轭磁通密度改制后可选为 18000Gs。由于改制后电动机极数减少，因此 B_a' 增高，为了不使轭部温升过高，B_a' 不宜超过 18000Gs。

② 改制后绕组每相串联匝数

a. 单层绕组 $W_1 = \dfrac{U_{xg} \times 10^6}{2.22\Phi'}$ （匝/相）

b. 双层绕组 $W_1' = \dfrac{U_{xg} \times 10^6}{2.22K'\Phi'}$ （匝/相）

其余各项数据的计算与旧定子铁芯重绕线圈的计算相同。但由于转速提高后极距 r 增加，所以空气隙 B_g 和齿的 B_z 的数值比表 2-5 中所列的相应数值小。

③ 改制后降低电机转速的计算方法

a. 极距 $\tau' = \dfrac{\pi D_1}{2p'}$ （cm）

b. 每极磁通 $\Phi' = 0.586\tau' LB_g'$ (Mx)

由于极数增加，极距减小，定子轭磁通密度显著减小，因此可将 B_g 数值较改制前数值提高 5% ～ 14%，B_z 值也相应提高 5%～10%。

其余各项数据计算与电动机空壳重绕线圈的计算相同。

必须指出：异步电动机改变极数重绕线圈后，不能保证铁芯各部分磁通保持原来的数值，因而 η、$\cos\phi$、I_0、启动电流等技术性能指标也有较大的变动。

（3）改压计算

① 要将原来运行于某一电压的电动机绕组改为另一种电压时，必须使线圈的电流密度和每匝所承受的电压尽可能保持原来的数值，这样可使电动机各部温升和机械特性保持不变。

改变电压时，首先考虑能否用改变接线的方法使该电动机适用于另一电压。

计算公式如下：

$$K = \frac{U'_{xg}}{U_{xg}} \times 100\%$$

式中　K——改接前后的电压比；

　　　U'_{xg}——改接后的绕组相电压；

　　　U_{xg}——改接前的绕组相电压。

根据计算所得的电压比 K 再查阅表2-8，查得的"绕组改接后接线法"应符合表2-8的规定，同时由于改变接线时没有更换槽绝缘，必须注意原有绝缘能否承受改接后所用的电压。

表2-8　三相绕组改变接线的电压比　　　　　%

绕组原来接线法 ＼ 绕组改后接线法	一路Y形	二路并联Y形	三路并联Y形	四路并联Y形	五路并联Y形	六路并联Y形	八路并联Y形	十路并联Y形	一路△形	二路并联△形	三路并联△形	四路并联△形	五路并联△形	六路并联△形	八路并联△形	十路并联△形
一路Y形	100	50	33	25	20	17	12.5	10	58	69	19	15	12	10	7	6
二路并联Y形	200	100	67	50	40	33	25	20	116	58	39	29	23	19	15	11
三路并联Y形	300	150	100	75	60	50	38	30	173	87	58	43	35	29	22	17
四路并联Y形	400	200	133	100	80	67	50	40	232	116	77	58	46	39	29	23
五路并联Y形	500	250	167	125	100	83	63	50	289	144	96	72	58	48	36	29
六路并联Y形	600	300	200	150	120	100	75	60	346	173	115	87	69	58	43	35
八路并联Y形	800	400	267	200	160	133	100	80	460	232	152	120	95	79	58	46
十路并联Y形	1000	500	333	250	200	167	125	100	580	290	190	150	120	100	72	58
一路△形	173	80	58	43	35	29	22	17	100	50	33	25	20	17	12.5	10
二路并联△形	346	173	115	87	60	58	43	35	200	100	67	50	40	33	25	20
三路并联△形	519	259	173	130	104	87	65	52	300	150	100	75	60	50	38	30
四路并联△形	692	346	231	173	138	115	86	69	400	200	133	100	80	60	50	40
五路并联△形	865	433	288	216	173	144	118	86	500	250	167	125	100	80	63	50
六路并联△形	1038	519	346	260	208	173	130	104	600	300	200	150	120	100	75	60
八路并联△形	1384	688	404	344	280	232	173	138	800	400	267	200	160	133	100	80
十路并联△形	1731	860	580	430	350	290	216	173	1000	500	333	250	200	167	125	100

② 如果无法改变接线，只得重绕线圈。重绕后，绕组的匝数 W'_1 和导线的截面积 S'_1 可由下式求得。

$$W'_1 = \frac{U'_{xg}}{U_{xg}} W_1$$

$$S_1' = \frac{U_{xg}}{U_{xg}'} S_1$$

式中　W_1——定子绕组重绕前的每相串联匝数；

　　　S_1——定子绕组重绕前的导线截面积，mm^2。

如果导线截面积较大，则可采用并绕或增加并联支路数。

当电动机由低压改为高压（500V以上）时，因受槽形及绝缘的限制，电动机容量必须大大地减少，所以一般不宜改高压。当电动机由高压改为低压使用时，绕组绝缘可以减薄，可采用较大截面的导线，这样电动机的出力可稍增大。

【例2-2】有一台3000V、8极、一路Y形接线的异步电动机要改变接线，使用于380V的电源上，应如何改变接线？

解：首先计算改接前后的电压比K：

$$K = \frac{380}{3000} \times 100\% = 12.7\%$$

再查表2-8第一行第七列"八路并联Y形"的数字12.5最为相近，而这种接线又符合表2-8中的规定，所以该电机可以改接成八路并联Y形，运行于380V的电源电压下。

2.3.4　导线的代换

（1）铝导线换成铜导线　电动机中的绕组采用铝导线，在修复时如果没有同型号的铝导线，则要经过计算把铝导线换成铜导线。

因为铜导线是铝导线电阻系数的1/1.6倍，为了保持原定子绕组的每相阻抗值不变与通过定子绕组的电流值不变，根据公式$d_{铜}=0.8d_{铝}$，可计算出所要代换铜导线的直径。式中，$d_{铜}$代表铜导线直径；$d_{铝}$代表铝导线直径。

【例】有一台电动机的绕组是直径为1.4mm的铝导线，修理时因没有这种型号的铝导线，问需要多大直径的铜导线？

根据公式$d_{铜}=0.8d_{铝}$得：$d_{铜}=0.8\times1.4=1.12$（mm）

改后应需直径是1.12mm的铜导线。根据这个例子可以看出，铝导线换成铜导线直径变小，槽满率（槽满率就是槽内带绝缘体的总面积与铁芯槽内净面积的比值）下降。在下线时可以多垫一层绝

缘纸，但并绕根数、匝数必须与改前相同。一般电动机不管用什么
材料的导体和绝缘材料，出厂时槽满率都设计为 $60\%\sim80\%$。

(2) **铜导线换成铝导线** 将铜导线换成铝导线绕制的电动机绕
组也要经过计算，公式是：

$$d_{铝}=\frac{d_{铜}}{0.8}$$

【例】一台 5.5kW 电动机，铜导线直径是 1.25mm，准备改用
铝导线绕制，问需多大直径的铝导线？

根据公式：$d_{铝}=\dfrac{1.25}{0.8}=1.5$ （mm），通过计算要选用直径是
1.5mm 的铝导线。

通过上式可以看出以铝导线代换铜导线时，导线加粗了，槽满
率会提高，给下线带来困难。因此最好先绕出一把线试一下，如果
改后铝线能下入槽中则改，槽满率过高不能下入槽中就不改。改后
铝导线在接线时没有焊接材料，不能焊接时，可直接绞在一起，但
一定要把铝接头拧紧，防止接触不良打火而烧坏线头。

(3) **两种导线的代换** 同种导线代换是根据代换前后导线截面
积相等的条件而进行的，表 2-9 中列出了 QQ 与 QI 型直径 0.06～
2.44mm 的铜漆包线的规格，有了导线直径就可以直接查出该导线
的截面积。

实际情况中，有时想把原电动机绕组中两根导线变换成一根，
有时想把原绕组一根导线变换成两根，这都需要计算。

例如 JO2-51-4 型 7.5kW 电动机，该电动机绕组用 $\phi1.00$mm
的漆包线两根并绕，每把线是 38 匝，在修理时无 $\phi1.00$mm 导线，
电动机又急等使用，这就要经过计算，两根导线用一根代替，要保
证代换前两根 $\phi1.00$mm 的漆包线的截面积与代换后一根漆包线的
截面积相同。经查表可知 $\phi1.00$mm 的导线截面积是 0.785mm^2，
两根截面积为 $0.785\times2=1.57$ （mm^2），查表截面积 1.57mm^2 只
近似于 1.539mm^2，截面积为 1.539mm^2 所对应的导线直径为
1.4mm，所以两根 $\phi1.00$mm 的漆包线并绕可用一根 $\phi1.40$mm 的
漆包线代换。原两根并绕是 38 匝（对），改后用 $\phi1.40$mm 的漆包
线仍绕出 38 匝即可。

表 2-9 QQ、QI 漆包线的直径、截面积

导线直径 /mm	带漆导线直径 /mm	导线截面积 /mm²	导线直径 /mm	带漆导线直径 /mm	导线截面积 /mm²
0.06	0.09	0.00283	0.49	0.55	0.1886
0.07	0.10	0.00385	0.51	0.58	0.204
0.08	0.11	0.00503	0.53	0.60	0.221
0.09	0.12	0.00636	1.68	1.79	2.22
0.10	0.13	0.00785	1.74	1.85	2.38
0.11	0.14	0.00950	1.81	1.93	2.57
0.12	0.15	0.01131	1.88	2.00	2.78
0.13	0.16	0.0133	1.95	2.07	2.99
0.14	0.17	0.0154	0.55	0.62	0.238
0.15	0.18	0.01767	0.57	0.64	0.256
0.16	0.19	0.0201	0.59	0.66	0.273
0.17	0.20	0.0277	0.62	0.69	0.302
0.18	0.21	0.0275	0.64	0.72	0.322
0.19	0.22	0.0284	0.67	0.75	0.353
0.20	0.23	0.0314	0.69	0.77	0.374
0.21	0.24	0.0346	0.72	0.80	0.407
0.23	0.25	0.0415	0.74	0.83	0.430
0.25	0.23	0.0491	0.77	0.86	0.466
0.27	0.30	0.0573	0.80	0.89	0.503
0.29	0.32	0.0661	0.83	0.92	0.541
0.31	0.34	0.0775	0.83	0.95	0.561
0.33	0.36	0.855	0.90	0.99	0.606
0.35	0.41	0.0962	0.93	1.02	0.670
0.38	0.44	0.1134	0.96	1.05	0.724
0.41	0.47	0.1320	1.00	1.11	0.785
0.44	0.50	0.1521	1.04	1.15	0.840
0.47	0.53	0.1735	1.08	1.10	0.916

续表

导线直径 /mm	带漆导线直径 /mm	导线截面积 /mm²	导线直径 /mm	带漆导线直径 /mm	导线截面积 /mm²
1.12	1.23	0.985	1.50	1.61	1.767
1.16	1.27	1.057	1.56	1.67	1.911
1.20	1.31	1.131	1.62	1.73	2.06
1.25	1.36	1.227	2.02	2.14	3.20
1.30	1.41	1.327	2.10	2.23	3.46
1.35	1.46	1.431	2.26	2.39	4.01
1.40	1.51	1.539	2.44	2.57	4.68
1.45	1.56	1.651			

(4) 线把导线直径和匝数

① 导线的直径　导线的直径是指导线绝缘皮去掉的直径,用 mm 做单位,测量导线之前要先把导线的绝缘皮用火烧掉,一般把导线端部用火烧红一两遍,用软布擦几次,就把绝缘层擦没了,切不可用刀子刮或用砂布之类擦导线绝缘层,那样测出的导线直径就不准了。测量导线要用千分尺,这是修理电动机必备的测量工具,使用方法见产品说明书,也可以向车工师傅请教。

表 2-9 中列出了 QQ 和 QI 型漆包线的规格,实际三相异步电动机用导线的直径在 $0.57 \sim 1.68$ mm,在一个线把中多用一样直径的导线绕制,但也有的电动机每一个线把都是用两种或两种以上规格的导线绕制而成的。比如 JQ-83-4,JO-62-6 型电动机,每把线的直径都是用 $\phi1.35$ mm 和 $\phi1.45$ mm 两根线并绕的,所以拆电动机绕组时要反复测准每把线中每种导线的直径。

② 线把的匝数　线把的匝数是指单根导线绕制的总圈数。比如 JO2-41-4 型电动机的技术数据表上标明,导线直径为 1.00mm,并绕根数是 1,匝数是 52,就是说这种电动机每一个线把都是用直径为 1mm 的导线单根绕 52 匝而成的。

(5) 线把的多根并绕

多根并绕是用两根以上导线并绕成线把,在绕组设计中,不能靠加大导线直径来提高通过线把中的电流,因为导线的"集肤"效应会使导线外部电流密度增大,温度增高，加速导线绝缘老化，使导线变粗，也给嵌线带来困难。这就要靠导线的多根并绕来解决。在三相异步电动机中每把线并绕根数为2～12根，检查多根并绕时，每把线的头尾是几根线，就证明这个电动机绕组中每把线就是几根并绕的，如图2-65(a)所示线把的头尾是2根，这个线把就是2根并绕；图2-65(b)所示线把的头尾是3根，这个线把就是3根并绕。J03-280S-2型100kW电动机每把线的头尾有12根线头，这种绕组的线把就是12根并绕。

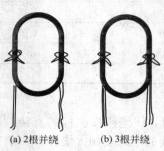

(a) 2根并绕　　(b) 3根并绕

图2-65　线把的多根并绕

在绕组展开图中，不管线把是几根并绕，都用图2-65(a)或图2-65(b)来表示，在绕组展开图上表现不出多根并绕，只是在技术数据表上标明。多根并绕的线把代表截面积加大的一根导线绕制出的线把。弄明白线把的多根并绕，这样才能与下面讲的多路并联区别开。

多根并绕线把的匝数等于这个线把的总匝数被并绕根数所除得到的商。比如JO2-51-4型7.5kW电动机是双根并绕，数得每把线是76匝，76匝被2所除，商数是38匝，则这把线的匝数就是38匝。数据表上写着2根并绕，匝数是38匝，就是这个意思。在绕制新线把时，还要用同型号导线2根并在一起，绕出38匝。最简单的办法是，线把是几根并绕就几根并在一起看做是一根导线，然后绕出固定的匝数。

第3章
三相异步电动机的维修

3.1 定期维修内容与常见故障排除

3.1.1 电动机定期维修内容

异步电动机定期维修是消除故障隐患、防止故障发生的重要措施。定期维修可分为定期小修和定期大修两种，前者不拆开电动机，后者需把电动机全部拆开进行维修。

(1) 定期小修 定期小修是对电动机的一般清理和检查，应经常进行。小修内容包括：

① 清擦电动机外壳，除掉运行中积累的污垢。

② 测量电动机绝缘电阻，测后注意重新接好线，拧紧接线头螺钉。

③ 检查电动机端盖、地脚螺栓是否紧固。

④ 检查电动机接地线是否可靠。

⑤ 检查电动机与负载机械间的传动装置是否良好。

⑥ 拆下轴承盖，检查润滑油是否变脏、干涸，及时加油或换油。处理完毕后，注意上好端盖及紧固螺钉。

⑦ 检查电动机附属启动和保护设备是否完好。

(2) 定期大修 异步电动机的定期大修应结合负载机械的大修进行。农用电动机可结合农时，在每年冬季进行一次。大修时，应拆开电动机进行以下项目的检查修理：

①检查电动机各部件有无机械损伤，若有则应作相应修复。

②对拆开的电动机和启动设备进行清理，清除所有油泥、污垢。清理中，注意观察绕组绝缘状况。若绝缘为暗褐或深棕色，则说明绝缘已经老化，对这种绝缘要特别注意不要碰撞使其脱落。若发现有脱落则应进行局部绝缘修复和刷漆。

③拆下轴承，浸在煤油或汽油中彻底清洗。把轴承架与钢珠间残留的油脂及脏物洗掉后，用干净煤（汽）油清洗一遍。清洗后的轴承应当转动灵活，并测定轴承间隙。若轴承表面粗糙，则说明油脂不合格；若轴承表面变色（发蓝），则说明其已受热退火。应根据检查结果，对油脂或轴承进行更换，并消除故障原因（如清除油中砂、铁屑等杂物；正确安装轴承等）。

轴承新安装时，加油应从一侧加入。油脂占轴承容积 $1/2\sim2/3$ 即可。油加得太满会发热流出。润滑油可采用钙基润滑脂、钠基润滑脂或锂基润滑脂。

④检查定子绕组是否存在故障。使用兆欧表测量绕组绝缘电阻即可判断绕组绝缘是否受潮或是否短路。若有，则应进行相应处理。使用电桥测量三相电阻是否均衡，若不均衡，则应做相应处理。

⑤检查定、转子铁芯有无磨损和变形，若观察到有磨损处或发亮点，则说明可能存在定、转子铁芯相擦情况，应使用锉刀或刮刀把亮点刮低。若有变形则应作相应修复。

⑥在进行以上各项修理、检查后，对电动机进行装配、安装。

⑦安装完毕的电动机，应进行修理后检查。在各试验项目进行完毕、符合要求后，方可带负载运行。

3.1.2　三相异步电动机常见故障分类

三相异步电动机故障通常分为机械故障和电气故障两大类。电气故障包括定子和转子绕组的短路、断路，电刷及启动设备故障等。机械故障包括振动过大、轴承过热、定子与转子相互摩擦及不正常噪声等。

3.1.3　三相异步电动机的常见故障与处理方法

电动机在运行中应正确维护和定期维修，才能保证正常运转。对较大功率的电动机应安装电流表监视负载电流，并应有过电流保护装置。电动机运行中应当观察其电源电压、频率的变化，否则有可能引起电动机过热或不正常运行。

常见电动机定子绕组损坏状况及原因分析如下：

（1）**绕组对地击穿**　一般在定子槽口或槽底对地击穿情况较多，对地击穿后火花烧毁导线漆皮而造成匝间击穿。若新品或使用时间不长的电动机发生此类情况，则大多应属于制造质量问题。

（2）**绕组匝间击穿**　大多在定子绕组端部发现此种损坏情况，往往局部有几根导线被烧断。造成绕组匝间击穿损坏的原因可能有两种：一是漆包线质量问题；二是嵌线时划伤了导线漆皮或工件搬运过程中有碰伤导线漆皮。

（3）**一相或两相绕组烧毁**　这种损坏情况很可能是由缺相运行导致的，一般由用户使用不当造成。

三相异步电动机常见故障判断与处理方法见表 3-1。

表 3-1　三相异步电动机常见故障判断与处理方法

故障现象	原因分析	处理方法
电动机通电后不启动或转速低	①电源电压过低 ②熔断器熔体熔断，电源缺相 ③定子绕组或外部电路有一相断路，绕线式转子内部或外部断路，接触不良 ④电动机连接方式错误，△形误接成 Y 形 ⑤电动机负载过大或机械卡住 ⑥笼式转子断条或脱焊	①检查电源 ②检查原因，排除故障，更换熔丝 ③用兆欧表或万用表检查有无断路或接触不良，查出后连接断路处，处理接触不良处 ④改正接线方式 ⑤调整负载，处理机械部件 ⑥更换或补焊铜条，或更换铸铝转子

续表

故障现象	原因分析	处理方法
电动机过热或内部冒烟、起火	①电动机过载 ②电源电压过高 ③环境温度过高,通风散热障碍 ④定子绕组短路或接地 ⑤缺相运行 ⑥电机受潮或修后烘干不彻底 ⑦定、转子相互摩擦 ⑧电动机接法错误 ⑨启动过于频繁	①降低负载或更换大容量电动机 ②检查、调整电源电压 ③更换 B 或 F 级绝缘电动机,降低环境温度,改善通风条件 ④检查绕组直流电阻、绝缘电阻,处理短路点 ⑤分别检查电源和电动机绕组,查出故障点,加以修复 ⑥若发热不严重、绝缘尚好,则应彻底烘干 ⑦测量气隙、检查轴承磨损情况,查出原因并修复 ⑧改为正确接法 ⑨按规定频率启动
电刷火花过大,滑环过热	①电刷火花太大 ②内部过热 ③滑环表面有污垢、杂物 ④滑环不平,电刷与滑环接触不严 ⑤电刷牌号不符,尺寸不对 ⑥电刷压力过大或过小	①调整、修理电刷和滑环 ②消除过热原因 ③清除污垢、杂物,使其表面与电刷接触良好 ④清理滑环,研磨电刷 ⑤更换合适的电刷 ⑥调整电刷压力到规定值
三相电流过大或不平衡	①定子绕组某一相首尾端接错 ②三相电源电压不平衡 ③定子绕组有部分短路 ④单相运行 ⑤定子绕组有断路现象	①重新判别首尾端后,再接线运行 ②检查电源 ③查出短路绕组,检修或更换 ④检查熔断器、控制装置各接触点,排除事故 ⑤查出断路绕组,检修或更换
振动过大	①电动机机座不平 ②轴承缺油、弯曲或损坏 ③定子或转子绕组局部短路 ④转动部分不平衡,连接处松动 ⑤定子、转子相互摩擦	①重新安装、调平机座 ②清洗加油,校直或更换轴承 ③查出短路点,修复 ④校正平衡,查出松动处拧紧螺栓 ⑤检查、校正动、静部分间隙

3.2 三相异步电动机的检修

3.2.1 检修概要

电动机的检修包括检修定子和转子，检修轴及轴承，检修滑环及炭刷装置，检修冷却装置，检修启动装置，电动机检修后的电气试验等。主要检修内容如下。

(1) 电动机移位、解体、抽转子

① 拆开地脚、对轮、引入线、电缆头和接地线；将电动机整体起吊，运至预定检修场地；起吊中应注意起吊设备应完好，并有足够的安全系数，吊运过程中不能碰伤电缆、套管、接线柱和接线板等。

② 拆下电刷及电刷装置和风叶；轴承和所有零件等均应作有标记、记号；零部件要稳妥存放，零星部件应装箱（盒）内保管，以免发生错装、倒装或损坏丢失情况。

③ 分解端盖，抽转子时切记不得碰伤线圈、铁芯、轴颈、风扇和引线等；设备分解过程中要仔细，若发生异常状态则应立即汇报有关上级人员，共同分析、研究、处理。

④ 定子、转子要妥善存放；轴颈和轴承须用布盖好以防生锈，全部部件要用帆布或大块布盖好。

⑤ 电动机解体前必须做好必要的电气试验及了解轴承运转状态。

(2) 检修转子和吹风扫除

① 用吹风机或皮老虎吹扫转子各部位灰尘，并用布擦掉各部位积灰和污垢。

② 鼠笼型电动机转子短路环应完整，无断裂、松动等不良现象。

③ 绕线型电动机转子绕组至滑环间的引线应连接完好，滑环与轴应同心，一般不大于 0.5mm，滑环表面应光滑、无凸凹，且保持干净。

④ 绕线型电动机转子绕组与槽楔应干净，无松动、变色、断

裂等异常现象及状态。

⑤ 检查转子铁芯是否坚固。通风沟孔的硅钢片必须洁净，无油垢、锈斑、破损、烧伤、变色等异常状态。

⑥ 风扇应坚固，叶片完整无破裂、不松动、无其他操作且干净、无油垢、无杂物，敲击声清脆，平衡块紧固、无位移。

（3）检修定子和吹风扫除

① 定子外壳应完整，地脚无开焊、裂纹和损伤、变形等情况。

② 用吹风机或皮老虎吹扫定子各部位灰尘，并用干净布擦掉积尘和油垢。

③ 检查铁芯各部位应坚固、完整，无锈斑、过热变形、磨损、弯曲、折断、堆倒和松动等异常现象。

④ 通风沟口孔必须干净且畅通无阻。

⑤ 线圈、漆膜应完整平滑光亮，绝缘应坚固柔韧，无损伤、老化过热断裂、通风沟口处胀出等不正常情况。

⑥ 线圈在槽内应坚固且无显著变形，端部连线应坚固且无磨损等异常状态。

⑦ 引出线焊接应牢靠，接线盒良好无损，螺栓完整、规格统一，接线柱、板无裂纹，填料不松动。电动机引出线螺栓最大允许电流如表 3-2 所示。电动机引出线允许电流值如表 3-3 所示。

表 3-2　电动机引出线螺栓最大允许电流

栓径/mm	M4	M5	M6	M8	M10	M12
电流/A	15	25	50	100	180	250

表 3-3　电动机引出线截面积与允许电流值对照表

电流/A	引出线截面积/mm²	电流/A	引出线截面积/mm²
6～10	1.5	6～90	16
11～20	2.5	91～120	25
21～30	4	121～150	35
31～45	6	151～190	50
46～60	10	190～240	70

⑧ 定子槽楔应坚固且牢固地压住线圈，用螺丝刀和其他工具敲打 2/3 处，无空声。两端伸出 6～10mm，且整齐，并有倒角。

所有槽楔均应低于铁芯 $0.3\sim0.5$mm，两块槽楔结合处不应正对通风孔，但槽楔通风沟必须与铁芯通风相对应且方向一致。

⑨ 机壳、端盖和风挡等应均无裂纹和其他损伤，且干净。

⑩ 外壳油漆应完好无油尘灰，各部位零件齐全，标志正确、明显。机壳必须有良好的接地，且接触良好。

(4) 轴、轴承、对轮检修及轴清洗

① 轴颈应光滑，无锈斑、麻点、偏圆及其他电磁伤。

② 轴与对轮的配合面应光滑、无裂痕，键与键槽的配合应良好，轴尖无裂纹、堆存现象，顶针轴孔完好无损。

③ 对轮应无磨损及其他损伤，对轮与轴应配合良好。

④ 轴承油质应良好，油中不可含有水及其他杂物，油量为容积的 $1/2\sim2/3$，不可过多或过少。

⑤ 轴承的滑道、滚珠均应无锈斑、麻点、裂纹，保持器无损且不得与外部摩擦。用手转动轴承，转动应灵活，无卡绊、摇摆和轴向窜动等不良现象。

⑥ 轴承在 50℃ 环境介质温度中，其温升不得超过 60℃，且无异常声音和渗油。

⑦ 滚动轴承应符合相关标准。

(5) 检修滑环、刷架、炭刷及清扫

① 滑环表面应光滑平整，无锈斑及伤痕，绝缘衬套应无破损和松动等不良现象。

② 同一电动机使用的炭刷型号应一致，刷辫长度应适宜且完整无损，且无过热、变色现象，螺钉固接触良好，电刷长度不可小于 $3/5$，新换的电刷与滑环的接触面积应不小于电刷接触面积的 70%。

③ 电刷与滑环接触应良好且互为垂直，其周边无掉块及裂纹等不良情况。

④ 电刷在刷握内应有 $0.1\sim0.2$mm 间隙，且不可过大或过小，并不可有卡绊现象，使电刷滑动自如。

⑤ 刷握应光滑、干净、无损，弹簧干净，无过热、变形状态，刷握与滑环距离一致（$2\sim3$mm）且互相垂直，不得倾斜。

⑥ 电刷压力应适当，应以不发生火花的最低压力为限，一般

压力为 15～25kPa，且互相偏差不超过 10％。

⑦ 刷架滑环绝缘良好，用 500V 兆欧表测量导电部位绝缘电阻值不得低于 100MΩ。

(6) 电动机的电气试验　电动机每次大修前后必须做好必要的电气试验并做好记录。

① 测绝缘电阻　对于 380V 以下的低压电动机，用 1000V 的兆欧表测量并换算至热状态下不得低于 0.5MΩ；对于 6kV 高压电动机，用 2500V 兆欧表测量各相对地绝缘电阻并换算到热状态后不得低于 1MΩ/kV。

② 测量直流电阻　直流电阻相间不超过 2％，并与前次检修测量结果进行比较和分析。

③ 交流耐压试验　对于 380V、20kW 以上电动机，加 1kV 电压，持续 1min 不击穿即合格；对绕线型电动机转子，加 1.5 倍于转子开路额定电压的电压，但不得低于 1kV，持续 1min 不击穿即合格。

(7) 电动机的试运与验收

① 试运现场整洁，设备完整、干净，零部件齐全，标志明显正确。

② 空转前应搬运盘转灵活，送电前做好联系工作，空载 30min 以上无异常，方向正确，带上机械空载部分试运转 1h 无异常，并记录启动时间、空载电流及各部位温度等，无论空载或带负载均应一切正常。空载电流、高压电动机不得大于额定电流的 20％～30％，低压电动机不得大于额定电流的 30％～50％，带负载启动时间应与过去相等并做好记录。定子、转子绕组和轴承温升范围应符合表 3-4 的要求。

3.2.2　轴和轴承的修理

转轴是电动机向工作机械输出动力的部件，除具备足够的机械强度和刚度外，还要求其中心线直、轴颈保持正圆、表面平滑无穴坑、波纹，键槽工作面平整、垂直，没有裂痕和损伤。对轴承的要求是外圈与端盖、内圈与轴颈应成紧配合，滚动部分应无磨损、碎裂，内外滚道无磨损、裂纹等。无论是转轴或轴承，只要有以上任何缺陷，都必须修理或更换。

表 3-4   电动机各部位最高允许温度与温升

（周围空气温度 35℃）

部位	不同绝缘等级下的温度与温升/℃										测定方法
	A 级		E 级		B 级		F 级		H 级		
	t	θ	t	θ	t	θ	t	θ	t	θ	
定子绕组	105	70	120	85	130	95	140	105	165	130	电阻法 温度表法
转子绕组	105	70	120	85	130	95	140	105	165	130	
定子铁芯	105	70	120	85	130	95	140	105	165	130	
滑环	$t=105℃,\theta=70℃$										温度表法
滚动轴承	$t=100℃,\theta=65℃$										
滑动轴承	$t=80℃,\theta=45℃$										

（1）转轴的修理

① **轴颈磨损的修理**　轴颈是转轴最重要而又最容易磨损的部分。其磨损将造成转子偏移，严重时造成转子与铁芯相互摩擦（扫膛）。若轴颈磨损不太严重，则可以在轴颈处镀上一层铬；若磨损较严重，则可采用热套法修复，即将轴颈处车小 2～3mm，再用 45 钢车制一个合适的套筒，厚度不小于 2mm，其内孔与轴颈外圆成过盈配合，将其加热后套上轴颈，最后精车，如图 3-1 所示。

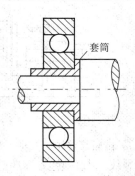

图 3-1　热套法修复轴

② **转轴弯曲的修理**　转轴弯曲会造成电动机运转时振动加大，严重时会引起转子扫膛。对转子弯曲程度的检查可将转轴置于车床上，用千分表或划针盘测量，如图 3-2 所示。

小型电动机转轴弯曲的修理可用冷态直轴法，通常在油压机或螺旋压力机上矫正。矫正时可不压出转子铁芯，将转轴两端置于固定支座上，然后将转子旋转 360°，用千分表或针盘找出铁芯或轴的凸出面，将此面朝上固定，用压力机压杆对此面加压，直到将轴矫直为止。注意在加压过程中，随时用千分表或划针盘检测其矫直情况，如图 3-3 所示。

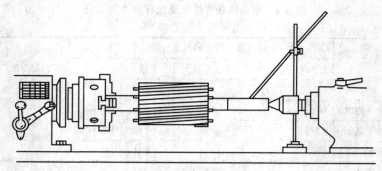

图 3-2　检查转轴弯曲程度

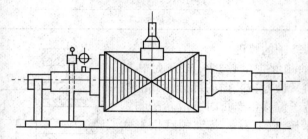

图 3-3　冷态直轴法

③ 转轴断裂的修理　转轴断裂，一般都应更换新轴。如只是出现裂纹，其深度又不超过轴颈的 10％～15％，长度不超过轴长的 10％，则可采用堆焊修复。堆焊时先用电弧在裂纹处刨大坡口，清除焊渣，从中心沿两边坡口向外施焊，焊完后退火，精车到规定尺寸。

对裂纹太大或完全断裂的轴，可采用下述方法补救：先在车床上把电动机轴的断裂面车光，加工平面应与轴中心线垂直；然后在端面中心钻一小孔，孔径为转轴直径的 1/3，内车螺纹；另外再车一段与断裂部分相同的短轴，外径应留出足够的加工余量，并在一端车上能配合上述螺孔的螺栓，把这段短轴旋入断轴的螺孔内，用电焊在断裂面与新旋入部分的交界处堆焊。然后退火，车磨到规定尺寸，铣出键槽，如图 3-4 所示。

④ 键槽磨损的修理　若键槽磨损严重，则可用电弧焊（不能

用气焊）将环键槽补平车光，在与原键槽成 90°或 180°的部位重铣一个键槽，如图 3-5 所示。如果原键槽损伤不大，则可以加宽旧键槽，配制尺寸较大的梯形键代用。但增加的宽度不应大于原键槽宽度的 15%。

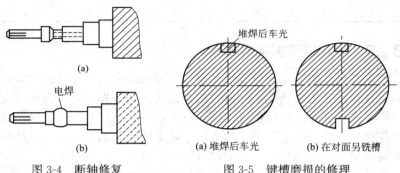

图 3-4　断轴修复　　　　　　　图 3-5　键槽磨损的修理

(2) 轴承的修理　电动机中大量使用的是滚珠轴承，这里以滚珠轴承为例介绍其故障检查方法。

① 在电动机运行过程中检查　使电动机通电运行，仔细倾听轴承部位有无"咔嚓"类的杂音，为了判断准确，可用螺丝刀一端顶紧轴承部位，另一端抵在耳部细听，如有异响，则说明轴承有故障。

② 轴承拆下后的直观检查　将从电动机上拆下的轴承在汽油或煤油中洗去油污，检查滚珠和内、外滚道有无划痕、裂纹或锈斑。然后固定内圈，让其转动，应当平稳、无杂音、转速均匀、徐徐停止。如发生杂音、振动或气动、突然停止转动，或用手推动轴承时发出撞击声，以及手感游隙过大，均说明轴承不正常。

③ 用铅丝法和塞尺测量法检查　将轴承内圈固定，把直径为 1～2mm 的熔丝事先压扁但厚于轴承间隙，将其塞入滚珠与滚道的间隙内，转动轴承外圈，将熔丝压扁，然后取出，用千分尺测弧形方向的平均厚度，即为该轴承的径向间隙。

塞尺测量法与此类似：使内圈固定，用 50N 左右的力将外圈推向一边，再将塞尺塞入滚珠与滚道间隙，并超过滚珠球心，使塞尺松紧适度，此时的塞尺厚度即为该轴承径向间隙。滚珠轴承磨损的最大允许值不应超过表 3-5 所示范围。

表 3-5   滚珠轴承磨损允许值   mm

轴承内径	最大磨损	轴承内径	最大磨损
20～30	0.1	85～120	0.3～0.4
35～80	0.2	130～150	0.4～0.5

3.2.3   鼠笼转子断条的修理

　　鼠笼转子断条会使电动机出现以下异常现象：未启动的电动机启动困难，带不动负载；运行中的电动机转速变慢，定子电流时大时小，电流表指针呈周期性摆动，电动机过热，机身振动，还可能产生周期性的"嗡嗡"声。造成转子断条的原因通常是铸铝或铸铜鼠笼质量不良、制造时工艺粗糙或结构设计不佳。也可能是运行启动频繁，操作不当，急促的正、反转造成剧烈冲击所致。

　　（1）转子断条的检查方法

　　① 铁粉检查法   利用磁场能吸引铁屑的原理，在转子绕组中通入低压交流电，从 0V 逐渐升高，转子磁场也不断增强，这时在转子上均匀地撒上铁粉，从铁粉的分布情况，即可判断转子鼠笼条是否有断点。若转子绕组没有故障，则铁粉就能整齐地按转子铁芯排列。若转子绕组有断点，则此笼条电流不通，周围没有磁场，在断条上就不能吸住铁粉，如图 3-6 所示。

　　② 电流检查法   不必解体电动机，向定子绕组输入额定值 10% 的低压三相交流电压，并在一相中串入电流表。用手缓慢转动转子，若转子笼条完好，则电流表指针只做均匀而微弱的摆动；若笼条有断裂，则电流表指针将发生振幅较大的周期性摆动。

　　③ 侦察器法   短路侦察器是用来检查电动机绕组是否发生短路的测试器具。短路侦察器有一个开放的铁芯。其上绕有励磁绕组，相当于变压器的一次绕组。被测绕组相当于二次绕组。将已接通 220V 交流电源并串有电流表的短路侦察器放在铁芯槽口，并沿着转子铁芯外圆逐槽移动，便可按电磁感应原理找出绕组故障点。检测时，将短路侦察器的凹面压在转子铁芯槽上，在该铁芯槽的另一端放上一块条形薄铁片或断锯条。当短路侦察器通以电流时，若

笼条完好，则铁片在磁场作用下会发生振动，如图 3-7（a）所示。这样逐槽检查，当侦察器和薄铁片移到某铁芯槽时，铁片停止振动，则说明该铁芯槽内的笼条电流不能通过，有断裂故障。

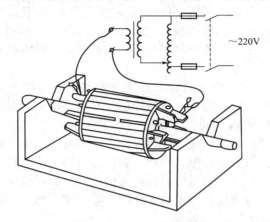

图 3-6 用铁粉检查法检查转子鼠笼断条

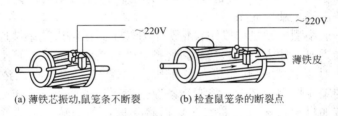

(a) 薄铁芯振动,鼠笼条不断裂　　　(b) 检查鼠笼条的断裂点

图 3-7 短路侦察器法检查断裂鼠笼条断裂点

查出断裂鼠笼条后，还必须找出断裂点，通常断裂时间较长的地方有黄黑斑点，可直接看出。若不能直接发现，则可用图 3-7（b）所示的方法寻找。即用断条侦察器检查（一种专门用来检查笼式电动机转子断条故障的测试设备，与短路侦察器基本相同），即在鼠笼一端的端环上（如左端）焊一条较粗的软导线，侦察器置于断裂笼条两边的槽齿上，在鼠笼条的另一端（如右端）放上断锯条。然后把软导线的自由端从左端开始沿断裂笼条向右移动，最初断锯条不振动，说明断裂点在侦察器和软导线自由端之间，一旦软导线越过断点，锯条即开始振动。锯条刚振动时软导线自由端左侧

的位置即为断裂点。

(2) **转子断条的修理工艺** 转子断条常用以下几种方法予以修复。

① 局部补焊法 在有裂纹的端环或笼条两边用尖凿剔出坡口或梯形槽,将转子用喷灯或氧炔焰加热到 450℃,再将含锡 63%、含锌 33%和含铝 4%的焊料用气焊予以补焊,最后将修理点处多余的焊料车去或铲平。

② 冷接法 在断条的裂口处用与槽宽相近的钻头钻孔并攻螺纹,深度以钻到槽底为止。然后拧进一只与之相配的铝螺钉,再用车刀或凿子除去螺钉的多余部分。如果断裂严重,裂纹或裂口较长,单是拧进一颗螺钉还不能接好笼条,则可以用尖凿将裂口处凿一矩形槽,并将四壁和槽底修理整齐。然后用一块形状、体积与矩形槽相似但尺寸略大的铝块强行嵌入槽里,同时在铝块两端与原笼条结合部钻孔攻螺纹,拧紧铝质螺钉并除去多余部分。这样即使转子高速运转,铝块也不会脱出。

③ 换条法 若笼条断裂严重,用前两种方法无法修复,则可用换条法换上新的笼条。

一般小型电动机可以用长钻头沿着转子斜槽将废笼条钻通,除去多余铝屑,插入直径相同的新笼条,然后将两端焊在端环上形成整体。对于较大的电动机,在车床上将端环车去,浸入浓度为60%的工业烧碱溶液中,将铝笼条腐蚀掉。为了加快反应速度,可将溶液加热到 80～90℃进行。然后将除掉铝条的转子用清水清洗干净,投入浓度为 25%的工业冰醋酸中煮沸 15min 左右以中和残碱,再放入开水中煮沸 1～2h,烘干后即可换进新的铝条或铜条。因铜条导电性能好,电流密度比铸铝大,所以用铜条换铝条时,只要铜条嵌满转子槽的 2/3 即可。铜条嵌得过多,反而会因导条电阻小而使启动转矩减小。如果没有上述化学溶铝条件,则也可用加热熔铝法。先将转轴压出,将转子加热到 650～700℃,使铝笼条全部溶化,清理干净铁芯槽,再嵌入铝条或铜条。

3.2.4 定子绕组的局部修理工艺

电动机长时间停放或使用、维修不当,可能会导致绕组绝缘下降，产生接地、开路、绕组间或匝间短路、线头接错等毛病。这将造成电动机运转不正常或完全不能运转，甚至烧毁。定子绕组是电动机最常见的基本检修内容，应"由外到里、先机械后电气"，通过看、听、闻、摸等方法了解电动机，进行针对性地检修。电动机绕组的接法很多，在拆卸定子绕组之前，要

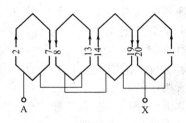

图 3-8 三相链式绕组的
A 相展开图

根据电动机的型号先查出或绘出绕组展开图，准确掌握各绕组的连接方法，防止接错。三相链式绕组展开情况如图 3-8 和图 3-9 所示，供参考。下面将对上述故障的原因、检查及修理方法进行分析。

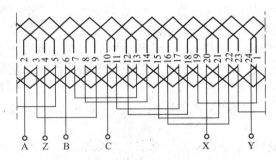

图 3-9 三相链式绕组展开图

（1）绕组绝缘电阻下降的检修 长期在恶劣环境中使用或停放的电动机由于受到潮湿空气、水滴、灰尘、油污和腐蚀性气体等的侵袭，将导致绝缘电阻下降。在使用前，若不及时检查处理，贸然通电运行，则有可能引起电动机绕组击穿烧毁。

电动机绝缘电阻的测量通常使用 500V 或 1000V 的兆欧表，把兆欧表未标有接地符号的一端接至电动机绕组的引出线端，把标有接地符号的一端接在电动机的机座上，以 120r/min 的均匀速度摇动 1min。测量时既可分相测量，也可相并在一起测量。电动机绕组绝缘电阻的标准是：对冷态下额定电压 1000V 以下的电动机，

测得的绝缘电阻值一般应大于 $1M\Omega$；380V 电动机和绕线式电动机定子绕组绝缘电阻不低于 $0.5M\Omega$，绕线式电动机转子绕组绝缘电阻不低于 $0.5M\Omega$，相间绝缘电阻不小于 $5M\Omega$ 时为合格。另外，对于运行中的电动机，判断绕组绝缘电阻是否合格应与原始记录的数值相比较，当电动机绕组的绝缘电阻值较以前同样情况下（温度、电压、使用的摇表等级均相同）降低 50% 以上时，则认为不合格，必须进行检修处理。

若遇到所测电动机存在对地短路，则表针摆到"0"位，应迅速停止摇动手柄，以免烧坏仪表。测量相间绝缘电阻时，应把三相绕组的 6 个引出线端连接头全部拆开，用兆欧表分别测量每两相之间的绝缘电阻。

绕组绝缘电阻下降的直接原因，除了绝缘老化外，主要是受潮。因此，绕组绝缘一般需进行干燥处理。

(2) 绕组接地故障的检修 所谓接地，是指绕组与机壳直接接通。使机壳带电，造成绕组接地的原因是电动机运转发热、振动或受潮使绕组绝缘性能变坏，在绕组通电时击穿；也可能由于转子与定子铁芯相互摩擦（扫膛）产生高热使绝缘绕组炭化造成短路；或可能是在下线时槽内绝缘被铁芯毛刺刺破或在下线、整形时槽口绝缘绕组被压裂，使绕组碰触铁芯；还可能因绕组端部过长，与端盖相碰等。

绕组接地故障的检修方法很多。这里重点介绍兆欧表（或万用表）检测法。使用前先检查兆欧表是否可用，检查方法是将兆欧表两根引出线短接，轻摇手柄，兆欧表指针应指在 0 处，再分开两根引出线，快速摇动手柄，兆欧表指针应偏转到"∞"位置。则这块兆欧表是可用的。用这块兆欧表检查绕组的对地绝缘电阻时，将连接兆欧表前面"L"端（线路端）接线柱引线的鳄鱼夹夹住绕组的一端，连接"E"（接地端）接线柱引线的鳄鱼夹夹住电动机外壳上无绝缘漆的部位，然后按 120r/min 的转速摇动手机，指针稳定后所指出的数值即为被测绕组的对地绝缘电阻。如绝缘电阻低于 $0.5M\Omega$，则说明电动机受潮或绝缘很差；如绝缘电阻为零，则说明三相绕组接地。此时可拆开电动机绕组的接线端，逐相测量，找出三相绕组的接地相。为了进一步确诊，还可以用万用表低阻挡进行复核，若电阻在几欧姆以下，则确系对地短路。若没有兆欧表，则用万用表 10kΩ 挡来判定绕组有无对地短路。至于在什么地方短路，还要进一步检查，方法是将兆欧表轻摇，使指针保持在"0"位（或将万用表 10kΩ 挡接入线路保持 0Ω）；然后用硬木、楠木片或紫铜板在外壳上边撬动绕组端部或垫着木板用榔头轻轻敲击绕组，若敲到某位置仪表指针往"∞"方向摆，则短路点就在这附近。若因绕组浸绝缘漆硬度太大而查不出故障点，则可采取分组淘汰法：即先拆开三相绕组的连接点，用万用表或兆欧表找出短路在哪一相绕组。再从这一相绕组的中点拆开，确诊接地点在该相哪一半绕组中。查出后再把这半个相绕组中点分成极相级，直至某个线圈，最后找出接地点。有的电动机短路严重，接地点有大电流烧焦的痕迹，那就可以一目了然地发现问题了。

对地短路的修理，视不同情况而定。对于绕组受潮的电动机，可进行烘干处理，待绝缘电阻达到要求后，再重新浸渍绝缘漆。如接地点在定子绕组端部槽口附近，或只是个别地方绝缘没垫好，则一般只需局部修补，先将定子绕组加热，待绝缘软化后，用划线板工具将定子绕组撬开，垫入适当的绝缘材料或将接地处局部包扎，然后涂上自干绝缘漆。若两根以上的导线绝缘损坏，则在处理好槽绝缘后，可以在导线间用黄蜡布隔离，最后涂上绝缘漆，烘干后重新用兆欧表复测。若短路的线圈有较多导线绝缘损坏，则只好另换一只新线圈，更严重者，可拆换整个绕组。如接地点在槽内，则一般应更换绕组。

（3）绕组间、匝间短路故障的检修　造成绕组短路故障的原因通常是电动机电流过大、电源电压偏高或波动太大、机械性损伤、绝缘老化、使用或维修中碰伤绝缘等。绕组短路使各项绕组串联匝数不等，磁场分布不均，造成电动机运行时振动加剧、噪声增大、温升偏高甚至烧毁。绕组短路有三种类型：匝间短路——同一线圈内匝与匝之间短路；极相组短路——极相组引线间短路；相间短路——异相绕组间发生短路。

检查方法首先是打开电动机的接线盒，对于△形接法的电动机，应拆开三相绕组头尾相接的短接板；对于 Y 形接法的电动机，应断开三相绕组的中性点。用兆欧表测得三相绕组的绝缘电阻，若兆欧表读数为零，即表示相间短路。匝间短路可用以下方法进行检修。

① 短路故障的检查

a. 外观检查法。短路较严重时，在故障点有较明显的受过高热的痕迹，这里绝缘漆焦脆变色，甚至能闻出焦煳味。如果故障点不明显，则可使电动机通电，运行 20min 左右迅速拆开定子，用手探测，凡是发生短路的点，温度比其他地方都高。

b. 电流平衡法。使电动机空转，用钳形电流表或其他交流电流表测三相绕组中的电流，在三相电源和绕组都对称时，三相空载电流是平衡的。若测得某相绕组电流大，则再将三相电源相序交换后重测，如该相绕组电流仍大，则证明该相有短路存在。

c. 直流电阻法。将电动机接线盒中三相绕组的接头连片拆去，利用电桥或万用表低阻挡，分别检测各相绕组的冷态直流电阻。

测量直流电阻主要检验其三相绕组的直流电阻是否平衡，要求误差不超过平均值的 2%，直流电阻小的一相有短路存在。根据电动机功率大小，绕组的直流电阻可分为高电阻与低电阻，电阻在 10Ω 以上为高电阻。

高电阻用万用表测量，或通以直流电，测出电流 I 和电压 U，再按欧姆定律计算出直流电阻 R。低电阻的测量用精度较高的电桥测量，应测量 3 次，取其平均值。

若要具体判断是哪个极相组或线圈有短路，则可在电桥引线或万用表笔上连上尖针，先后分别刺进极相组（或线圈头尾接头处）进行测量，电阻明显小的极相组（或线圈）多有短路存在。

用直流电阻法检查绕组的相间短路时，使用兆欧表更为方便，检查时仍然先拆去电动机接线盒中的接头连接片，然后将兆欧表 L、E 接线柱上的两根输出线分别接待测的两相绕组端头，按 120r/min 的转速摇动手柄，指针稳定的位置，即指出被测两相绕组的绝缘电阻值。若该电阻值明显小于正常值或为零，则有相间绝缘不良或短路存在。

d. 电压降法。对有短路故障的相绕组通以低压交流电或直流电，将万用表置于相应交流电压挡或直流电压挡，两表笔尖上尖针分别刺到每个线圈首尾连线中，测量各线圈两端电压降。若测得某线圈电压降小，则该线圈内有短路存在。

　　e.短路侦察器法。和转子绕组短路故障的检查方法类似。

　　② 短路故障的修理　绕组容易发生短路的地方是线圈的槽口部位以及双层绕组的上、下线圈之间。如果短路点在槽外，则可将绕组加热软化，用划线板将短路处分开，再垫上绝缘纸或套上绝缘套管。如果短路点在槽内，则可将绕组加热软化后翻出短路的线匝，在短路处包上新绝缘，再重新嵌入槽内并浸渍绝缘漆。绕组短路的修理，可按下列几种情况采用相同的措施。

　　a.匝间短路。匝间短路时，电流很大。在短路的电磁线上通常有产生高热的痕迹，如绝缘漆变色、烧焦乃至剥落。若该线圈损坏不严重，则可先对其加热，使绝缘物软化，用划线板撬起坏导线，垫入好的绝缘材料，并趁热浇上绝缘漆，烘干即可。若少数导线绝缘损坏严重，则应在加热使绝缘物软化后，剪断坏导线端部，把其抽出铁芯槽，再穿绕上同规格的新导线，并处理好接头。若电动机急需使用，时间上不允许对其彻底修理，则可采用跳接法。跳接时，把短路线圈的一端割开，并用绝缘材料包好端头，再把线圈首、尾短接即可。采用这种应急措施时注意适当减轻负荷，待条件允许，再进行彻底修理。

　　b.线圈间短路。这类短路往往是由于线圈间过桥线处理不当，叠绕组嵌法不妥，端部整形时敲击过猛等造成的。其短路点往往在端部，可采用垫绝缘纸再浇漆予以修复。

　　c.极相组间短路。这类短路主要是由于极相组间的连接线上绝缘套管过短、破裂或被导线接头毛刺刺穿，形成短路。其在同心式绕组中发生较多。这时可以给绕组加热，软化边缘，再重新处理套管或在短路部位垫上绝缘纸，用扎线绑牢。

　　d.相间短路。这类短路多是由于各相引出线套管处理不当或绕组两个端部相间绝缘纸破裂或未嵌到槽口造成的。这时只需处理好引线绝缘或相间绝缘，故障即可排除。

　　(4) 绕组断路故障的检修　绕组断路的主要原因通常是：绕组受机械力或碰撞发生断裂；接头焊接不良在运行中脱落；绕组发生短路，产生大电流烧断导线。在并绕导线中，因其他导线断路，电流过于集中在未断导线，产生高热将其烧断。绕组断路后将无法启动，若在运行中发生断路，则将造成三相电流不平衡、绕组发热、机身振动、噪声增大、转矩下降、转速降低，时间稍长，将冒烟烧毁。

① 绕组断路的检查

a. 不拆开电动机判断开路绕组。电动机绕组接法不同，检查开路绕组的方法也不同。

对于星形连接且在机外无并联去路和并绕导线的小型电动机，将万用表置于相应电阻挡，一支表笔接星形接法的中性点，另一支表笔分别接 U1、V1、W1 端头，如测到某相不通，则该相有断路。

单路绕组的星形连接的电动机断路时，如中性点无法引出机外，则将万用表置于相应电阻挡，分别测量 UV、VW、WU 各对端头，若 UV 两相通，VW 和 WU 两相不通，因 W 相两次不通，因此开路点在 W 相绕组，如图 3-10 所示。

三角形连接、仅有三个线端引出线外的绕组断路，如图 3-11 所示。设每相绕组实际电阻为 r，万用表测得 UV 间的电阻为 R_{UV}。若三相绕组完好，则 $R_{UV} = 2/3r$；若 UV 间开路，则 $R_{UV} = 2r$；若 VW 或 UW 任意一相开路，则 $R = r$。

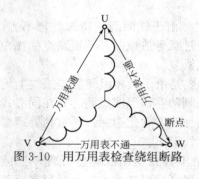

图 3-10　用万用表检查绕组断路

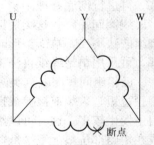

图 3-11　用万用表测三角形
接法绕组断路

对于三角形连接、有六个线端引出机外的绕组断路，先拆开三角形连线的连片，直接测各相绕组首尾端电阻，哪相不通，则哪相有断路。

上述三种情况只能查出是某相绕组断路，不能找出具体故障线圈，这时可以拆开电动机，并在一支万用表笔上焊上枚尖针，将万用表一根引线与故障绕组端线相连，带针尖引线分别刺进各线圈过桥线上，假设从无尖针的表笔那个线圈开始，逐个测量前几个线圈是通的，测到下一个线圈万用表不通了，则断路点就在这个线圈。

b. 多股及多路并联绕组断路的检查。对于功率较大的电动机，其绕组大多采用多根导线并绕或多路并联，有时只有一根导线或一条去路断路，这时应采用三相电流平衡法或电阻法。

三相电流平衡法是对星形接法的电动机，在电动机三根电源线上分别串入三个电流表（也可用钳形电流表分别测三相电流）使其空载运行，若三相电流不平衡，又无短路现象，则电流小的一相绕组有部分断路，如图 3-12 所示。也可将三相绕组并联后通入低电压的交流电，如果三相电流相差 5% 以上，则电流小的一相即为断路相。

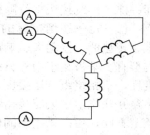

图 3-12 用电流平衡法检查星形绕组开路

对三角形接法的电动机，先将接头拆开一个，用低压交流电分别送入每相绕组（注意串入电流表），测各相电流，电流小的一相绕组有部分导线断路，如图 3-13 所示。然后将断路相的并联去路拆开，逐路检查，找出断路支路。

用电桥测量星形绕组开路，如图 3-14 所示，在星形接法时，用电桥分别测三相绕组直流电阻，哪相电阻大，断路点就在该相。若绕组是三角形接法，则先拆开一个接头，再用电桥分别测三相绕组冷态直流电阻，哪相电阻大，断路点就在该相。

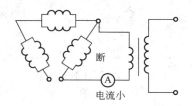

图 3-13 用电流平衡法检查三角形绕组开路

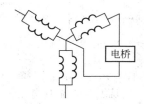

图 3-14 用电桥测量星形绕组开路

② 绕组断路的修理 找出断路处后，将其连接重新焊牢，包

扎绝缘，再浸渍绝缘漆即可。若断路点在铁芯槽外，又是单股线断开，则可以重新焊好并处理好绝缘。若是两股以上的导线断开，则要仔细查找线头线尾，否则容易造成人为短路。若断路是过桥线或引出线焊接不良，则可套上套管，重新焊好。若断路点在铁芯槽内，则只好用穿绕法更换故障线圈。若绕组断路严重，则必须更换整个绕组。若电动机有急用，一时不能停下，则也可像短路应急修理一样，用跳接法将故障绕组首尾短接，暂时使用。

(5) 定子绕组接错的检修 绕组接错，将造成电动机启动困难、转速低、振动大、响声大、三相电流严重不平衡。绕组接错的类型有：某极相组中一只或几只线圈嵌反或首尾接错，极相组引线接反，某相绕组首尾接反，相与相的引出线头间电角度不是120°，多路并联绕组中去路接错，星形与三角形接错等。根据绕组接错的类型不同，可以采用不同的检查方法。

① 绕组首尾接反的检查

a. 灯泡法。先用万用表将绕组 6 个分接头分成 3 个独立绕组，然后按如图 3-15 或图 3-16 所示的接法通以低压交流电源试验（注意所加电压应使绕组中电流不超过额定值），如果灯泡发亮，则说明 U、V 两相绕组是正串联，即一相的首端接另一相的尾端，若灯泡不亮，则是反串联。可将一相首尾对调再试，判断出前两相的首尾端后，将其中一相与第三相串联，用同样方法试验，最后确定出三相绕组各自的首尾端。

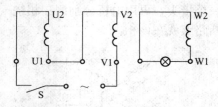

图 3-15 用灯泡法判断
绕组首尾端（一）

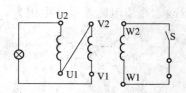

图 3-16 用灯泡法判断
绕组首尾端（二）

b. 万用表法。将三相绕组按如图 3-17 所示的接法接成星形，从一相通入 36V 交流电源，在另两相间接入置于 10V 交流挡的万用表，按图 3-17(a) 和图 3-17(b) 所示接法各测一次，若两次万用表指针均不动，则说明接线正确。若两次指针都偏转，则表明两次均未接电源那一相的首尾接反。若只有一次指针偏转，另一次指针不动，则表明指针不动的那一次接电源的一相首尾接反。若无36V交流电源，则可用干电池或蓄电池正极接相绕组一端，另一端轻触电池负极，依照上述方法，通过观察接于另两相绕组端头的万用表（用10V以下直流挡）指针，来判断绕组首尾端。

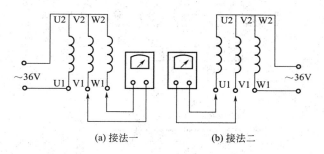

(a) 接法一　　　　　　(b) 接法二

图 3-17　用万用表法判断绕组首尾端

　② 极相组间接错的检查　以上几种方法都只能判断三相绕组首尾端，不能判断各极相组中的线圈是否接反、嵌反。用指南针法则可解决这个问题，其接线情况如图 3-18 所示。将 3～6V 低压直流电源送进待测相绕组，图中的 U 相绕组两端，将指南针沿着定子内圈圆周移动，若该相内绕组接线正确，指南针经过每个极相组时，其指向将南北交替变化。若指南针经过某两相邻的极相组时指向不变，则说明有相接反。若在某极相组位置，指向不定，则说明该极相极内线圈接反或嵌反。按此规律同样可测试其余两相绕组。若绕组星形连接，则不必拆开中性点，只须将低压电源送进中性点和待测相绕组的另一个首端即可用指南针测试。

　(6) 局部线圈的拆换与穿绕　绕组中有一个或几个线圈损坏，但大多数完好时，不必全部拆换，只须拆除少数线圈，换上新线圈即可。拆出坏线圈时，先将其端部剪断，对于单层绕组，可把槽楔挖去，从槽口取出坏线圈；对于双层绕组，可把坏线圈剪断，然后把其上、下层边导体逐根从槽中拉出。拆出坏线圈过程中，应注意不要损坏同槽内的好线圈。

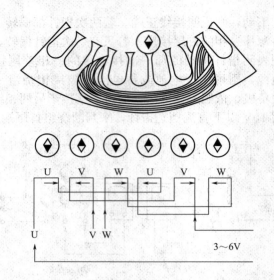

图 3-18　用指南针法检查极相组间接错

　　将坏线圈拆除后，应清理铁芯槽，但不必去掉原有槽绝缘，只在原绝缘上加一层聚酯薄膜即可。用穿绕法更换新线圈之前，在安好的槽绝缘内插入打蜡的竹签作为假导线，其直径比线圈导线略粗，导线按坏线圈总长加适当余量，从总长的中间开始穿线，穿绕时每抽出一根假导线，就可穿进一根真导线，穿绕完毕，整理好端部，处理好端部绝缘，再进行必要的测试，在符合要求后即可浸漆烘干，投入使用。

　　绕线机是一种专门用来绕制变压器和电动机线圈以及各种磁力线圈的工具，多用于重新绕制电动机线圈，有关绕线机的内容和电动机的线包展开图，这里不再做过多的介绍。

3.2.5　定子铁芯的局部修理

　　在电动机修理中，多数情况是排除绕组故障。但也有少数场合需对定子铁芯进行局部修理。

　　(1) 故障类型及产生原因　定子铁芯的常见故障发生在四个方面：①铁芯与机座间结合松动；②铁芯片间短路；③硅钢片齿部向

外张开；④铁芯槽或齿烧毁。造成上述故障的主要原因有：铁芯两端的压圈压得不紧、破损或焊接处脱落；拆出旧绕组时用火烘干了铁芯表面的绝缘层；拆出旧绕组时不注意保护铁芯，用力过猛，使铁芯两端齿部向外张开；有时因绕组短路产生高热而烧毁铁芯槽或齿部等。

（2）**定子铁芯修理工艺** 若因压圈破损造成铁芯轴向结合松散，则可先用比铁芯轴向长度长 2～3cm 的螺杆，穿过铁芯内孔两端加上厚铁垫片，旋动螺母，将铁芯压紧，再焊上压圈或扣片，或把压圈直接与机座焊牢，焊好后拆出螺杆。若铁芯整体与机座结合松动，则可拧紧原有定位螺钉。若定位螺钉失效，则可在机座上重钻定位孔并攻螺纹。钻孔深度以刚钻穿机座，使定位螺钉能顶住铁芯外圆为宜。可通过钻头排出的铁屑来判断钻孔深度。当铁屑从铸铁末刚变成小卷卷的硅钢片铁屑时，即停止钻孔。然后攻螺纹，旋紧定位螺钉。若铁芯中间松弛，则可在松弛部位打入硬质绝缘物，如胶纸板、钢纸板等，并刷上绝缘漆。若铁芯片齿部向外张开或歪斜，则可用尖嘴钳、木榔头予以修正。若铁芯有毛刺或机械损伤，导致铁芯短路，则可用锉刀修去毛刺，用绝缘材料将凹陷填平。若铁芯局部熔毁，只要未蔓延到铁芯深处，就可用凿子把熔毁部分铁芯凿去，再用锉刀或刮刀修去毛刺，最后用绝缘物将其填平并刷上绝缘漆。

3.3 三相电动机绕组

绕组的结构形式是多种多样的，常用的有单层绕组和双层绕组。

单层绕组没有层间绝缘，不会发生槽内相间击穿故障，绕组嵌线方便。这种绕组一般应用在小容量电动机中。单层绕组有同心式和链式绕组两大类。

双层绕组的优点是绕组制造方便，可任意选用合适的短距绕组，改善启动性能及力学性能。容量较大的电动机大多采用双层绕组。

3.3.1 三相电动机绕组排布

(1) 极距（τ） 一个磁极所占有的定子槽数叫极距。定子总槽数 Q 或 Z 被极数除，所得的值就等于极距，也就是

$$极距\ \tau = \frac{定子槽数\ Q}{磁极数(2p)}$$

式中，p 是磁极对数，$2p$ 才是极数。

一台 4 极 36 槽电动机，每个极面占定子内槽数就是 $36 \div 4 = 9$（槽），就是说整个 36 槽的圆周上分出 4 个极面，每个极面占 9 个槽。4 个极面的顺序按逆时针排列。

(2) 节距（y 或 Y） 一个线把两个边之间槽的数量叫线把的节距（也叫跨距）。第一把线的左边下在 1 槽，右边下在 6 槽，这把线的节距就是 $1\sim6$。多数绕组中线把的节距是一样的，也有的绕组是由两种节距线把组成的，如同心式绕组是由 $1\sim12$、$2\sim11$ 两种节距的线把组成的，单层交叉式绕组是由节距 $1\sim9$、$1\sim8$ 两种节距的线把组成的。线把的节距等于极面时该绕组称为全节距绕组，线把节距小于极面时该绕组称为短节距绕组，线把节距大于极面时该绕组称为长节距绕组。

短节距绕组可以节省绕组两端部的铜线，还可以改善电动机的电气性能，在双层绕组中多采用短节距绕组。单层绕组一般多采用全节距绕组，长节距绕组均不被采用。

(3) 每极每相槽数（q） 因为三相绕组的线把是均匀排布于极面内的，所以每极面下的槽数应该做三相平分，这样每一相绕组在每一个极面下所平分的槽数叫每极每相槽数，每极每相槽数等于极面被相数除，每极每相槽数 $(q) = \dfrac{极距\ (\tau)}{相数\ (3)}$，4 极 36 槽每极每相槽数是 $9 \div 3 = 3$。

三相异步电动机每极每相槽数一般选 $1\sim6$，也可能是分数值，不过大多数电动机采用的是整数。

(4) 电角度与机械角度 在一圆周内机械角度为 $360°$，而电角度则与电机的极对数 p 有关，对 4 极电动机（$p=2$）一圆周内的是角度则为 $720°$，6 极电角度过 $1080°$，是角度等于机械角度的

p 倍，即

$$d_1 = d_i p$$

式中，d_1 为电角度；d_i 为机械角度；p 为磁极对数。

4 极 36 槽电动机一圆周内电角度为 720°，相邻两个导性磁极中心之间的电角度为 $\frac{720°}{4} = 180°$，对于有 z 个槽、p 对磁极的电动机，相邻两槽间的电角度为 $d = \frac{p \times 360°}{z}$ 所以 4 极 36 槽相邻两槽之间的电角度为 $\frac{720°}{36} = 20°$。

(5) **极相组** 每相绕组中一个或几个同方向串联能产生一对磁极的线把组叫极相组。一个极相组有时由一把线组成，有时由多把线组成。不管由几把线组成一个极相组，都必须保证这几把线是按同一个方向串联的。线把与线把的连接叫连接线。多数绕组展开图上，已标明组成每个极相组每把线两边的电流方向。

极相组多用同一种节距的线把组成，但也有一相绕组中的极相组是由两种节距线把组成的。如每相绕组由分别是 2 个 2 把线组成的极相组和 2 个分别是 1 把线的极相组连接而成。每相绕组由 2 个分别由 3 把线组成的极相组和 6 个分别由 2 把线组成的极相组连接而成。组成每个极相组的线把数是由电动机的定子槽数、绕组形式、极数决定的，在拆定子绕组时要注意核查，彻底弄明白组成每个极相组的线把数。

(6) **极相组的头尾命名法** 在绕组展开图中，每个极相组的左边引出线定为头，右边引出线定为尾。电流从每个极相组的左边流进，右边流出，则命名这个极相组为正向极相组；电流从极相组的右边流进，左边流出，则命名这个极相组为反向极相组。

(7) **极相组与极相组的连接** 极相组按规律连接起来，才能组成定子绕组。定子绕组分为显极式和隐极式两种类型。

① 显极式绕组 跨距在两个相邻极面内同相的两个极相组采用"头接头"和"尾接尾"连接起来的绕组称显极式绕组。在显极式绕组中，每个极相组形成一个磁极，每相绕组的极相组数与磁极

数相等。也就是说在显极式绕组中，每相绕组有几个极相组，则该电动机就是几极的电动机。图 3-19 是 4 极显极式绕组一相的示意图。注意：除直流电动机与单相罩极电动机外，实际上没有凸形的极掌，为说明问题，图 3-19 所示用极掌形象表示绕组中磁极分布。

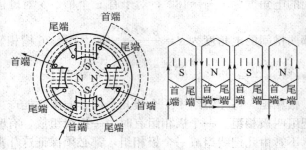

图 3-19　显极式绕组

　　在显极式绕组中，为了要使磁极的极性 N 和 S 相互间隔，相邻两个极相组里的电流方向必须相反，流进相邻两个极相组边的电流必须一致，即相邻两个极相组的连接方法必须尾端接尾端、首端接首端（电工术语为"尾接尾""头接头"），也即反接串联方式。极相组与极相组的连接线称过线。

　　说明：本书中所有电动机绕组都是显极式绕组，为使名词简化，在提到绕组名词的前面没有加上"显极"两字，但要明白是显极式绕组。

　　② 隐极式绕组（也称庶极式）　在不相邻的两个极面中同相的两个极相组采取"头接尾"和"尾接头"的方式连接的绕组称隐极式绕组。在隐极式绕组中每个极相组形成两个磁极，绕组的极相组数为磁极数的一半，因为半数磁极由另一个极相组产生磁极的磁力线共同合成。也就是说在隐极式绕组的电动机中极数是每相绕组极组数的二倍。

　　图 3-20 是 4 极隐极式绕组的示意图。在隐极式绕组中，每个极相组所形成的磁极的极性都相同，而所有极相组的电流方向都相同，即相邻两极相组的连接方式采用尾端接首端或首端接尾端（电工术语为"尾接头"，即顺接串联方式）。

隐极式绕组应用在老型号电动机中，现在已被淘汰，在现代电动机中只是应用在双速感应电动机绕组中。双速电动机定子绕组只有一套，下线方法与单速电动机相同，不同处是通过变换极数（显极与隐极连接方式）达到变速的目的。

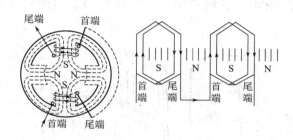

图 3-20 隐极式绕组

(8) **极相组的命名** 每相绕组的极相组在定子铁芯内不是单独存在的，都是成对地出现，这就需要给每个极相组起上名称，极相组属哪相绕组就以哪相字母为字头，在字头后面用阿拉伯数字代表该极相组顺序数。比如 A1 代表 A 相绕组的第 1 个极相组、A2 代表 A 相绕组的第 2 个极相组，A3、A4 分别代表 A 相绕组的第 3 和第 4 个极相组。B、C 两相也用这种方法顺序排列。当 A 相绕组中只有两个极相组时，分别用 A1，A2 表示；当每相绕组由 10 个极相组组成时，极相组的命名从左向右分别用 1~10 表示。在实际绕组展开分解图中已标出极相组的名称。

(9) **组成每个极相组的线把命名法** 由两把以上线把组成的极相组，以这个极相组为字头，横线后面用阿拉数字代表每把线的顺序号，比如 A1 由两把线组成，左边一把线命名为 A1-1，右边一把线命名为 A1-2；A2 只有一把线组成一个极相组，当然还叫 A2；第三个极相组 A3 由两把线组成，左边第一把线命名为 A3-1，第二把线命名为 A3-2；最后一把线命名为 A4。又如 Al 由 6 把线组成，则从左向右分别用 A1-1、A1-2、A1-3、A1-4、A1-5、A1-6 标出每把线的名称，每个极相组不管头尾在哪边，线把的排列命名都是从极相组左边向右边排列。

(10) **定子槽的排列与展开图** 定子槽分布在定子里面的圆周上，用图 3-21(a) 所示的圆筒形来表示，在圆筒的内表面上的直线表示定子槽，如果沿 1 槽与 24 槽之间剪开，如图 3-21(a) 所示，然后展开如图 3-21(b) 所示。这样的图叫展开图，展开图上标有定子槽号的图叫定子展开图，定子展开图上的槽号要按逆时针排列。

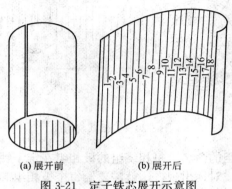

(a) 展开前   (b) 展开后

图 3-21 定子铁芯展开示意图

把三相定子绕组画在定子展开图上的叫绕组展开图，把三相绕组分开画在图上的叫绕组展开分解图，如图 3-21 所示。

3.3.2 极相组的接法

(1) **三相异步电动机定子绕组的布线和接线应具备的条件**

① 每相绕组占据每个极面中的槽数相等。画出定子铁芯展开图，编上槽序号码，然后按电动机的极数将总槽数分为 $2p$ 个等份，每一等份所包含的槽数便是一个极面，即每个极面所占的槽数为 $\tau = \dfrac{Z}{2p}$。在每一极面内再分 3 小等份，每一小等份便代表每极每相所占的槽数，$q = \dfrac{Z}{3 \times 2p}$ 将各极面内的三个小等份按逆时针方向分别以 A、B、C 的顺序标上，则各相所占槽序便完全确定。

② 按显极式或隐极式放置三相绕组，放置时应使极相组的始边和末边放置在相邻两极面的线槽中，线把节距的选择应符合 $\dfrac{2}{3}\tau <$

$y \leqslant \tau$，在接线时灵活采用显极式绕组或隐极式绕组，使同一极面内同相两个极相组边的电流方向相同，或属于相邻极面两极相组边的电流方向相反。只有这样，极相组边通过的电流方向的交替数目才能与磁极数目相同。

③ 计算每槽的电角度 $d = \dfrac{p \times 360°}{2}$。根据相与相应间隔 120° 电角度的原则，计算 B、C 相比 A 相相继滞后的槽数 $\left(\dfrac{120°}{d}\right)$。定好 A 端的槽序号后，把它加上滞后的槽数便可以得到 B 相始端的顺序号，在 B 相始端加上滞后的槽数便可得到 C 相始端的顺序号。根据三相交流电相位规定，A 相与 C 相瞬时电流方向相同。B 相与 A、C 相瞬时电流方向相反，所以 B 相绕组与 A、C 相绕组在每个极面中的电流流进流出每个极相组边的方向相反，A、C 两相绕组在每个极面中的电流流进、流出每个极相组边的方向相同。这样便得到结构形式 A、C 相同，B 与 A、C 相不同而又隔 120° 电角度的三相定子绕组。

(2) 排布电动机定子绕组举例

① 三相 4 极 24 槽隐极式绕组 画出定子线槽的展开图，依次编上号码，因极数为 4，故把 24 槽分 4 个极面，每极面 6 槽，$\tau = \dfrac{Z}{2p} = \dfrac{24}{2 \times 2} = 6$。将每极面所占的槽数再按三相平分，即得每极每相槽数为 $q = \dfrac{6}{3} = 2$，如图 3-22 中所示每一小等份即是。然后从左边起将各个小等份以记号 A、B、C 标明，则各相所占的槽号数即分配完毕。

排布三相绕组时，先放置 A 相绕组。若选择线把节距 $y = \tau = 6$，则可以在 1～7、2～8、13～19、14～20 槽中放置 4 把线组成两个极相组，前一个极相组和后一个极相组采用"尾接头"的形式连接（即顺接串联方式），极相组边电流方向交替数目为 4，符合 4 极要求。在 A 相槽序号上滞后 120° 电角度就可得到 B 相绕组；在 9 相槽序号上滞后 120° 电角度就可得到 C 相绕组。按三相交流电特性，可得到极相组结构相同又相隔 120° 电角度的三相隐极式绕组，这种绕组称隐极式绕组中的单层菱式绕组，但因隐极式绕组节距长，耗导

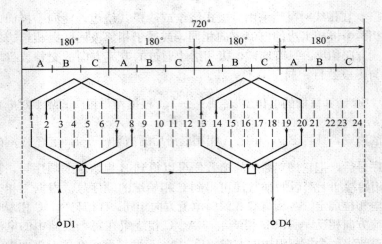

图 3-22　三相 4 极 24 槽隐极式 A 相绕组排布图

线多，一般不采用，所以 B 相和 C 相不画图，不做详细介绍。

②三相 4 极 24 槽显极式绕组　首先排布 A 相绕组，取 $y=\tau-1=6-1=5$（槽），按极相组的始边末边应放置在相邻的两极机下线槽中的要求，A 相绕组的 4 个极相组可放于 1～6、7～12、13～18 和 19～24 槽中，如图 3-23 所示。

根据同一极面下同相两极相组边电流方向应该相同、相邻面下两极相组的边电流方向应该相反的接线规则，相邻组应采用"尾接尾""头接头"的形式连接，A 相绕组的头 D1 从 1 槽中引入，尾 D4 从 19 槽中引出，A 相绕组布线接线如图 3-23 所示。

按照与 A 相完全相同的方法排布 B、C 两相绕组，因磁极对数为 1，故总电角度为 $2\times360°$，相邻两槽间的电角度为 $\alpha=\dfrac{2\times360°}{24}=30°$，B 相比 A 相滞后 120° 电角度，即应相隔 $\dfrac{120°}{30°}=4$（槽），也就是说 B 相比 A 相在每个极面滞后 4 槽；B 相绕组的 4 个极相组分别放于 3～8、9～14、15～20、21～26 槽中，相邻极相组采用"头接头"和"尾接尾"的连接方式。因为 B 相与 A 相瞬时电流方向相反，所以 B 相绕组电流方向与 A 相相反，B 相绕组首端 D2 从 B 相第一个极

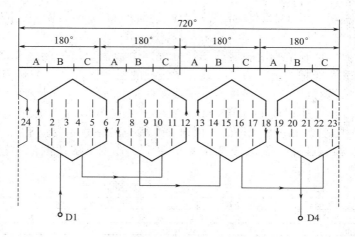

图 3-23　三相 4 级 24 槽显极式 A 相绕组排布图

相组的右边进入，尾端 D5 从 B 相最后一个极相组的 2 槽中引出。

C 相绕组，它每个极相组的边在每个极面中都比 B 相绕组滞后 4 槽。每个极相组分别放于 5～10、11～16、17～22、23～28 槽中，因 A 相和 C 相瞬时电流方向相同，接线方式 C 相与 A 相相同，D3 从 5 槽中引入，D6 从 23 槽中引出。

三相 4 极 24 槽定子绕组，这种绕组形式叫单层链式绕组。其他 2 极 12 槽、6 极 36 槽、8 极 48 槽单层链式绕组也按这种方法布线。

③ 4 极 36 槽双层叠绕短节距绕组　上述单层绕组是每槽内仅放一把线的边，嵌线及维修方便，广泛应用在 13kW 以下的电动机中。单层绕组其电磁性能不及双层绕组，双层绕组每槽嵌有两把线的边，能选择最有利的短节距减小谐波，节省铜线，因此双层绕组广泛应用于 17kW、2 极以上的电动机和 13kW 以上、4～10 极的电动机中。

双层绕组和单层绕组的共同特点是：布线方式相同，属于同一极面内同相两极相组边的电流方向相同，而相邻极面极相组边的电流方向相反，并且相与相间要互隔 120°电角度。双层绕组的特点是：第一，每槽放置两把线的边；第二，双层绕组一般不采用长节距，而用短节距（约为全节距的 0.8 倍，即 $y = 0.80$），在短节距双层绕组的情况下，会有同一槽上、下两把线属于不同相的情况发生，这与单层绕组每一槽内总是属性确定的相有区别。

三相 4 极 36 槽双层叠绕短节距绕组的布线与接线可按下述步骤进行：

a.依然画出线槽的展开图，分好四个极面，每槽画虚实两线，实线表示线把的上层边，虚线表示线把的层下边。

b.选择线把节距，决定下层线槽的记号 a、b、c⋯因为每个极面有 9 槽，所以线把节距 $y=t-2=9-2=7$（槽），节距应为 1～8，A 相绕组第一个线把的上层边在 1 槽，另一边底线位于第 8 槽，以此为起点，以 a、b、c 为记号仿照上层，把下层线槽依次标注，如图 3-24 所示。

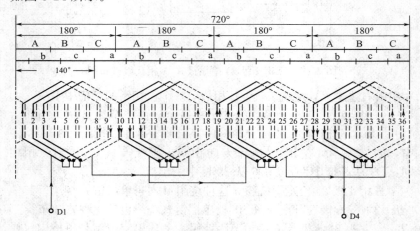

图 3-24 4 极 36 槽双层叠绕短节距 A 相绕组排布图

c.嵌放 A 相绕组时应使所有线把的始边位于线槽的上层，所有线把的末边位于线槽的下层。A 相绕组的布线，只要把上层 A 记号下的导线与下层中 a 记号的导线一一连接起来，便可得到。也就是说，A 相开始的三个线把的始边放于第 1、2、3 槽的上层（用实线表示），末边放在槽序数为始边槽序数加 7 的槽中，即 8、9、10 槽的下层，用虚线表示，这 3 个线把构成一极相组；A 相第二个极相组始边嵌放于 10、11、12 槽的下层，余下的第四极面、第一极面内的两个极相组可同样依此法嵌放。

各极相组为了使相邻极面下线把边的电流方向正反依次交替，同极面同相两相邻极相组边流进的电流方向相同，极相组之间应采取"尾接尾"和"头接头"的方法连接。D1 从 1 槽进入，D4 从 28 槽引出。

为了求得 B、C 两相绕组，相与相间要互隔 120°电角度，因槽距 $d=20°$，即互隔 6 槽。4 极 36 槽、6 极 54 槽、8 极 72 槽等双层绕组也是按这种方法布线接线。其他不同节距极数、槽数电动机绕组都是按上述方法确定。

下面再举几种电动机的接线方法供参考。

(1) 绕组接线 实例如图 3-25～图 3-30 所示。

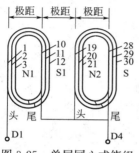

图 3-25 单层同心式绕组
一相连接图
$Z=36$；$2p=4$；$a=1$

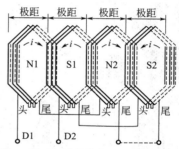

图 3-26 双层叠绕组"正串"接法
（以一相为例）
$Z=36$；$2p=4$；$a=1$

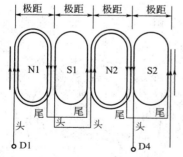

图 3-27 单层叉式链形绕组"反串"
接线示意图
$Z=36$；$2p=4$；$a=1$

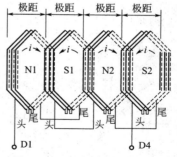

图 3-28 双层叠绕组"反串"
接线示意图
$Z=36$；$2p=4$；$a=1$

(2) 电动机接线 实例如图 3-31～图 3-44 所示。

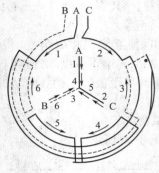

图 3-29　二极三相一路 Y 形

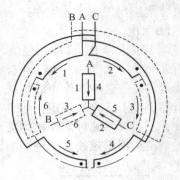

图 3-30　二极三相二路 Y 形

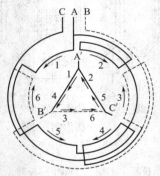

图 3-31　二极三相一路△形

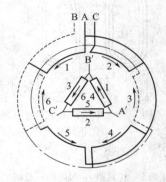

图 3-32　二极三相二路△形

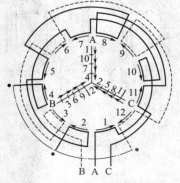

图 3-33　四极三相一路 Y 形

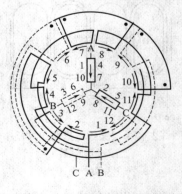

图 3-34　四极三相二路 Y 形

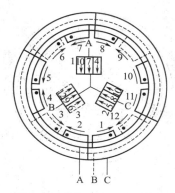

图 3-35 四极三相四路 Y 形

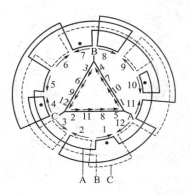

图 3-36 四极三相一路△形

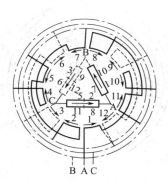

图 3-37 四极三相二路△形

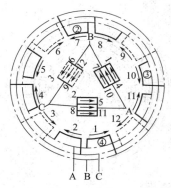

图 3-38 四极三相四路△形

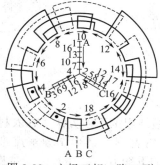

图 3-39 六极三相一路 Y 形

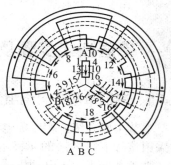

图 3-40 六极三相二路 Y 形

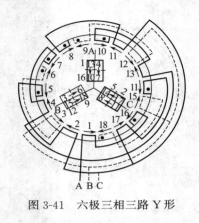

图 3-41　六极三相三路 Y 形

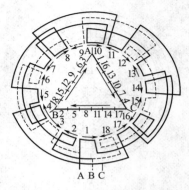

图 3-42　六极三相一路△形

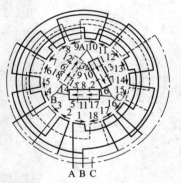

图 3-43　六极三相二路△形

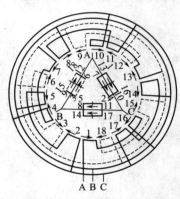

图 3-44　六极三相三路△形

3.4　单层嵌线步骤及方法

3.4.1　三相单层交叉绕组嵌线

　　本节主要介绍三相 4 极电动机单层绕组的下线方法。在农村厂矿采用该种下线方法的 4 极电动机非常普遍，必须作为重点来学习，真正掌握了 4 极电动机单层绕组的下线方法，还有助于掌握 2 极、6 极、8 极单层绕组的下线方法。修理电动机主要是将电动机整个绕组的每把线一把不差地镶嵌在定子铁芯中的每个槽中，出现下错了线把或是节距下错、极相组与极相组的连接线接错等故障，是用任何公式也不能求出来或用任何仪表也测不出来错在何处的，所以在开始学习时要掌握住规律。几极多少槽的电动机采用什么绕组形式及下线方法是固定的，不容随意改动，学下线时必须按书上所述一步不差地掌握住。首先是准备好 36 槽定子（体积大小无关，只要是 36 槽就可以）和绕制线把用的细铁丝，也可以用涂上黑、红、绿三色的包装用细纸绳，然后按书上所述，学习领会并一步一步反复实践操作。在教具上学会下线、掏把、接线等技术操作后，再实际操作，达到能熟练更换电动机绕组为止。

(1) **绕组展开图**　图 3-45 为三相 4 极 36 槽节距 2/1～9、1/1～8 单层交叉式电动机绕组端部示意图及绕组展开图。为了加以区别，三相绕组分别用三色标明（本书为黑白图），黑色的绕组 1 为 A 相绕组，红色的绕组 2 为 B 相绕组，绿色的绕组 3 为 C 相绕组，实际三相绕组是均匀分布在定子铁芯圆周上。将图 3-45(a) 所示在 1 槽与 36 槽之间剪开展平，就是图 3-45(b) 所示的绕组展开情况。电动机整个绕组就是按图 3-45(b) 所示将每把线排布在定子铁芯中的。

(2) **绕组展开分解图**　实际电动机绕组是按图 3-45(b) 所示将三相绕组的 18 把线下在定子铁芯的 36 个槽中。初学者看图 3-45(b) 所示的图太乱，不易懂，下线、接线时易出差错。为了使看图简便有利于下线，将图 3-45(b) 混在一起的三相绕组分开，将每相绕组单独画成一个图，称为绕组展开分解图，如图 3-46 所示。在绕组展开分解图上标清每个极相组的名称、电流方向，极相组与极相组连接、每相绕组的头尾，在线把上端标有下线顺序数字，在下线之前要学会看绕组展开分解图及领会其每项内容含义。

看绕组展开分解图时要对着图 3-45(a)，先看 A 相绕组，从 A 相绕组的左边往右看，也就是从 1 槽向 2、3 槽的方向看，看到最右边也就是 36 槽，再与 1 槽连起来看，虽然图 3-45(b) 是平面的，在分析中应看作如图 3-45(a) 所示圆形绕组，三相绕组彼此相差 120°电角度均匀分布。看图要抓住重点，才能看清楚，也就是看 A 相不理 B 相和 C 相，弄明白每相绕组由几个极相组组成，每个极

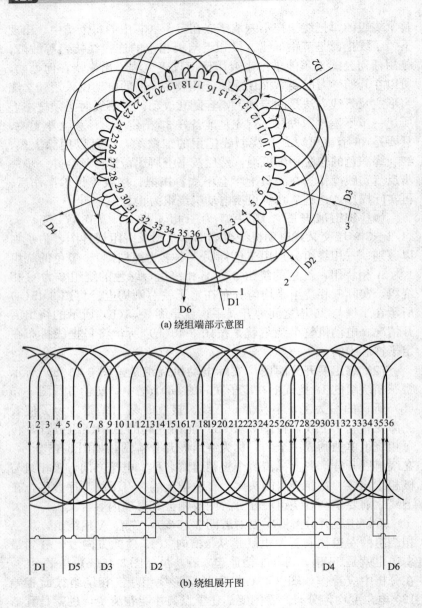

(a) 绕组端部示意图

(b) 绕组展开图

图 3-45　绕组端部示意图及展开图

相组由几把线组成，每把线节距极相组与极相组的过线是从哪槽连接哪槽、每把线边的电流方向、每相绕组的头尾从哪个槽中引出等。将图 3-45(a) 平放在桌子上，用右手的食指从 4 相绕组的 D1 开始，顺着电流方向绕转，在空中做顺时针的椭圆运动，也就是从 1 槽绕进，从 9 槽绕出，手指绕的方向必须与图上的电流方向一致。这时眼睛盯着 A1-1，并分析 A1-1 的 01 边是在 1 槽。第一个极相组 A1 是由两把线组成，节距为 1~9，第 1 把线（也就是 A1-1）的左边在 1 槽，右边在 9 槽，每把线有两个头。D1 在 1 槽，那么 9 槽必定有一个头。在本章第一节中介绍了极相组，组成极相组 A1 的 A1-1、A1-2 左边和右边电流方向必须一致，图上也要标明，分析左边一个头在 2 槽，右边一个头在 10 槽，将 A1-1、A1-2 连接成一个极相组；眼睛盯住 A1-2，手指继续做顺时针的椭圆空间运动，槽数应从 9 槽转进入 2 槽，以 2 槽和 10 槽为轨道继续做顺时针椭圆运动。这样就能很自然地查清 A1 由 A1-1 和 A1-2 两把线连接而成，所占据的槽数分别为 1、9 槽和 2、10 槽，A1-1 与 A1-2 的连接线是 9 槽引出线与 2 槽引出线。A1-1 的 01 由 1 槽引出，1 的尾在 10 槽，A1 的电流方向是从左边流向右边，属于正向极相组。查完 A1 接着查 A2，A2 是反向极相组，电流从极相组右边流进（反时针方向）。上一节中讲过极相组与极相组连接的方向，现在运用到实践中，要形成 4 极旋转磁场，每相绕组必须采取显极式连接，即极相组与极相组采取"头接头"和"尾接尾"的连接方法，保证使同相绕组两个相邻极相组边的电流方向相同，只有电流方向从 18 槽进入，从 11 槽流出，才能保证在同级面内 A1 与 A2 相邻边的电流方向一致，如果 11 槽引出线与 10 槽引出线相连接，则 A1 与 A2 相邻边的电流方向就反了，是错误的。运用手指运动检查法可查出来。手指绕向从 10 槽过渡到 18 槽，以 18 槽和 11 槽为轨道做反时针空间椭圆运动。A2 只由一把线组成，其节距为 1~8，A1 与 A2 的连接线是 10 槽与 18 槽的引出线，A2 的头是从 11 槽中引出的。查 A3 的方法与 A1 一样，查 A4 的方法与 A2 的方法一样。从图 3-46 中可以看出：A4 相绕组极相组分别由双把线、单把线、双把线、单把线组成；极相组与极相组的连接采取"头接头"、"尾接尾"的方式连接，所占据的槽分别为 1、9、2、

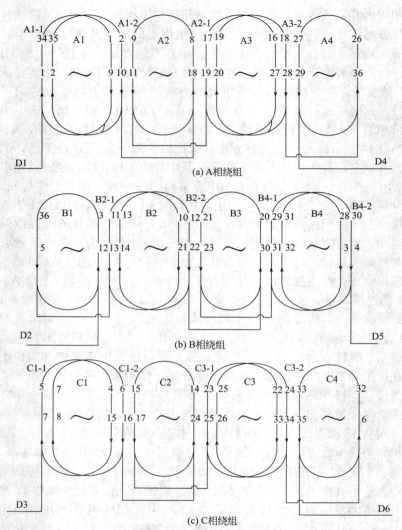

(a) A相绕组

(b) B相绕组

(c) C相绕组

图 3-46 三相 4 极单层交叉式绕组展开分解图

10、11、18、19、27、20、28、29、36 槽，01 从 1 槽中引出，04 从 29 槽中引出。

从图 3-46 中可以看出，A 相绕组与 C 相绕组线把的排布是一样的，也是"双把、单把、双把、单把"。流过每把线边的电流方向相同，B 相与 A、C 相线把排布不同，B 相绕组按"单把、双把、单把、双把"排布，电流方向与 A、C 相相反，A、B、C 三相极相组与极相组连接方式都为"头接头"和"尾接尾"的方式，用检查极相绕组的方法，对着图 3-46(b)、(c)，看明白 B 相绕组和 C 相绕组，会给下线带来方便。

(3) 线把的绕制和整理　按照之前所述，根据原电动机线把周长数据制好绕线模。4 极 36 槽单层交叉式绕组每相绕组有 6 把线，自己动手制作木材绕线模，需要做 6 个模芯、7 个隔板的绕线模，模芯按着"大模芯、大模芯、小模芯、大模芯、大模芯、小模芯"的尺寸制作。有的修理者怕制造绕线模费工，只做三个模芯的绕线模，绕线时绕出三把线，断开再绕另三把，一相绕组就多出一对接头，整个电动机绕组就多出三对接头，更有甚者一次只绕出一个极相组，接头更多。接头多的绕组不但浪费漆包线套管等，更重要的是因接头电阻大、电动机工作时发热严重，降低电动机使用寿命，因此修理中不提倡这种做法。

按照之前所述用绕线模绕好 6 把线后，将每把线两边用绑带绑好，从绕线模上挪下来，把这 6 把线定为 A 相绕组，如图 3-46(a)所示将 6 把线按绕线顺序（先绕的在左边，后绕的在右边）摆在桌子上，将每把线的过线端和两个线头分别绑上白布条，标上每把线的代号，如图 3-47 所示。从左边开始第 1 大把线标上 A1-1，A1-1 左边的头标明 D1，第 2 大把线标明 A1-2，第 3 小把线标明 A2，第 4 大把线标明 A3-1，第 5 大把线标明 A3-2，第 6 小把线标明 A4，A4 左边线头标明 D4。为了下线时不乱，先将 A2、A3-1、A3-2 和 A4 摆在一起，两边用绑带绑好，外面只留 A1-1、A1-2 两把线，如图 3-48 所示。

用同样的方法绕出 6 把线，定作极相绕组，将每把线的两边分别用绑带绑好卸下来。按绕线的顺序将 6 把线调个方向，也就是先绕的一把线放在右边，后绕的线把放在左边，按图 3-46(b) 所示将 6 把线放在桌子上，如图 3-49 所示。将刀相绕组的两个头和每把线靠线头的端部系上白布条，分别标上每把线及两个线头的代号。

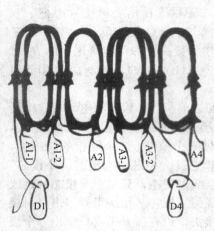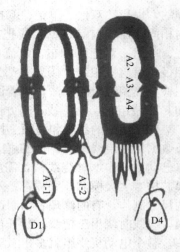

图 3-47　将 A 相绕组每个线
把及线头标上代号

图 3-48　将 A2、A3、A4
两边绑在一起

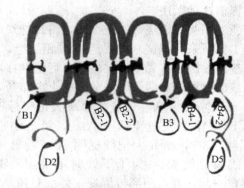

图 3-49　将 B 相绕组每个线把及线头标上代号

从左边开始，第 1 小把线标明 B1，B1 外甩线头标明 B2，第 2 把线标明 B2-1，第 3 把线标明 B2-2，第 4 把线标明 B3，第 5 把线标明 B4-1，第 6 把线标明 B4-2，B4-2 右边那根线头标明 B5。

为了使下线不乱，将 B2-1、B2-2、B3、B4-1、B4-2 这 5 把线摞在一起，两边用绑带绑好，只留下 B1 一把线留作开始下线用，如图 3-50 所示。

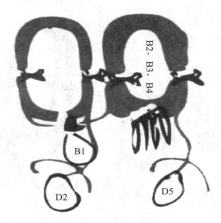

图 3-50　将 B2、B3、B4 两边绑在一起

最后绕出 6 把线作为 C 相绕组，将每把线两端用绑带绑好卸下来，按先后绕线的顺序，参照图 3-46（c）所示将 6 把线摆放在桌子上，将每把靠线端及两根线头上系上白布条。将先绕的第 1 把线在布条上标明 C1-1，C1-1 左边的线头标明 D3，第 2 把线标明 D1-2，第 3 把线标明 C2，第 4 把线标明 C3-1，第 5 把线标明 C3-2，第 6 把线标明 C4，在 C4 外甩那根线头标明 D6，如图 3-51 所示。

将 D2、D3-1、D3-2、D4 摆在一起，两边用绑带绑好。外甩 C1-1、C1-2 两把线留做开始下线时用，如图 3-52 所示。

（4）**下线前的准备工作**　选用与电动机一样规格的绝缘纸，按原尺寸一次裁出 36 条槽绝缘纸，放在一边待用，再裁十多条同样尺寸的绝缘纸作为引槽纸用，按原电动机相间绝缘纸的尺寸一次裁制 36 块相同绝缘纸叠放一旁。将做槽楔儿的材料和下线用的划板、压脚、剪刀、电工刀、锤子、打板等工具放在定子旁，将电动机定子出线口一端对着嵌线者，做两块木垫块垫在定子铁壳两边。清除槽内杂物，擦干油污准备下线。

（5）**下线步骤**　只要按图 3-45（b）所示的该种电动机绕组展开情况把 A、B、C 三相绕组下在定子槽内，引出的 6 根线头按 Y 形或△形接起来，接通三相电源，电动机即旋转。那么，怎样把 A、B、C 三相绕组的每把线按图所示下在定子槽中呢？

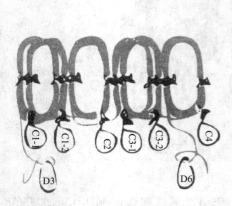

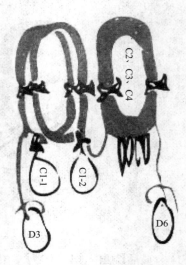

图 3-51　将 C 相绕组每个线把　　　　图 3-52　将 C2、C3、C4
　　　　　及头标上代号　　　　　　　　　　　　两边绑在一起

在实际下线过程中，不是把 A 相绕组 4 个极相组的 6 把线下在所对应的定子槽内，再下 B，C 两相绕组，而是按 ABC 的顺序一个极相组挨一个极相组交替均匀下在 36 个槽内。顺序是：第 1 下 A 相绕组的第 1 个极相组 A1，第 2 下 B 相绕组的第 1 个极相组 B1，第 3 下 C 相绕组的第 1 个极相组 C1；再按 A、B、C 顺序分别下第 2 个极相组，第 4 下 A 相绕组第 2 个极相组 A2，第 5 下 B 相绕组第 2 个极相组 B2，第 6 下 C 相绕组的第 2 个极相组 C2；A、B、C 三相绕组的第 2 个极相组下完后，再分别下第 3 个极相组，第 7 下 A 相绕组的第 3 个极相组 A3，第 8 下方相绕组的第 3 个极相组 B3，第 9 下 C 相绕组的第 3 个极相组 C3；第 10 下 A 相绕组最后的极相组 A4，第 11 下 B 相绕组最后的极相组 B4，第 12 下 C 相绕组的最后极相组 C4。极相组的下线顺序为"A1—B1—C1—A2—B2—C2—A3—B3—C3—A4—B4—C4"。极相组 B1、A2、C2、B3、A3、C4 是由一把线组成，极相组 A1、C1、B2、A3、C3、B4 是由两把线组成，只有下完由两把线组成的极相组才能按顺序下另 1 个极相组，详细的下线顺序为：A1-1—A1-2—B1—C1-

1—C1-2—A2—B2-1—B2-2—C2—A3-1—A3-2—B3—C3-1—C3-2—A4—B4-1—B4-2—C4。在实际下线过程中每把线的两个边不是同时下进两个槽中的，而是分两步下在所对应的槽中的，一般先下每把线的右边，后下每把线的左边。在开始下线时为了使整个绕组编出一样的花纹，必须空过 A1、B1 两个极相组左边不下。待最后下入所对应的槽中，详细的下线步骤见图 3-45 上所标数字。

第 1 步将 Al-1 右边下在 9 槽中；第 2 步将 A1-2 右边下在 10 槽中；第 3 步将 B1 右边下在第 12 槽中；第 4 步将 C1-1 右边下在第 15 槽中；第 5 步将 C1-l 左边下在第 7 槽中；第 6 步将 C1-2 右边下在第 16 槽；第 7 步将 C1-2 左边下在第 8 槽中；第 8 步将 A2 右边下在 18 槽；第 9 步将 A2 左边下在 11 槽中；第 10 步将 B2-1 右边下在 21 槽中；第 11 步将 B2-1 左边下在 13 槽中；第 12 步将 B2-2 右边下在 22 槽中；第 13 步将 B2-2 左边下在 14 槽中；第 14 步将 C2 右边下在 24 槽中；第 15 步将 C2 左边下在 17 槽中；第 16 步将 A3-1 右边下在 27 槽中；第 17 步将 A3-1 左边下在 19 槽中；第 18 步将 A3-2 右边下在 28 槽中；第 19 步将 A3-2 左边下在 20 槽中；第 20 步将 B3 右边下在 30 槽中；第 21 步将 B3 左边下在 23 槽中；第 22 步将 C3-1 右边下在第 33 槽中；第 23 步将 C3-1 左边下在第 25 槽中；第 24 步将 C3-2 右边下在 34 槽中；第 25 步将 C3-2 左边下在第 26 槽中；第 26 步将 A4 右边下在 36 槽中；第 27 步将 A4 左边下在 29 槽中；第 28 步将 B4-1 右边下在 3 槽中；第 29 步将 B4-1 左边下在第 31 槽中；第 30 步将 B4-2 右边下在第 4 槽中；第 31 步将 B4-2 左边下在 32 槽中；第 32 步将 C4 右边下在第 6 槽中；第 33 步将 C4 左边下在 35 槽中；第 34 步将 A1-1 左边下在 1 槽中；第 35 步将 A1-2 左边下在 2 槽中；第 36 步将 B1 左边下在 5 槽中。

在实际下线操作中，除了下每个极相组的线把外，还要掏把（穿把）、垫相间绝缘纸、安插槽楔、整形等，这些操作方法在下面将详细介绍。综上所述，总结出单层交叉式绕组下线口诀：

双顺单逆不可差，

单八双九交叉下。

双隔二来单隔一，

过线不交要掏把。

真正掌握住下线口诀后,下线时可不看绕组展开分解图。下线既快又不易出差错,每句口诀涵义在下线步骤中详细介绍。

(6) **第 1 槽的确定** 下线前首先应确定好第 1 槽的位置,电动机定子铁芯是圆的,第 1 槽没有标记,定那个槽为第 1 槽都可以,不过第 1 槽定得不合适,下完线后所引出的 6 根线头离出线口太远,这不但浪费导线、套管,更重要的是影响引出线头的绝缘性能和绕组的整齐美观。第 1 槽定在哪里比较合适呢?根据图 3-46 所示,下完整绕组的每把线后,有 6 根线头分别从 29 槽、35 槽、1 槽、4 槽、7 槽和 12 槽中引出,在这 6 根线头中 29 槽和 12 槽的引出线为最远的两根引出线,如将出线口设计在离 29 槽太近,那么 12 槽引出线就太长;如将出线口设计离 12 槽太近,则 29 槽引出线离出口线又太长。正确的方法是将出线口的中心线设计在两个远头引出线的中间槽上,从而推算出第 1 槽的位置。

两个最远的引出线 29 槽和 12 槽的中间槽是 2 槽,因此出线口的中心线放在 2 槽最合适。从 2 槽顺时针数过 1 个槽就定为第 1 槽,用笔做好记号。按这样的方法设计出第 1 槽下完整个绕组后,6 根线头从出线口引出,既使得引出线较短,又使得整个绕组美观整齐。

(7) **下线方法** 将图 3-46 摆在定子旁的工作台上,每下一个极相组都要对着图,每下一把线都要对着图上端所标下线顺序数字。按图所示定好第 1 槽后,从第 1 槽逆时针数到第 9 槽,将第 9 槽位置转到下面(离工作台面最近),这样下线方便,好操作。在以后的下线操作中,下哪槽的线,就将哪槽的位置转到下面,一边下线一边转动定子。从 9 槽开始,转动定子,整个绕组下完后,定子也正好转一周,在以后的下线中不再每槽都重复,总之怎样下线方便就怎样转动定子。

第 1 步:如图 3-53 所示,将槽绝缘纸光面在内(挨着导线),插进第 9 槽,将两条引槽纸光面向内插进 9 槽中,按照图 3-46(a)所示,将 A 相绕组摆放在定子铁芯前,右手拿起正向极相组的 A1-1,查看 D1 应在 A1-1 的左边,A1-1 与 A1 的连接线应在 A1-1 的右边。下线口诀的"双顺单逆不可差"中的"双顺"的意思是,准备下线的极相组是双把线,要下双把线就得顺时针方向,在图上

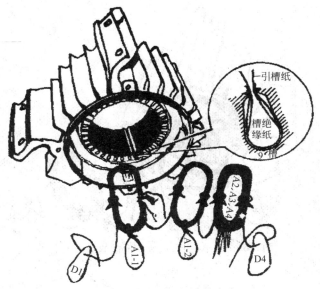

图 3-53 摆正确 A1-1 的方向

标出的电流方向从 D1 流进，从 D4 流出，电流经 A1 的方向就是顺时针方向，实际绕组中的电流主向是随时间作周期性变化的，但下线时以图上所示的电流方向为准，凡是由双把线组成的极相组电流的方向均为顺时针方向。经查实，A1-1 摆放在方向与图 3-46（a）所示的 A1-1 方向相符合后，解开 A1-1 线把右边的绑带，按图 3-54 所示将 A1-1 右边放在 9 槽的引槽纸上，左手拇指与食指往槽中捻线，右手握划线板从定子后端伸进铁芯内轻轻往槽中划导线，如图 3-55 所示。划线板要从槽的前端划到槽的后端，这是为了使导线很顺利地下到槽中，如果划线板划到槽的中间就抽出来，线把的一端划进槽中，另一端就会翘起来，所以不管一端下进槽中几根线，也要用划线板从该端到另一端。如果导线在槽内拧花别着扣或叠弯，造成槽满率增大不好下线，则要将部分导线拆出重下。划线时不能用力太大，否则将使导线压弯造成槽满率增加。下线时左手捻开 5～8 根导线，右手从定子铁芯后端伸到前端，将这几根线与线把分开，摆放在槽口处，划线板先在槽口处轻轻地划几次导

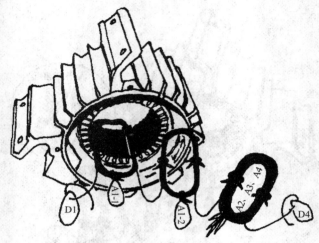

图 3-54 将 A1-1 右边放在 9 槽的引槽纸上

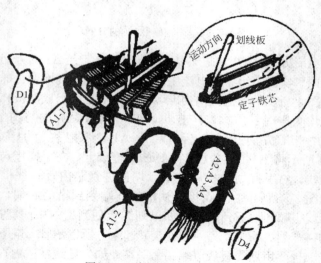

图 3-55 将导线划入 9 槽中

线。当导线理顺开后,用划线板的鸭嘴往槽中挤线,左手捻着线往槽中送,导线很容易进到槽中。导线进入槽中后,划线板还要在槽中再划两次,免得槽中导线有交叉上撺的,在下线时还要时时注意。槽绝缘纸伸出定子铁芯两端要一样长，用划线板划导线时，不要使槽绝缘纸随划线板移动，以免一端导线与定子铁芯相摩擦破坏绝缘层。

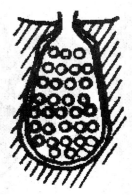

图 3-56 推剪掉高出
槽口的绝缘纸

待导线全部下入 9 槽后，将槽绝缘纸调整到两端，伸出定子铁芯长短要合适，把引槽纸抽出来，用剪刀剪掉高出槽口的绝缘纸（注意：剪刀不要和剪布一样一下一下地剪，应该将剪刀张开一点，一端推着剪刀到另一端，这样剪掉的绝缘纸一样高，使得包线整齐），如图 3-56 所示。

用划线板把槽绝缘纸从一边划进槽后，再划进另一边，使绝缘纸包着导线，按图 3-57 所示将压脚伸进第 9 槽中，上下按动压脚手从一端压到另一端，压平槽绝缘纸，使蓬松的导线压实。注意槽绝缘纸要正好包住槽内所有的导线，如发现有的导线下在槽绝缘纸外面或没有被绝缘纸包上，则要将槽绝缘纸拆开，包好导线后用压脚压实。再次检查槽绝缘纸两端伸出定子铁芯长度是否基本差不多，如一端槽绝缘纸伸出得长，另一端伸出得短，则伸出长的一端整形时容易使槽绝缘纸破裂，伸出短的一端导线容易与铁芯造成短路，因此这两项检查项目在每下完一槽后都要检查。如果等插入槽楔后再检查出故障，还需拔掉槽楔排除故障，既费时间，又对导线和绝缘纸的绝缘性能有影响。所以，实际下线时要下完一槽，检查一槽，发现隐患，及时排除。经检查无误后，将槽楔插入 9 槽中，如图 3-58 所示。要检查槽楔是否高出定子铁芯，如果高出定子铁芯，则在烤完漆后会安不上转子或槽楔与转子摩擦影响电动机正常运转。槽楔的上面要削成平面，不要将槽楔制成"△"形。槽楔必须以原电动机槽楔的形状尺寸为基准，按前面介绍的方法制作。在以下步骤的下线中每下完一槽都要检查槽楔是否符合标准，不再一一介绍。

A1-1 左边空着不下，留在第 34 步下，将 A1-1 左边与铁芯相连接处垫上绝缘纸，防止铁芯磨坏导线绝缘层，然后对 A1-1 两端

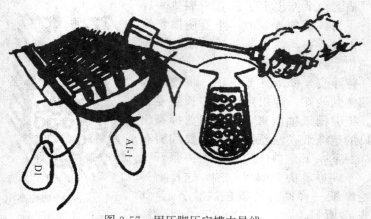

图 3-57　用压脚压实槽内导线

图 3-58　将槽楔安插入 9 槽，初步整形

的端部进行初步整形。因为 8 槽还要下线，必须给 8 槽留出位置来。线把的端部不要太尖，用两只手的大拇指和四指分别用力将线把两端部整出如图 3-59 所示的形状，还要轻轻地往下按线把两端，

不要来回推线把。在以后的下线顺序中每下完一槽线都要进行初步
整形，不再重复说明。

图 3-59　A1-1 方向下反下

　　在准备下 A1-2 之前，对着图 3-46（a）检查实际下入 9 槽中的
情况是否与图相符。检查中发现图 3-60 所示与图 3-46（a）所示不
符，虽然 A1-1 的一个边也在 9 槽，但是 D1 下在了 9 槽，A1-1 与
A1-2 的连接线留在了 A1-1 的左边，这就证明 A1-1 下反了，应拆
出来按图 3-61 所示的方向重新下线。如果开始不检查，等到下完
几把线后再发现线把下反了，则需拆出重新下线或剪断线头接线把
的头，那就费工了。下线时要做到下完一把线检查一把线，上一把
线不正确决不下下一把线，证实上把线确实无误后，才能准备下下
一把线，每下一把线都要这样检查，以后不再重复说明。

　　第 2 步：把槽绝缘纸和引槽纸安放在第 10 槽中，右手拿起正
向线把 A1-2 正确摆放在定子铁芯内，要检查所摆放的方向是否与
图 3-46（a）所示 A1-2 的方向相同。A1-1 与 A1-2 的连接是通过 9
槽的引出线与 A1-2 的左边相连接而达到的，A1 与 A2 的过线在
A1-2 的右边，则 A1-2 摆放正确，如图 3-60 所示。检查无误后，

图 3-60　摆正确 A1-2

图 3-61　A1-2 右边下在 10 槽

解开 A1-2 右边绑带，把 A1-2 右边放在 10 槽的引槽纸上。将 A1-2 右边下在第 10 槽中，插入槽楔，A1-2 的左边空着不下，留在第 35 步下。检查 A1 与 A2 的过线从第 10 槽中引出，则 A1-2 下线正确，如图 3-61 所示。下完由两把线组成的极相组，线把与线把间的连接线应不长不短夹在两线把之间，只有细查才能查出来。在检查中如发现图 3-62 所示的现象，A1-1 与 A1-2 的连接线明显形成了一个大线兜儿，查得 A1-2 的电流方向与 A1-1 的电流方向相反（一个极相组两把线边的电流方向应分别相同），则证明 A1-2 的方向

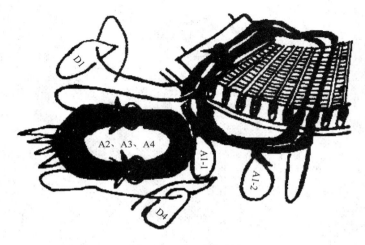

图 3-62　A1-2 下反了

下反了。另外，一个极相组头尾的两个线头应在每个极相组的两边，图 3-62 中所示 A1 的头尾都在极相组的左边，也证明 A1-2 下错了，应按图 3-61 所示改过来。在以后下线过程中，每下完一个极相组都要检查头尾是否在该极相组的两边，出现差错应及时改正，在以后的下线步骤中不再重复说明。

　　第 3 步：对着图 3-46（b）上端所示的下线顺序数字，应将 B1 的右边下在第 32 槽。把槽绝缘纸和引槽纸下在第 12 槽中，将 B 相绕组摆放在定子铁芯旁，左手拿起反向极相组 B1，如图 3-63 所示，B1 的方向应与 A1 相反，D2 应在 B1 的右边，B1 与 B2 的过线应在 B1 的左边，图 3-46（b）已标出电流从 D2 流进，从 B2 的右边流到左边。按规定 B2 的电流方向为逆时针的方向。在下线顺口溜中的"双顺单逆不可差"中的"单逆"就是这个含义，只要下线时碰到由单把线组成的一个极相组，其电流方向都应为逆时针方向。

　　左手摆正确 B1 后，不要翻动，右手伸进 B1 中，抓住 A 相绕组外甩捆在一起的 A2、A3、A4，如图 3-64 所示。右手伸进 B1 中，把 A 相绕组的 A2、A3、A4 从 B1 中掏出来，如图 3-65 所示。把 A2、A3、A4 放在定子旁边，注意 A2、A3、A4，不能破坏每

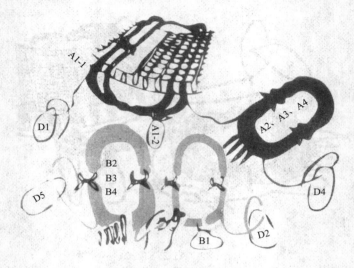

图 3-63　正确摆放 B1

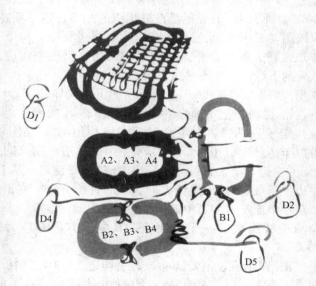

图 3-64　右手伸进 B1 中抓住 A 相外甩线把

把线原来的形状，不能把极相组与极相组的过线拉长。按图 3-66

图 3-65　把 A2、A3、A4 从 B1 中掏出

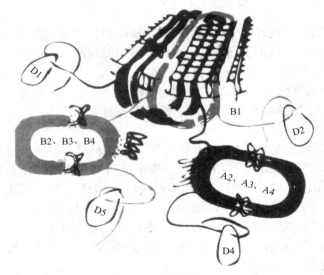

图 3-66　正确摆放 B2

所示将 B1 放铁芯内，再检查 B1 的实际方向与图 3-46（b）所示的
B1 方向是否相符，A 相绕组的 A2、A3、A4 从 B1 中掏出，D2 在

B1 的右边，B2 与 B1 的过线在 B1 的左边，则 B1 摆放、掏把正确。
检查无误后，把 B1 右边绑带解开。B1 的右边下在 12 槽中。B1 的
左边空着不下，留在第 36 步再下入槽中，如图 3-67 所示，要进行
初步整形。

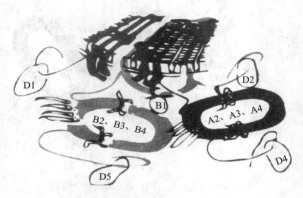

图 3-67 将 B1 右边下在 12 槽中

在实际下线过程中，每下完一个极相组，都要检查所下线把是
否正确，掏把是否正确，出现差错，应当及时改正。检查中如发现
如图 3-68 所示的现象，A 相绕组的 A2、A3、A4 没有从 B1 中掏
出，B1 也下反了，则应将 12 槽的槽楔拔掉，用划线板拨开槽绝缘
纸，把 12 槽内所有导线慢慢全拆出来整理好，重新用绑带绑好，
再按正确的方法掏把、下线。

掏把的定义是：从 B1 开始每下一个极相组，就将外甩的线把
从该极相组中掏出（本相不掏）。掏把适用于所有单层绕组的下线
中，其目的是使极相组与极相组的连线不与绕组的端部相交。如
图 3-68 中所示，A2、A3、A4 没有从 B1 中掏出，则在以后的下线
过程中将造成 A1 与 A2 的过线从绕组端部绕过的现象。每下一个
极相组都要掏把，如果忘记掏把，则在检查出后应将该极相组拆出
掏完线把，再下入槽中。

在第 3 步下 B1 右边时，B1 的右边与已下到槽中的 A1-2 右边
空过 1 个槽，这个空槽是留给 A2 左边的。每个极面内每相绕组各
占三个槽，按 A、B、C 顺序排列，A1 下完，虽占了 2 个槽，但还

图 3-68 B1 下反，A2、A3、A4 没有从 B1 中掏出

剩 1 个槽，下 B 相绕组的极相组 B1 时必须将 A 相绕组应占的槽留出来，再根据下线时极相组排列顺序 "A1—B1—C1—A2……"，按线把数说是 "双把一单把一双把一单把……" 的规律排列。所以在下由双把线组成的极相组时，右边空过 2 个槽；下由单把线组成的极相组时，右边空过 1 个槽，下线口诀上 "双隔二来单隔一" 就是这个意思。比如下单把线组成的极相组 B1 时，右边空过 1 个槽，10 槽已有线把的边，空过 11 槽，应将 B1 右边下在 12 槽中，下线口诀的含义与下线顺序是相符的。理解了 "双隔二来单隔一" 的含义后，则在下单把线时右边应空过 1 个槽，下完单把线就应下双把线，下双把线时右边空过两个槽，以此类推。一开始不熟悉时不能离开绕组展开分解图，必须一步一步对着图掏把、下线，待掌握了规律，下线熟练后，就可以不看绕组展开分解图达到熟练下线、掏把了。

第 4 步：如图 3-46(c) 所示，左手拿起正向极相组 C1（"双顺单逆不可差"，双把线为顺时针方向），证实极相组 C1 与展开图上的方向应一致，C1-1 在下面，C1-2 在上面，D3 在 C1-1 的左边，C1 与 C2 的过线在 C1-2 的右边，左手捏住 C1，右手伸进 C1 中，抓住 A2、A3、A4 和 B2、B3、B4，如图 3-69 所示。右手将 A2、

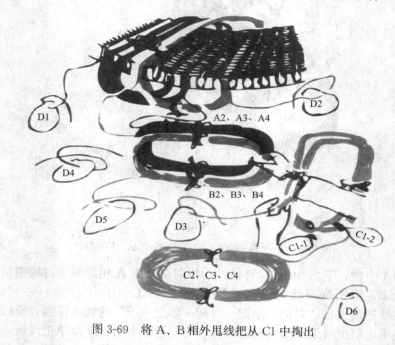

图 3-69　将 A、B 相外甩线把从 C1 中掏出

A3、A4 和 B2、B3、B4 从 C1 中掏出来，放在定子旁边（也可以分两次掏出 A2、A3、A4 和 B2、B3、B4），将 C1-2 靠在 A2、A3、A4 和 B2、B3、B4 上，将 C1-1 不改变方向放入定子铁芯内。在下 C1-1 之前检查一遍，C1-1 实际方向是否与图 3-46（c）所示的 C1-1 方向相同，D3 是否在 C1-1 的左边，C1-1 与 C1-2 的连接线是否在 C1-1 右边，A2、A3、A4 和 B2、B3、B4 是否从 C1-1 和 C1-2 中掏出，出现差错应更改，无差错后，按图 3-46（c）上端所标下线顺序数字，准备将 C1-1 右边下在第 15 槽中。把槽绝缘纸和引槽纸安放在 15 槽中，按图 3-70 所示，把 C1-1 放入定子铁芯内，A、B 相绕组外甩的线把不要离铁芯远了，否则线把就要变形。图上画的有的线把远些，过线长些，这是为了使读者看清楚，实际下线时所有线

把都在定子旁边，越近越好。要保证线把形状不变地下到定槽中，发现有的线头抽长了要一圈一圈退回到原来位置。解开 C1-1 右边的绑带，按图 3-46(c) 所示的方向将 C1-1 右边下在 15 槽中（双隔二），安插入槽楔，如图 3-71 所示。下完线后，检查 C1-1 与 C1-2 的连接线从 15 槽中引出，D3 在 C1-1 的左边，A、B 相外甩的线把从 C1-1 中掏出，证明 C1-1 下线正确。从图 3-71 中可以看出，在下由两把线组成的极相组 C1 时，C1-1 嵌在 13、14 两个槽中，这就是"双隔二"的含义，在以后的下线中，遇到要下由双把线组成的极相组的情况时，右边都要空过两个槽。

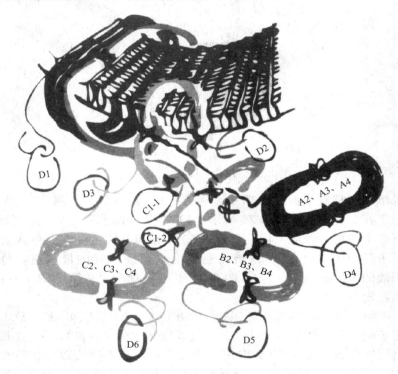

图 3-70　将 C1-1 正确摆放在定子内

第 5 步：从图 3-46(c) 中可以看出，开始下线时只空过 A1 和 B1 左边不下，从 C1-1 左边开始不再空着线把的边，把槽绝

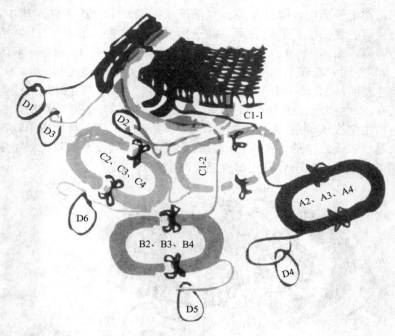

图 3-71　将 C1-1 右边下在 15 槽中

缘纸和引槽纸安放在 7 槽中，解开 C1-1 左边绑带，将 C1-1 左边下在 7 槽中，如图 3-72 所示，检查 C1-1 的节距是 1～9，D3 下在 7 槽中，证明 C1-1 下线正确。下线口诀中的"双九单八交叉下"中的"双九"，是指凡遇到由双把线组成的极相组，每把线的节距就是 1～9，从图 3-72 中可以看出，从第 7 槽开始，从左向右不再空槽。

　　第 6 步：把 C1-2 按顺序进针的方向（与 C1-1 方向一致）放入定子铁芯内，检查 C1-2 与 C2 的过线应在 C1-2 的右边，A、B 相绕组外甩的线把从 C1-2 中掏出为正确，出现差错应改正。检查 C1-2 无误后，准备下线，把槽绝缘纸和引槽纸安放在 16 槽中，将 C1-2 右边绑带解开，将 C1-2 右边下在 16 槽，把槽楔安好放入 16 槽中，如图 3-73 所示。下完 C1-2 右边后，检查 C1 与 C2 的过线从 16 槽引出，则 C1-2 右边下线正确。

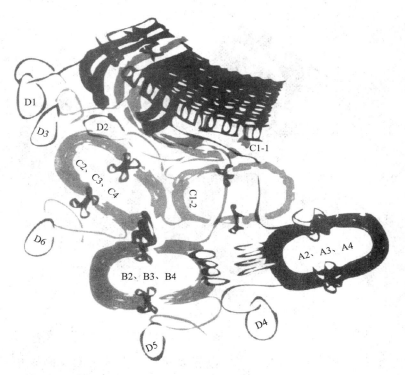

图 3-72　将 C1-1 左边下在 7 槽中

第 7 步：将 C1-2 左边下在第 8 槽中，C1 全部下完。C1 下完后要照着图 3-46(c) 进行检查，D3 应下在 7 槽中，C1-1 应下在 7、15 槽中，节距是 1～9，C1-2 应下在 8、16 槽中，节距也是 1～9，C1 与 C2 的过线从 16 槽中引出，A、B 相外甩的线把从 C1 中掏出，则 C1 下线正确，在 C1 与 B1 两端之间垫上相同绝缘纸，如图 3-73 所示。每下完一个极相组，就要在这个极相组与已下完的极相组两端之间垫上相间绝缘纸，进行初步整形，把相间绝缘纸夹在两个极相组之间。采用这种方法，可以使相间绝缘纸垫得好；也可将整个电动机的绕组全部下完后，用划线板从每个极相组之间撬开缝，把相间绝缘纸垫在两极相组之间。采用什么方法自己掌握。

第 8 步：照图 3-46(a) 所示，从绑在一起的 A2、A3、A4 中

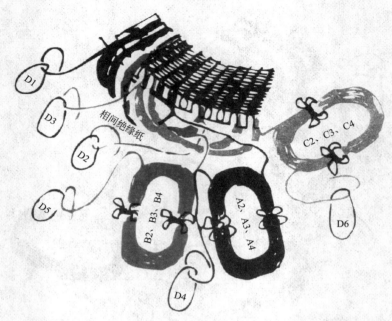

相间绝缘纸

图 3-73　将 C1-2 下完后，在 B1 与 C1 两端之间垫上相间绝缘纸

解下 A2（单把线），把 A3、A4 重新绑好，左手拿起反向极相组 A2（单把为逆时针方向），右手伸进 A2 中，掏出 B2、B3、B4 和 C2、C3、C4，将 A2 放在铁芯内，如图 3-74 所示。摆放好 A2 后，要检查一次 A2 是否摆放正确，若 A1 与 A2 的过线为 10 槽的引出线连接 A2 的右边（尾接尾）的结果，A2 和 A3 的过线在 A2 左边，C2、C3、C4 和 B2、B3、B4 从 A2 中掏出，则 A2 摆放、掏把正确，发现差错应改正。将 A2 右边下在第 18 槽中（单隔一），如图 3-75 所示。下完 18 槽以后，检查 A1 与 A2 的过线是否由 10 槽引出线与 18 槽引出线连接而成，若是则 A2 右边下线正确。

　　第 9 步：将 A2 的左边下在第 11 槽中，如图 3-75 所示。A2 只有单把线，下线口诀上"双九单八交叉下"，就是指在下由单把线组成的极相组时，节距必须是 1～8，而且是在两个极面中交叉着下，其电流方向"双顺单逆"（单把线电流方向为逆时针方向）。从图 3-76 可以看出规律：从 7 槽开始，左边排着下线一槽也不空地

图 3-74 正确摆放 A2、将 B2、B3、B4 和 C2、C3、C4 从 A2 中掏出

图 3-75 A2 右、左边分别下在 18、11 槽中

过，在每个极相组的右边，下由双把线组成的极相组时空两个槽，下由单把线组成的极相组时空一个槽，这就是"双隔二，单隔一"的含义。在下线口诀介绍方面比较详细，目的是真正掌握其方法，掌握住下线的规律。从图 3-75 中已下 4 个极相组的 6 把线可以看出些规律，下线顺序为"A1—B1—C1—A2—B2—C2……"，线把顺序为"双把—单把—双把—单把……"。由双把线组成的极相组为顺时针方向，节距是 1～9，与上个极相组的过线都在该极相组的左边，与下个极相组的过线都在该极相组的右边，在下线过程中，左边一个槽也不空过，右边空过 2 个槽。下由单线组成的极相组时，其方向全都是逆时针方向，节距是 1～8，与上个极相组的过线都在该极相组的右边，与下个极相组的过线都在该极相组的左边，下线时，左边一个槽也不空过，右边空过一个槽。其他两相外甩线把从待下极相组中掏出。整个绕组就是由双把线组成的极相组和单把线组成的极相组组成的。极相组与极相组虽不能下在一个槽，不属于同一相，但都是一样的规律，将以上的规律掌握住，下线方法就容易掌握了。

　　图 3-76 所示是不掏把的后果。当下完 A2 就发现 A1 与 A2 的过线从绕组端部绕过，这是因为：在下 B1 和 C1 时，A2、A3、A4 没有从 C1 和 B1 中掏出。当下完 B2、C2 后，还会发现这种现象。这样既破坏了电动机绕组的整齐美观，又影响了绕组的绝缘性能，所以在下线时必须每下一个极相组进行一次掏把，绝不能忘记。如果忘记了掏把，则要把所下线把拆出，掏完线把后，再下入槽中。

　　如图 3-77 所示，A2 掏把对了，所占的槽位及节距也都对，就是方向下反了。正确的方向单把应该为逆时针方向（单逆）。A1 与 A2 的过线是由 10 槽与 18 槽的引出线连接而成的，长短合适，只有细查才能查出。可方向下反的 A1 就变成了与线 A1 相同的顺时针方向了，A1 和 A2 的过线变为由 10 槽与 11 槽的引出线连接而成的了，在 10 槽与 11 槽之间出了一个大线兜儿（在以后的下线过程中要注意，极相组与极相组连接正确时，过线与线把端部一样长，发现过线不够长或出现大线兜儿时，要详细检查极相组的方向是否下反了。但有时由于操作技术上的毛病，将过线伸长了，也会出现过线的长短不合适的现象，要区别对待，错了应及时改正。极

图 3-76　不掏把造成对过线从绕组端部绕过

图 3-77　A2 的方向下反了

相组下对了，但过线太长，则可往被伸的部位退回些，过线长短就合适了）。

经查证，如图 3-77 所示 A2 下反了，正确的方法是将 A2 拆出，将 B2、B3、B4 和 C2、C3、C4 从 A2 退回，摆正确 A2 方向重新掏把。按图 3-75 所示，分别将 A2 右、左边下在第 18 槽和 11 槽中。如果不愿拆出 A2，则可将 A1 与 A2 的过线剪断，将 18 槽的引出线与 A3 的过线剪断，将 10 槽引出线与 18 槽引出线相连接，将 A3 的剪断的线头与 11 槽引出线相连接，经改正后 A 相绕组多出了两对线头，因此这是不提倡的。最好还是将 A2 拆出来，按正确方法重新掏把、下线。

第 10 步：如图 3-46(b) 所示，把 B2（双把线）从 B 相绕组上解下来，重新把 B3-4 两边绑好，左手拿起正向极相组的 B2（顺时针方向），注意 B2-2 应在 B2-1 的下面，检查线把 B2-1、B2-2 是否与图 3-46(b) 所示相符，B1 与 B2 的过线从 B1 左边（还没下到槽中）与 B2-1 的左边相连接（头接头），B2 与 B3 的过线在 B2-2 的右边，则 B2 摆放正确。若检查出 B2 摆放错误，则应及时改正。证实 B2 摆放正确后，右手把 A 相绕组的 A3、A4 和 C 相绕组的 C2、C3、C4 线把从 B2 中掏出来，如图 3-78 所示。把 B2-2 靠在 A、C 相外甩的线把上，将 B2-1 右边下在 21 槽中；B2 是由双把线组成的极相组，右边空过两个槽（双隔二），即为 21 槽，如图 3-79 所示。

第 11 步：将 B2-1 左边下在 13 槽中，如图 3-79 所示。

第 12 步：把 B2-2 不改变方向放入定子铁芯中，检查 B2-1 与 B2-2 的连接线是否是由 21 槽引出连接 B2-2 左边而成的；B2 与 B3 的过线在 B2-2 右边为正确；将 B2-2 右边下在第 22 槽中，B2 与 B3 的过线从 22 槽中引出，如图 3-79 所示。

第 13 步：将 B2-2 左边下在 14 槽中，B2 全部下完；要对着图 3-46(b) 详细检查 B2，如果 B1 与 B2 的过线是 B1 左边（没下线）引出线与 13 槽引出线相连接的结果，B2 与 B3 的过线从 22 槽中引出，A3、A4 和 C2、C3、C4 从 B2 中掏出，则 B2 掏把、下线正确，在 B2 与 A2 两端之间垫上相间绝缘纸，B2 下线结束，如图 3-79 所示。

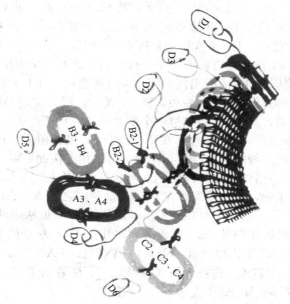

图 3-78 将 A、C 相外甩线把从 B2-1、B2-2 中掏出

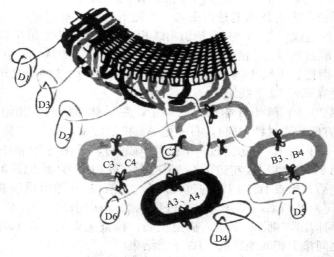

图 3-79 B2 下好后，正确摆放 C2，将 B2、B3、B4 从 C2 中掏出

第 14 步：按图 3-46(c) 所示，将 C2（单把线）从 C 相绕组中解下来，把 C3、C4 两边重新绑好，左手拿起反向极相组的 C2（单逆），把 B3、B4 和 A3、A4 从 C2 中掏出，放在一旁；在下线之前检查 C2 的实际方向与图 3-79(c) 所示的方向是否相同，C1 与 C2 的过线应是 16 槽引出线与 C2 右边相连接（尾接尾）的结果，C2 与 C3 的过线在 C2 的左边，则 C2 摆放正确，发现差错应更改；检查无误后，将 C2 右边空过一个槽（单隔一）下在 24 槽中。

第 15 步：将 C2 左边下在第 17 槽中，极相组 C2 下完，检查 C1 与 C2 的过线应是 16 槽与 24 槽引出线相连接的结果，C2 与 C3 的过线从 17 槽中引出，A3、A4 和 B3、B4 从 C2 掏出，则 C2 掏把、下线正确，检查无误后在 C2 与 B2 两端之间垫上相间绝缘纸。

第 16 步：按图 3-46(a) 所示，解开 A 相绕组两边的绑带，右手拿起正向极相组的 A3（电流为顺时针方向），左手把 C3、C4 和 B3、B4 从 A3 中掏出放在一旁，将 A3-2 靠在 A3、A4 和 C3、C4 上，将 A3-1 右边空过两个槽（双隔二）下在第 27 槽中。

第 17 步：第 A3-1 左边下在 19 槽中。

第 18 步：将 A3-2 右边下在 28 槽中。

第 19 步：将 A3-2 左边下在 20 槽中；A3 下完后，要检查 A3 下线槽位，方向及掏把是否正确，才能下另一个极相组；检查 A2 与 A3 的过线应是 11 与 19 槽引出线相连接（头接头）的结果，A3 与 A4 的过线从 25 槽中引出，B3、B4 和 C3、C4 从 A3 中掏出，则 A3 掏把、下线正确；检查无误后，在 A3 与 C2 两端之间垫上相间绝缘纸，A3 下线结束。

第 20 步：解开 B 相绕组的绑带，左手拿起反向极相组的 B3（电流方向为逆时针方向），右手把 A4 和 C3、C4 从 B3 中掏出来，放在一旁；将 B3 右边空过一个槽（单隔一），下在第 30 槽中。

第 21 步：将 B3 左边下在 23 槽中；极相组 B3 单把线的两个边下完后，检查 B2 与 B3 的过线应是 22 槽与 30 槽引出线相连接（尾接尾）的结果，B3 与 B4 的过线从 23 槽中引出，A3 和 C3 从 B3 中间掏出，则 B3 下线、掏把正确；检查无误后，在 B3 与 A3 两端之间垫上相间绝缘纸，B3 下线结束。

第 22 步：解开 C 相绕组的绑带，左手拿起正向极相组的 C3

（电流方向为顺时针方向），右手从 C3 中掏出 A4、B4 放在一旁，把 C3-2 靠在 A4、B4 上，将 C3-1 右边空过两个槽（双空二），下在 33 槽中。

第 23 步：将 C3-2 左边下在 25 槽中。

第 24 步：将 C3-2 右边下在 34 槽中。

第 25 步：将 C3-2 左边下在 26 槽中；极相组 C3 下线完毕后，检查 C2 与 C3 的过线应是 17 槽引出线与 25 槽引出线相连接（头接头）的结果，C3 与 C4 的过线从 34 槽引出，A4、B4 从 C3 中掏出，则 C3 下线、掏把正确；检查无误后，在 C3 与 B3 岛两端之间垫上相间绝缘纸，C3 下线结束。

第 26 步：左手拿起反向极相组的 A4（电流方向逆时针方向），右手把 B4、C4 从中掏出，放在一旁，将 A4 的右边空过一个槽（单隔一）下在 36 槽中。

第 27 步：将 A4 左边下在 29 槽中，A4 下完后，检查 A3 与 A4 过线应是 28 槽引出线与 36 槽引出线相连接（尾接尾）的结果，D4 从 29 槽中引出，B4、C4 从 A4 中掏出，则 A4 下线、掏把正确；检查无误后，在 A4 与 C3 两端之间垫上相间绝缘纸，A4 下线结束。

第 28 步：左手拿起正极相组 B4（电流方向为顺时针方向），右手将 C4 从 B4 中掏出，放在一边，将 B4-2 靠在 C4 上，将 A1-1、A1-2、B1 左边撬起来，露出待下线的 3 槽 4 槽；将 B4-1 右边空过两个槽（双隔二），下在 3 槽中。

第 29 步：将 B4-1 左边下在 31 槽中。

第 30 步：将 B4-2 右边下在 4 槽中。

第 31 步：将 B4-2 左边下在 32 槽中，B4 下线完毕。检查 B3 与 B4 的过线应是 23 槽引出线与 31 槽引出线相连接（头接头）的结果，D5 从 4 槽中引出，C4 从 B4 中掏出，则 B4 下线、掏把正确；检查无误后，在 A4 与 B4 两端之间垫上相间绝缘纸。

第 32 步：将 C4 反向极相组（电流方向逆时针方向）放入铁芯中，将 C4 右边空过一个槽下在 6 槽中。

第 33 步：将 C4 左边下在 35 槽中；C4 下完后，检查 C3 与 C4 过线应是 34 槽引出线与 6 槽引出线相连接（尾接尾）的结果，D6

从 35 槽中引出，则 C4 下线正确；检查无误后，在 C4 与 B4 两端之间垫上相间绝缘纸，C 相绕组下线结束。

第 34 步：将 A1-1 左边下在 1 槽中。

第 35 步：将 A1-1 右边下在 2 槽中；A1 下线完毕后，检查 D1 从 1 槽中引出，A1 与 A2 过线应是 10 槽引出线与 18 槽引出线相连接（尾接尾）的结果，则 A1 下线正确；检查无误后，在 A1 与 C4 两端之间垫上相间绝缘纸，A 相绕组下线结束。

第 36 步：将 B2 左边下在 5 槽中；B1 下线完毕后，检查 B1 与 B2 过线应是 5 槽引出线与 13 槽引出线相连接（头接头）的结果，D2 从 12 槽引出，则 B1 下线正确；在 B1 与 A1 两端之间垫上相间绝缘纸，B 相组下线结束。

(8) **接线** 在接线之前要分别检查每相绕组是否与绕组展示分解图所示相符，检查方法是将定子垂直放在地上，查完 A 相查 B 相，最后再检查 C 相绕组，左手拿划线板，右手伸着食指，按图上所示从每相绕组电流流进端查到电流流出端。

查 A4 相绕组的方法如下：

将图 3-46(a) 摆放在定子旁，对着图查 A 相绕组，从 D1（1 槽引出线）开始，手指绕方向是按电流的方向绕转，从 1 槽绕到 9 槽，A1-1 节距应是 1～9。从 9 槽绕到 2 槽，从 2 槽绕到 10 槽，用划线板找到 A1 与 A2 过线，手指顺着 A1 与 A2 的过线绕进 18 槽，从 18 槽绕进 11 槽，A2 节距应为 1～8；用划线板找到 A2 与 A3 的过线，手指顺着 11 槽的过线绕进 19 槽，从 19 槽绕进 27 槽，从 27 槽绕进 20 槽，从 20 槽绕进 28 槽，从 28 槽经过 A3 与 A4 的过线，绕进 36 槽，从 36 槽绕到 29 槽。D4 从 29 槽中引出，检查者随极相组位置转电动机一周，检查 A 相绕组极相组与极相组的连接、每把线节距、流过每把线的电流方向与图 3-46(a) 所示是否相符。证明 A 相绕组正确后，再测量止相绕组的绝缘电阻，用万用表 k 挡或 10k 挡，一支表笔接 D1，一支表笔接 D4，表针向 0Ω 方向摆动，证明止相绕组接通；表针不动，证明 A 相绕组断路，则应排除故障达到接通为止。一支表笔与 D1 或 D4 相连接、一支表笔与外壳相接，表针不动或微动，证明绝缘良好，表针向 0Ω 方向摆动，证明 A 相绕组与外壳短路，大多由于槽口绝缘纸破裂引起。

将表针连接方式保持不变（表针在零欧位置），慢慢撬动 A 相绕组一端绕组，检查完一端，再检查另一端。当发现撬到一处线把时，表针向阻值大的方向摆动，证明故障发生在该处。将绝缘纸的破裂处垫好或换新的槽绝缘纸，彻底排除故障。经查 A 相绕组无误后，将 D1（1 槽引出线）套上套管引出，接在接线板上标有 D1 的接线螺钉上；将 D4（29 槽引出线）套上套管引出，接在接线板上标有 D4 的接线螺钉上，如图 3-80 所示。

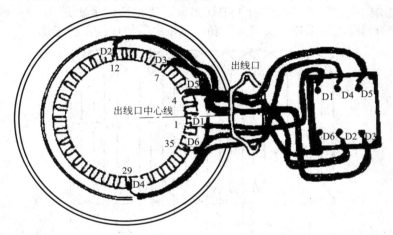

图 3-80　接线和定第 1 槽的方法

按检查 A 相绕组的方法，照着图 3-46（b）查 C 相绕组和测量 C 相绕组绝缘电阻。检查无误后，将 D2（12 槽引出线）穿上套管引出，接在接线板上标有 D3 的接线螺钉上；将 D6（4 槽引出线）套上套管引出，接在接线板上标有 D6 的接线螺钉上，如图 3-80 所示。

按检查 A4 相绕组的方法，按图 3-46（c）所示检查 C 相绕组和测量 C 相绕组绝缘电阻，检查无误后，将 D3（7 槽引出线）套上套管引出，接在接线板上标有 D3 的接线螺钉上，将 D6（35 引出线）套上套管引出接在接线板上标有 D6 的接线螺钉上。如电动机原来是△形接法，就将三个铜片按 1，6；2，4；3，5 接起来；如果原电动机是 Y 形接法，就将 D4、D5、D6 三个接线螺钉用铜片接起来。

3.4.2　单层链式绕组的嵌线方法

（1）**绕组展开图**　图 3-81 为三相 4 极 24 槽、节距为 1～6 的单层链式绕组展开图。D1 代表 A 相绕组的头，D4 代表 A 相绕组的尾；D2 代表 B 相绕组的头，D5 代表 B 相绕组的尾；D3，D6 分别代表 C 相绕组的头和尾。从图中可以看出，每相绕组由 4 个极相组组成，每个极相组由 1 把线组成，每把线的节距是 1～6；极相组与极相组采用"头接头"和"尾接尾"的连接方法连接。

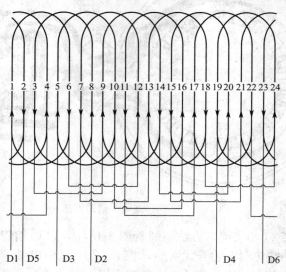

图 3-81　3 相 4 极 24 槽单层链式绕组展开图

（2）**绕组展开分解图**　实际电动机三相绕组的 12 个极相组（12 把线）是按着图 3-81 排布在定子铁芯中的。初学者看绕组展开图会感到乱而不易懂，为了使看图简单便于下线，将图 3-81 分解成图 3-82，在其上端标有下线顺序数字，按这些顺序数字进行下线即可。

（3）**线把的绕制与整理**　此电动机每相绕组共有 4 个极相组，每个极相线只有一把线，所以绕线时要绕完 4 把线（为 1 相绕组）

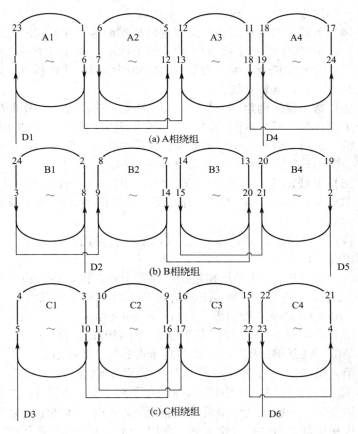

图 3-82 三相 4 极 24 槽单层链式绕组展开分解图

后断开，标为 A 相绕组，如图 3-82（a）所示，按每把线的绕线顺序分别标清 A1、A2、A3、A4。A 相绕组的首头标清 D1，尾头标为 D4。将 A 相绕组的 A2、A3、A4 摆在一起两边绑好，外面只剩一把线 A1。继续绕出 4 把线，定作 B 相绕组，按绕线顺序，如图 3-82（b）所示分别标清每把线的名称为 B1、B2、B3、B4。B 相绕组的首头标清 D2，尾头标明 D5。将 B2、B3、B4 摆在一起，两边绑好。最后绕出 4 把线，标为 C 相绕组，按绕线顺序分别标清每把线的名称。C 相首头标清 D3，尾头标明 D6。将 C2、C3、C4

摞在一起两边绑上，外面只留 C1 一把线。

(4) **下线前的准备工作**　按原电动机槽绝缘纸和相间绝缘纸的尺寸，裁制 24 条槽绝缘纸和 24 块相间绝缘纸，放在定子旁；再按槽绝缘纸的尺寸裁制几条作为引槽纸，将制作槽楔的材料及下线工具放在定子旁，准备下线。

(5) **第 1 槽的确定**　根据出线口的中心线在两个远头中间槽上的要求设计第 1 槽。由图 3-81 可知，6 根引出线头最远的是 19 槽和 8 槽，这两个最远头中间槽是 1 槽，那么出线口的中心线就放在 1 槽，参照图 3-80 所示，用粉笔标清第 1 槽。

(6) **下线顺序**　下线顺序是"A1—B1—C1—A2—B2—C2—A3—B3—C3—A4—B4—C4"，详细下线步骤按图 3-82 所示线把上端所标数字进行。

(7) **下线方法**　将图 3-82 摆放在电动机旁的工作台上。参照以下内容进行下线。

第 1 步：将 A1 正向极相组摆放在定子铁芯内，将右边下在第 6 槽中，A1 左边不下，将 A1 左边与铁芯之间垫上绝缘纸，检查 A1 与 A2 的过线从 6 槽引出，为 A1 下线正确。

第 2 步：对着图 3-82，左手拿起反向极相组的 B1，右手将 A2、A3、A4 从 B1 中掏出，放在定子旁；将 B1 右边空过 1 个槽下在第 8 槽中，左边空着不下，B1 下完后，检查 D2 下在第 8 槽中，A2、A3、A4 从 B1 中掏出，则 B1 下线正确。在下 B1 的右边时可以空过一个槽，这个槽是给极相组 A2 留的，从图上可以看出每个极相组都是由一把线组成的，所以下线时每下一个极相组右边都空过一个槽。

第 3 步：对着图 3-82，左手拿起正向极相组的 C1，右手把 A2、A3、A4 和 B2、B3、B4 从 C1 中掏出放在一旁，将 C1 右边空过一个槽，下在第 10 槽中。

第 4 步：将 C1 左边下在第 5 槽中，下完后检查 D3 下在 5 槽，C1 与 C2 过线从 10 槽中引出；A2、A3、A4 和 B2、B3、B4 从 C1 中掏出，则 C1 下线、掏把正确。检查无误后在 C1 与 B1 两端之间垫上相同绝缘纸。

第 5 步：从 A 相绕组中解下 A2，把 A3、A4 绑在一起，左手拿起反向极相组的 A2，右手把 B2、B3、B4 和 C2、C3、C4 从 A2 中掏出，放在定子旁，将 A2 右边空过 1 个槽，下在第 12 槽中。

第 6 步：将 A2 左边下在第 7 槽中；A2 下完后，检查 A2 与 A1 过线是 6 槽引出线与 12 槽引出线连接的结果，A2 与 A3 的过线从 7 槽中引出，B2、B3、B4 和 C2、C3、C4 从 A2 中掏出，则 A2 下线、掏把正确，在 A2 与 C1 两端之间垫上相间绝缘纸。

第 7 步：左手拿起正向极向组的 B2，右手从 B2 中掏出 A3、A4 和 C2、C3、C4 放在一旁，将 B2 右边空过一个槽，下在第 14 槽中。

第 8 步：将 B2 的左边下在第 9 槽中；B2 下完后，检查 B1 与 B2 的过线是 B1 左边连接 9 槽的结果，B2 与 B3 的过线从 14 槽中引出，A3、A4 和 C2、C3、C4 从 B2 中掏出，则 B2 下线正确；检查无误后在 B2 与 A2 两端之间垫上相间绝缘纸。

第 9 步：左手拿起反向极相组的 C2，右手从 C2 中掏出 B3、B4 和 A3、A4，将 C2 右边空过一个槽，下在 16 槽中。

第 10 步：将 C2 左边下在 11 槽中；C2 下完后，检查 C1 与 C2 的过线是 10 槽引出线与 16 槽引出线相连接的结果，C2 与 C3 的过线从 11 槽中引出，A3、A4 和 B3、B4 从 C2 中掏出，则 C2 下线正确；检查无误后，在 C2 与 B2 两端之间垫上相间绝缘纸。

第 11 步：左手拿起正向极相组的 A3，右手从 A3 中掏出 B3、B4 和 C3、C4 放在一旁，将 A3 右边空过一个槽，下在第 18 槽中。

第 12 步：将 A3 左边下在第 13 槽中；下完 A3 后，检查 A2 与 A3 的过线是 7 槽引出线连接 13 槽引出线的结果，A3 与 A4 的过线从 18 槽中引出，B3、B4 和 C3、C4 从 A3 中掏出，则 A3 下线、掏把正确；检查无误后，将相间绝缘纸垫在 A3 与 C2 两端之间，A3 下线结束。

第 13 步：左手拿起反向极相组的 B3，右手将 A4 和 C3、C4 从 B3 中掏出，将 B3 右边空过一个槽，下在 20 槽中。

第 14 步：将 B3 左边下在 15 槽中；B3 下完后，检查 B2 与 B3 的过线是 14 槽引出线与 20 槽引出线相连接的结果，B3 与 B4 的过线从 15 槽中引出，A4 和 C2、C4 从 B3 中掏出，则 B3 下线、掏把正确；检查无误后，在 B3 与 A3 两端之间垫上相间绝缘纸。

第 15 步：左手拿起正向极相组的 C3，右手将 A4、B4 从 C5 中掏出放在一旁，将 C3 右边空过一个槽，下在 22 槽中。

第 16 步：将 C3 左边下在 17 槽中；C3 下完后，检查 C2 与 C3 的过线是 11 槽引出线与 17 槽引出线相连接的结果，C3 与 C4 的过线从 22 槽中引出，A4 和 B4 从 C3 中掏出，则 C3 下线、掏把正确；检查无误后，在 B3 与 C3 两端之间垫上相间绝缘纸，C3 下线结束。

第 17 步：左手拿起反向极相组的 A4，右手将 B4 和 C4 从 A4 中掏出，放在定子旁，将 A4 右边空过一个槽，下在第 24 槽中。

第 18 步：将 A4 左边下在第 19 槽中；下完 A4 后，检查 A3 与 A4 的过线是 18 槽引出线连接着 24 槽引出线的结果，D4 从 19 槽中引出，B4 和 C4 从 A4 中掏出，则 A4 下线、掏把正确；检查无误后，在 A4 与 C3 两端之间垫上相间绝缘纸。

第 19 步：把线把 A1 和 B1 的左边撬起来让出 B4、C4 右边待下的 2 槽和 4 槽；左手拿起正向极向组的 B4，右手将 C4 从 B4 中掏出，B4 右边空过一个槽，下在第 2 槽中。

第 20 步：将 B4 左边下在第 21 槽中；B4 下完后，检查 B3 与 B4 的过线是 15 槽引出线连接着 21 槽引出线的结果，D5 从 2 槽中引出，C4 从 B4 中掏出，则 B4 下线掏、把正确；检查无误后在 A4 与 B4 两端之间垫上相间绝缘纸。

第 21 步：拿起反向极相组 C4，将 C4 右边空过一个槽，下在 4 槽中。

第 22 步：将 C4 左边下在第 23 槽中；C4 下完后，检查 C3 与 C4 的过线是 22 槽引出线与 4 槽引出线相连接的结果，D6 从 23 槽中引出，则 C4 下线正确；检查无误后，在 C4 与 B4 两端之间垫上相间绝缘纸，C 相绕组下线结束。

第 23 步：将 A1 左边下在 1 槽中；A1 下完后，检查 D1 从 1 槽中引出，则 A1 下线正确；在 A1 与 C4 两端之间垫上相间绝缘纸，A 相绕组下线结束。

第 24 步：将 B1 左边下在 3 槽中；B1 下完后，检查 B1 与 B2 过线是 3 槽引出线与 9 槽引出线相连接的结果，则 B1 为下线正确；在 B1 与 A1 两端之间垫上相间绝缘纸，B 相绕组下线结束。

(8) **接线** 在接线之前要详细检查每相绕组是否按图 3-82 所示下在所对应槽中。先查 A 相绕组，具体方法如下：

将电动机定子铁芯垂直放在地上，左手拿着划线板，右手伸出食指。对着图 3-82(a) 从 D1 开始，手指顺着电流方向查 A1，从 1 槽绕到 6 槽，从 6 槽绕到 12 槽，从 12 槽绕到 7 槽，从 7 槽绕进 13 槽，从 13 槽绕到 18 槽，从 18 槽绕到 24 槽，从 24 槽绕到 19 槽，然后从 19 槽 D4 绕出。左手用划线板查找到 A1 与 A2 的过线、A2 与 A3 的过线和 A3 与 A4 的过线。A 相绕组查对后，照同样方法，按图 3-82(b) 所示查 B 相绕组和照图 3-82(c) 所示查 C 相绕组，三相查对后，再用万用表分别测量三相绕组与外壳的绝缘电阻和三相绕组之间的绝缘电阻，发现短路故障应及时排除。若绝缘良好，则开始接线。将 D1、D4、D2、D5、D3、D6 的 6 根引线套上套管，分别接到电动机接线板所对应的接线螺钉上，原来接线板上的连接铜片不要改动。如果没有接线板，可按下面规定的接线法连接。

△形接线法：

D1、D6（1 槽、23 槽引出线）相连接电源。

D2、D4（8 槽、19 槽引出线）相连接电源。

D3、D5（5 槽、2 槽引出线）相连接电源。

Y 形接线法：

D1（1 槽引出线）引出接电源。

D2（8 槽引出线）引出接电源。

D3（5 槽引出线）引出接电源。

将 D4、D5、D6（23 槽、19 槽、2 槽引出线）连接在一起。

3.4.3 三相 2 极电动机单层绕组的下线方法

(1) **绕组展开图** 图 3-83 为三相 2 极 18 槽，节距为 2/1～9、1/1～8 的单层交叉式绕组展开图。

(2) **绕组展开分解图** 实际 2 极 18 槽单层交叉式三相绕组的 9 把线（6 个极相组）是按照图 3-84 所示排布在定子铁芯中的，为了使看图简便利于下线，采用图 3-84 所示的绕组展开分解图。从图 3-84 中能更清楚地看出，A 相绕组由 A1（两把线节距均是 1～9）和 A2（单把线节距为 1～8）采用"尾接尾"组成，D1 是 A 相

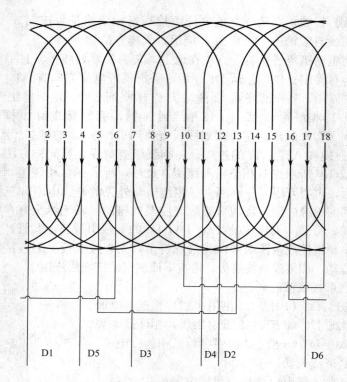

图 3-83   三相 2 极 18 槽单层交叉式绕组展开图

绕组的头，D4 是绕组的尾；B 相绕组由 B1（单把线节距为 1～8）和 B2（两把线节距均是 1～9）采用"头接头"组成，D2 是 B 相绕组的头，D5 是 B 相绕组的尾；C 相绕组由 C1（两把线节距均是 1～9）和 C2（单把线节距为 1～8）采用"尾接尾"组成，D3 是 C 相绕组的头，D6 是 C 相绕组的尾。在每相绕组线把的上端都标有下线顺序数字，下线时的步骤按这些数字顺序进行。

（3）线把的绕制和整理   该电动机每相绕组由两个大把线和一个小把线组成，绕线时按"一大把、一大把、一小把"的顺序每绕三把线一断开，制作木制绕线模时应做有三个模芯四个隔板的绕线模，分三次绕完三相绕组的 9 把线。使用万用绕线模一次可绕出 6 把线，为两相绕组（但绕完三把线要断开，留有足够长的头），再

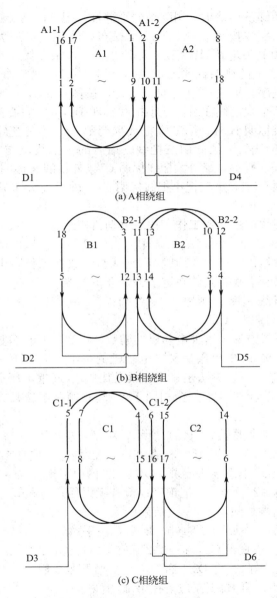

(a) A相绕组

(b) B相绕组

(c) C相绕组

图 3-84 三相 2 极 18 槽单层交叉式绕组展开分解图

绕三把线即够三相绕组，用绑带分别绑好每把线的两个边。

拿起三把线按图 3-84（a）所示摆布好线把，第一大把线标为 A1-1，左边的头定做 D1，第二大把线标为 A1-2，第三小把线标为 A2，小把线上的线头标明 D4。拿起另外一组线把定作 B 相绕组，按绕线的顺序，把这三把线翻个个儿，按图 3-84（b）所示变为小把在前、两个大把线在后，把小把线标明 B1，B1 的线头标明 D2，第二大把线标明 B2-1，第三大把线标明 B2-2，第三把线上的线头标明 D5，标线的方法同前三把线。最后的三把线定作 C 相绕组，按图 3-84（c）所示，第一大把线标明 C1，外甩线头标明 D3，第二大把线标明 C1-2，第三把小把线标明 C2，外甩线头标明 D6，标线的方法同前三把线。

（4）**下线前的准备工作**　按原电动机槽绝缘纸的尺寸，一次裁出 18 条槽绝缘纸，再多裁几条作为引槽纸用；按原电动机相间绝缘纸的尺寸，依次裁出 12 块相间绝缘纸，放在工作台上；将制作槽楔的材料和下线工具放在定子旁，准备下线。

（5）**下线顺序**　顺序为："A1-1—B1-2—B1—C1-1—C1-2—A2—B2-1—B2-2—C2"。

（6）**下线方法**　这种电动机的槽数、极数、极相组数、线把数均是三相 4 极 36 槽单层交叉式电动机的一半，但节距一样（所以都叫交叉式），下线方法也一样，就是比 4 极 36 槽单层交叉式绕组简单。第 1 步至第 8 步完全相同于 4 极 36 槽单层交叉式绕组的下线方法。

第 9 步：参照图 3-84（a）所示，将 A2 左边下在 11 槽中，D4 从 11 槽引出；A2 下完后，检查 A1 与 A2 的过线应是 10 槽引出线与 18 槽引出线相连接的结果，D4 从 11 槽中引出，B2 和 C2 从 A2 中掏出，则 A2 下线、掏把正确；检查无误后，将相间绝缘纸垫在 A2 与 C1 两端之间，A1 下线结束。

第 10 步：参照图 3-84（b）所示，左手拿起正向极相组的 B2，右手伸进 B2 中掏出 C2，将 B2-2 靠在 C2 上（把 A1、B1 左边没下到槽中的线放好），将 B2-1 右边空 2 个槽下在 3 槽中。

第 11 步：将 B2-1 左边下在第 13 槽中。

第 12 步：将 B2-2 右边下在第 4 槽中。

第 13 步：将 B2-2 左边下在第 14 槽中；B2 下完后，检查 B1 与 B2 过线应是 B1 左边线头与 13 槽引出线相连接的结果，D5 从 4 槽中引出，C2 从 B2 中掏出，则 B2 下线、掏把正确；在 B2 与 A2 两端之间垫上相间绝缘纸。

第 14 步：左手拿起反向极相组的 C2，将右边下在 6 槽中。

第 15 步：将 C2 左边下在第 17 槽中；C2 下完后，检查 C1 与 C2 过线应是 16 槽引出线与 6 槽引出线相连接的结果，D6 从 17 槽中引出，则 C2 下线正确；在 B2 与 C2 两端之间垫上相间绝缘纸，C 相绕组下线结束。

第 16 步：将 A1-1 左边下在 1 槽中。

第 17 步：将 A1-2 左边下在 2 槽中；A1 下完后，检查 D1 从 1 槽中引出，则 A1 下线正确；将相间绝缘纸垫在 C2 与 A1 两端之间，A 相绕组下线完毕。

第 18 步：将 B1 左边下在第 5 槽中；B1 下完后，检查 B1 与 B2 过线应是 5 槽引出线与 13 槽引出线相连接的结果，则 B1 下线正确；将相间绝缘纸垫在 A1 与 B1 两端之间，B 相绕组下线结束。

(7) **接线** 将 D1～D6 穿上套管引到接线盒上分别接到所对应标号的接线柱上，按原电动机接线方式（△或 Y）连接起来。

3.4.4 单层同心式绕组的下线方法

(1) **绕组展开图** 图 3-85 为三相 2 极 24 槽，节距为 1～12、2～11 的单层同心式绕组展开图。

(2) **绕组展开分解图** 为了使看图简便，有利于下线，将图 3-85 所示的绕组展开图分解绕组展开分解图，下线时按照线把上端标的下线顺序数字进行。

(3) **线把的绕制和整理** 此电动机每相绕组由两个极相组组成，每个极相组都是由一大把线套着一小把线组成的（所以称同心式绕组）。同心式绕组绕制线把的方法是先绕小把后绕大把，按原电动机线径大、小把周长的尺寸和匝数在万用绕线模上调精确，依次按"一小把、一大把、一小把、一大把"的顺序绕出 4 把线，为一相绕组。每把线两边用绑带绑好，剪断线头从绕线模上卸下线把，定作 A 相绕组，按图 3-86(a) 所示摆好 A 相绕组，按照绕线

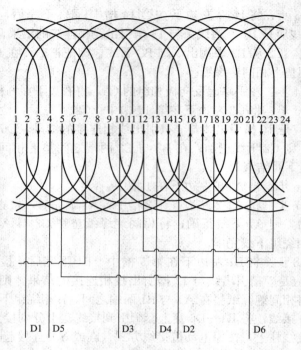

图 3-85　三相 2 极 24 槽单层同心式绕组展开图

把的顺序，先绕的小把定作 A1-1，小把线上这根线头定作 D1；第二绕出的大把线标为 A1-2；第三绕出的小把线定作 A2-1；第四绕出的大把线标为 A2-2，A2-2 上那根头标明 D4，实际标时要参照图 3-86（a）所示。将 A2-1、A2-2 摞在一起，两个边用绑带绑好，放在一旁。按绕制 A 相绕组的方法绕出 4 把线定作 B 相绕组，用同样的方法标明 B1-1、B1-2、B2-1、B2-2，如图 3-86（b）所示（注意 B 相绕组与 A 相绕组标每把线的代号方法一样，只是下线时方向 B 与 A 相反）。把 B2-1、B2-2 摞在一起，两边绑在一起。最后仍照绕制 A 相绕组的方法绕出 4 把线定作 C 相绕组，照 A 相绕组命名的方法按图 3-86（c）将每把线分别标明 C1-1、C1-2、C2-1、C2-2，把 C2-1、C2-2 两边摞在一起，两边用绑带绑好，准备下线。

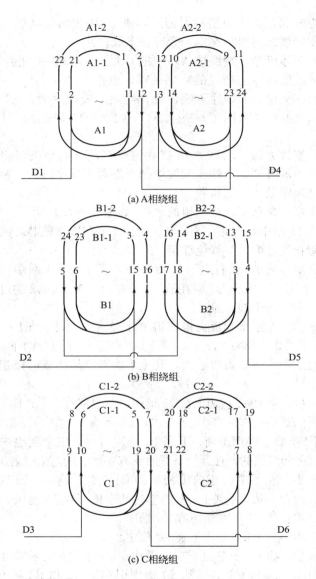

图 3-86 三相 2 极 24 槽单层同心式绕组展开分解图

(4) 下线前准备工作 按原电动机槽绝缘纸的尺寸依次裁 24

条槽绝缘纸和几条同规格的引槽纸，裁16块相间绝缘纸，将下线工具、制槽楔的材料放在定子旁准备下线。

(5) **下线顺序** 绕线按"一小把一大把一小把一大把"的顺序绕制，下线的顺序与绕线的顺序一样，也按着"一小把、一大把、一小把、一大把"的顺序下线，三相绕组下线顺序为：A1-1—A1-2—B1-1—B1-2—C1-1—C1-2—A2-1—A2-2—B2-1—B2-2—C2-1—C2-2。

(6) **下线方法** 将图3-86摆在定子旁，下哪个极相组，就对照哪相绕组展开图，下线步骤按线把上端数字顺序进行。参考前面内容自己确定第1槽的位置。

第1步：拿起正向极相组的A1，如图3-86(a) 所示，将A1-1右边下在11槽中，左边空着不下，在A1-1左边与铁芯之间垫上绝缘纸，防止铁芯磨破导线绝缘层。

第2步：将A1-2右边下在12槽中，两手将A1两端轻轻向下按；A1下完后，检查D1应在A1-1的左边，A1与A2的过线下在12槽中，则A1下线正确。

第3步：左手拿起反向极相组B1，右手将A2从B1中掏出放在一边，将B1-2靠在A2上，将B1-1右边空过两个槽下在15槽中，左边空着不下，可以看出，凡是下由双把线组成的极相组时右边空两个槽。

第4步：将B1-2右边下在16槽中，左边空着不下；B1下完后，检查B1与B2的过线应在B1-2左边，D2下在15槽中，A2从B1掏出，则B1下线、掏把正确；下完B1可以看出，整个绕组中的极相组是由双把线组成的，在开始下线时留有4把线的左边空着不下。

第5步：左手拿起正向极相组的C1，右手将A2和B2从C1中掏出，放在一边，将C1-1右边空过两个槽下在19槽中。

第6步：将C1-1左边下在10槽中。

第7步：将C1-2右边下在20槽中。

第8步：将C1-2左边下在9槽中；C1下完后，检查D3应下在10槽中，C1与C2的线从20槽中引出，A2和B2从C1中掏出，则C1下线正确；在C1与B1两端之间垫上相间绝缘纸，对C1两端进行初步整形，不要用力过大，免得绝缘纸破裂，造成短路故障。

第 9 步：解开 A2 两端的绑带，左手拿起反向极相组 A2，右手将 B2 和 C2 从 A2 中掏出，将 A2-1 右边空过两个槽下在 23 槽中。

第 10 步：将 A2-1 左边下在第 14 槽中。

第 11 步：将 A2-2 右边下在第 24 槽中。

第 12 步：将 A2-2 左边下在 13 槽中；A2 下完后，检查 D4 应从 13 槽中引出，A1 与 A2 的过线是 12 槽引出线与 23 槽引出线相连接（尾接尾）的结果，B2 和 C2 从 A2 中掏出，则 A2 下线、掏把正确；在 C1 与 A2 两端之间垫上相间绝缘纸。

第 13 步：撬起 A1-1、A1-2、B1-1、B1-2 的左边，空出待下的槽位，解开捆着 B2-1、B2-2 两边的绑带，左手拿起正向极相组 B2，右手把 C2 从 B2 中掏出放在定子旁边，将 B2-1 右边下在 3 槽中。

第 14 步：将 B2-1 左边下在 18 槽中。

第 15 步：将 B2-2 右边下在 4 槽中。

第 16 步：将 B2-2 左边下在 17 槽中；B2 下完后，检查 D5 应从 4 槽中引出，B1 与 B2 的过线是 B1-2 左边连接与 18 槽引出线相连接（头接头）的结果，C2 从 B2 中掏出，则 B2 下线、掏把正确；在 B2 与 A2 两端之间垫上相间绝缘纸。

第 17 步：解开捆着 C2 两边的绑带，将 C2 反向极相组摆放在一边，将 C2-1 右边下在 7 槽中。

第 18 步：将 C2-1 左边下在 22 槽中。

第 19 步：将 C2-2 右边下在 8 槽中。

第 20 步：将 C2-2 左边下在 21 槽中；C2 下完后，检查 D6 应从 21 槽中引出，C1 与 C2 的过线是 20 槽与 7 槽的引出线相连接（尾接尾）的结果，则 C2 下线正确；将相间绝缘纸垫在 B2 与 C2 两端之间，C 相绕组下线完毕。

第 21 步：将 A1-1 左边下在 2 槽中。

第 22 步：将 A1-2 左边下在 1 槽中；A1 下完后，检查 D1 应从 2 槽中引出，则 A1 下线正确；在 A1 与 C2 两端之间垫上相间绝缘纸，A 相绕组下线结束。

第 23 步：将 B1-1 左边下在 6 槽中。

第 24 步：将 B1-2 右边下在 5 槽中，检查 B1 与 B2 的过线是 5 槽与 18 槽的引出线相连接（头接头）的结果，则 B1 下线正确；在 B1 与 A1 两端之间垫上相间绝缘纸，B 相绕组下线结束。

(7) 接线 按照图 3-86(a) 所示详细检查 A 相绕组每把线的节距、极相组与极相组的连接是否正确，D1、D4 是否分别从 2 槽和 13 槽引出，A 相绕组与图 3-86(a) 所示是否相符。确认无误后，测量 A 相绕组与外壳绝缘良好，则 A 相绕组下线正确。用同样的方法检查 B 相绕组和 C 相绕组，三相绕组经核查测量无误后，将 D1～D6 分别套上套管引出，接在接线板上所对应的接线螺钉上，按原电动机接线方法连接起来。

3.4.5 单层同心式双路并联绕组的下线方法

单层同心式双路并联绕组分解展开情况如图 3-87 所示。这种绕组的绕线方法与绕单路绕组的方法一样，但要每绕一个极相组断开一次；下线方法也基本一样，区别在于双路并联绕组下线时不掏把，下线时可按绕组展开分解图上端数字顺序进行，在接线时要与单路连接的绕组区分开。D1 由 2 槽和 23 槽引出线组成，套上套管引出接在接线板上标有 D1 的接线螺钉上；D4 由 12 槽和 13 槽引出线组成，套上套管引出接在接线板上标有 D4 的接线螺钉上；D2 由 15 槽和 18 槽引出线组成，套上套管后引出，接在接线板上标 D2 的接线螺钉上；D5 是由 4 槽和 5 槽引出线组成，套上套管引出接在接线板上标有 D5 的接线螺钉上；D3 由 7 槽和 10 槽引出线组成，套上套管引出接在接线板上标有 D3 的接线螺钉上；D6 由 20 槽和 21 槽引出线组成，套上套管引出，接在接线板标有 D6 的接线螺钉上，按原电动机接线方式△形或 Y 形接起来。

3.4.6 单层链式绕嵌线步骤

(1) 绕组展开图 图 3-88 为三相 6 极 36 槽节距为 1～6 的单层链式绕组展开图。

(2) 绕组展开分解图 为了使看图简便利于下线接线，将图 3-88 分解成图 3-89 所示的绕组分解展开图。从图 3-89 中能更清

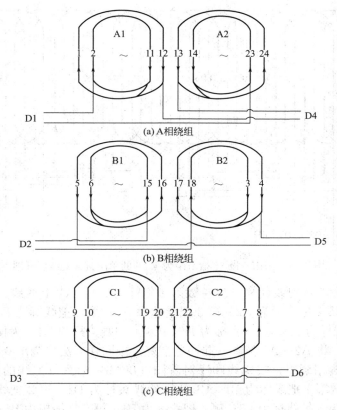

图 3-87　单层同心式双路并联绕组分解展开图

楚地看出每相绕组由 6 个极相组组成，每个极相组由一把线组成，线把的节距全是 1～6，极相组与极相组采用"头接头"和"尾接尾"的方式连接，三相绕组的 6 根线头分别为：D1 从 1 槽中引出，D4 从 31 槽中引出；D2 从 8 槽中引出，D5 从 2 槽中引出；D3 从 5 槽中引出，D6 从 35 槽中引出，A、C 相电流方向相同，B 相与 A、C 相电流方向相反。

　　(3) 线把的绕制和整理　按原电动机线把周长尺寸、导线直径、匝数在调好的万用绕线模上一次绕出 6 把线，每把线两边用绑带绑好，将 6 把线从绕线模上卸下来。按绕线顺序对着图 3-89(a)

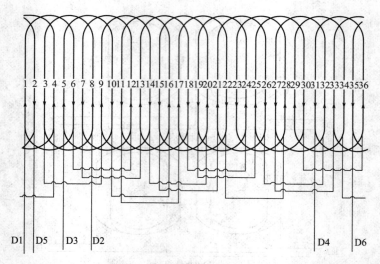

图 3-88　三相 6 极 36 槽节距为 1～6 的单层链式绕线展开图

所示标清每把线代号，将左数第 1 把标为 A1，A1 上的线头标上 D1；第 2 把线标为 A2；第 3 把线标为 A3；第 4 把线标为 D4；第 5 把线标为 A5；第 6 把标为 A6，A6 上的线头标为 D4；为使下线不乱，将 A2～A6 摆在一起两边捆好。按同样方法再绕出 6 把线，定为 B 相绕组，按绕线顺序对着图 3-89（b）标清每把线的代号，将左数第 1 把线标为 B1，B1 外甩的线头标为 D2；第 2 把线标为 B2；第 3 把线标为 B3；第 4 把线标为 B4；第 5 把线标为 B5；第 6 把线标为 B6，B6 上外甩的线头标为 D5；为使下线不乱，将 B2～B6 摆在一起两边捆好。最后绕出 6 把线，定为 C 相绕组，用同样的方法将 6 把线分别标上 C1～C6，C1 外甩那根线头标为 D3，C6 外甩那根线头定为 D6；为使下线不乱，将 C2～C6 两边线摆在一起，线把两边捆紧。

　　（4）下线前准备工作　按原电动机槽、相间绝缘纸的尺寸一次裁出 36 条绝缘纸和 36 块相间绝缘纸，按槽绝缘纸的尺寸裁出几条为引槽纸，将制作槽楔的材料和下线用工具摆在定子旁的工作台上，准备下线。

　　（5）下线顺序　下线顺序为：A1—B1—C1—A2—B2—C2—

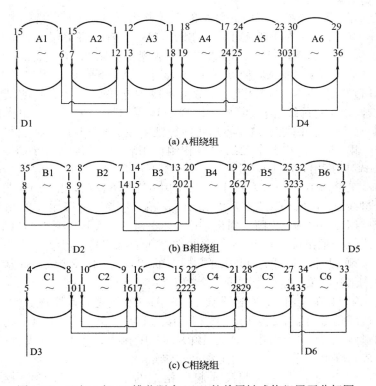

(a) A相绕组

(b) B相绕组

(c) C相绕组

图 3-89 三相 6 极 36 槽节距为 1~6 的单层链式绕组展开分解图

A3—B3—C3—A4—B4—C4—A5—B5—C5—B6—B6—C6。

(6) 第 1 槽的确定 根据"出线口中心线在两个远线头中间槽上"的要求确定第 1 槽，如图 3-88 所示。6 根线头分别从 31、35、1、2、5、8 槽中引出，最远的两根线头是 31 槽和 8 槽，这两个线头的中间槽是 1 槽，就将出线口中心线定在 1 槽中。这样更便于理解。

(7) 下线方法 下线时按照图 3-89 所示线把上端下线顺序数字进行下线。

这种电机绕组与三相 4 极 24 槽单层链式绕组相比，槽数多 12 个；极相组数多 6 个，其他线把节距、极相组与极相组连接方式都一样，就是多下 6 个极相组的 12 槽线罢了。即第 1 步至 22 步，参照三相 4 极 24 槽单层链式绕组的下线方法下线。

第 23 步：左手拿起正向极相组的 A5，右手将 B5、B6 和 C5、C6 从 A5 中掏出，将 A5 右边空过 1 个槽下在第 30 槽中。

第 24 步：将 A5 左边下在 25 槽中；A5 下完后，检查 A4 与 A5 过线是 19 槽引出线与 25 槽引出线相连接（头接头）的结果，A5 与 A6 的过线下在 30 槽中，B5、B6 和 C5、C6 从 A5 中掏出，则 A5 下线、掏把正确，将相间绝缘纸垫在 A4 与 C4 两端之间。

第 25 步：左手拿起反向极相组的 B5，右手将 A6 与 C5、C6 从 B5 中掏出，将 B5 右边空过 1 个槽下在 32 槽中。

第 26 步：将 B5 左边下在 27 槽中；B5 下完后，检查 B4 与 B5 的过线是 26 槽引出线与 32 槽引出线相连接（尾接尾）的结果，B5 与 B6 过线从 27 槽中引出，C5、C6 和 A6 从 B5 中掏出，则 B5 下线、掏把正确；在 B5 与 A5 两端之间垫上相间绝缘纸。

第 27 步：左手拿起正向极相组的 C5，右手将 A6、B6 从 C5 中掏出，将 C5 的右边空过 1 个槽下在 34 槽中。

第 28 步：将 C5 左边下在 29 槽中；C5 下完后，检查 C4 与 C5 的过线是 23 槽与 29 槽引出线相连接（头接头）的结果。C6 与 C5 的过线从 34 槽中引出，A6、B6 从 C5 中掏出，则 C5 下线、掏把正确；在 C5 与 B5 之间垫上相间绝缘纸。

第 29 步：左手拿起反向起极相组的 A6，右手将 C6、B6 从 A6 中掏出，将 A6 右边空过一个槽下在 36 槽中。

第 30 步：将 A6 左边下在 31 槽中，D4 从 31 槽中引出；A6 下完以后，检查 A6 与 A5 的过线是 30 槽引出线与 36 槽引出线相连接（尾接尾）的结果，D4 从 31 槽中引出；B6、C6 从 A6 中掏出，则 A6 下线、掏把正确；将相间绝缘纸垫在两端之间。

第 31 步：左手拿起正向极相组 B6，右手将 C6 从 B6 中掏出，将 B6 右边空过一个槽下在 2 槽中，D5 从 2 槽中引出。

第 32 步：将 B6 左边下在第 33 槽中；B6 下完后，检查 B5 与 B6 的过线是 27 槽引出线与 33 槽引出线相连接（头接头）的结果，D5 从 2 槽中引出，C6 从 B6 中掏出，则 B6 下线、掏把正确；将相间绝缘纸垫在 B6 与 A6 两端之间。

第 33 步：将 C6 反向极相组放入定子内，将右边空过 1 个槽下在第 4 槽中。

　　第 34 步：将 C6 左边下在 35 槽中，D6 从 35 槽中引出；C6 下完后，检查 C5 与 C6 的过线是 34 槽引出线与 4 槽引出线相连接的结果；D6 从 35 槽中引出，则 C6 下线、掏把正确；在 C6 与 B6 两端之间垫上相间绝缘纸，C 相绕组下线结束。

　　第 35 步：将 A1 左边下在 1 槽中，A 相绕组下线完毕。

　　第 36 步：将 B1 左边下在 3 槽中，B 相绕组下线完毕。

　　(8) **接线**　检查 A 相绕组每把线的节距、极相组与极相组的连接情况、D1 与 D4 的引出线是否与图 3-89 相符；再测量 A 相绕组与外壳绝缘是否良好；再用同样方法查 B、C 两相的三相绕组与图 3-88 是否相符，绝缘是否良好。将 D1～D6 分别套上套管引到接线盒上，将每根线头对位接在 6 根接线螺钉上，再按原电动机△形或 Y 形连接方式连接起来。

3.5　双层绕组的下线方法及绕组展开分解图

3.5.1　三相 4 极 36 槽节距为 1～8 的双层叠绕单路连接绕组下线、接线方法

　　(1) **绕组展开图**　图 3-90(a)、(b) 分别是三相 4 极 36 槽节距为 1～8 的双层叠绕单路连接绕组端部示意图和绕组展开图，1 代表 A 相绕组，2 代表 B 相绕组，3 代表 C 相绕组。图 3-90(a) 中所示的电动机就是按图 3-90(b) 所示，将三相绕组的 36 把线镶嵌在 36 个槽中的。

　　(2) **绕组分解展开图**　为了使图看起来简便清楚，有利于下线，将图 3-90(b) 中的绕组展开图分解成图 3-91 所示的绕组展开分解图。从绕组展开分解图可以看出，每相绕组由 4 个极相组组成，每个极相组由 3 把线组成，每把线的节距都是 1～8，极相组与极相组是按"头接头"和"尾接尾"的方式连接的，A 相和 C 相绕组电流方向相同，A、C 相和 B 相绕组电流方向相反，D1、D4 分别是 A 相绕组的头、尾；D2、D5 分别是 B 相绕组的头、尾；

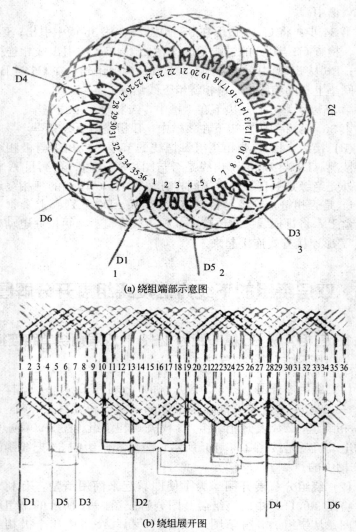

(a) 绕组端部示意图

(b) 绕组展开图

图 3-90　绕组端部及展开图

D3、D6 分别是 C 相绕组的头和尾，可以看出与图 3-90 所示很相似。电动机极数都是 4 极，每相绕组有 4 个极相组，区别在于单层绕组每槽只下一把线的边，双层绕组每槽内下有两把线的边，单层

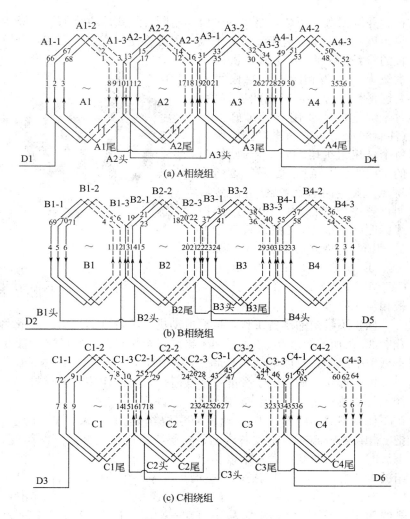

图 3-91 绕组展开分解图

绕组每个极相组由一把线和两把线组成，一把线的节距是 1～8，两把线的节距是 1～9，双层绕组每个极相组由 3 把线组成，节距全都是 1～8，线把数比单层绕组多一倍。

(3) 线把的绕制 绕制双层绕组的线把时，按原电动机的线径、并绕根数、匝数，绕出一个极相组断开线头后再绕另一个极相组，该电动机每个极相组有三把线，因此要使用有 3 个模芯 4 个模板的绕线模。使用万用绕线模一次绕出两个极相组时，每根线头要留得长短合适，三把线绕好后，每个线把两边要用绑带绑好拆下（注意线把与线把的连接线应留在每个极相组头尾端）。将开始绕出的三把线标上 A1，按图 3-92 所示将 A1 从左向右每把线用代号标明，第一把线标明 A1-1，第二把线标明 A1-2，第三把线标明 A1-3。用同样的方法绕出 A2、A3、A4、B1、B2、B3、B4 和 C1、

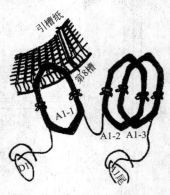

图 3-92 将 A1-1 摆在铁芯中

C2、C3、C4。12 个极相组共 36 把线，在下线熟练后就不必标明极相组代号了。

(4) **下线前的准备工作** 按原电动机槽绝缘纸的规格尺寸依次裁制 36 条槽绝缘纸和 36 条层间绝缘纸。再按槽绝缘纸的尺寸裁几条做引槽纸用，按原电动机相间绝缘纸的尺寸裁制 24 块相间绝缘纸，折成形状，放在定子旁准备下线时用，将制作槽楔的材料和下线工具摆放在定子旁边的工作台上，准备下线。

(5) **下线的顺序** 该电动机双层绕组是按图 3-90(b) 所示，把三相绕组排布在定子铁芯内的。双层绕组比单层绕组下线简便，下线时一个极相组挨着一个极相组，不用翻把（下线时不用管极相组的电流方向）、不用掏把，不空槽，具体下线顺序是：A1—B1—C1—A2—B2—C2—A3—B3—C3—A4—B4—C4。每个极相组由三把线组成，详细下线顺序为：A1-1—A1-2—A1-3—B1-1—B1-2—B1-3—C1-1—C1-2—C1-3—A2-1—A2-2—A2-3—B2-1—B2-2—B2-3—C2-1—C2-2—C3-3—A3-1—A3-2—A3-3—B3-1—B3-2—B3-3—C3-1—C3-2—C3-3—A4-1—A4-2—A4-3—B4-1—B4-2—B4-3—C4-1—C4-2—C4-3。按绕组展开分解上端标的下线步骤数字顺序进行下线，将 12 个极相组 36 把线的 72 个边，分 72 步一步步地把每把

线的边下到所对应的 36 个定子槽中（每个槽中下两把线的边）。

(6) **第 1 槽的确定**　根据"出线口中心线设计在两个远头中间槽上"的要求，设计第一槽。如图 3-90(a) 所示，三相绕组的 6 根线头分别从 28 槽、34 槽、1 槽、4 槽、7 槽、13 槽中引出，最远的两根线头是 28 槽和 13 槽，这两个远头中间槽是 2 槽，于是将出口中心线定在 2 槽上。从 2 槽顺时针数过 1 槽就是该定子铁芯的第 1 槽，将第 1 槽用笔作好记号，按图 3-90(a) 所示反时针标好 1～36 槽的槽号。

(7) **下线的方法**　第 1 步：从第 1 槽反时针方向数到第 8 槽，将第 8 槽定子铁芯位置转到下面（离工作台最近），把槽绝缘纸和引槽纸安插在第 8 槽中，把图 3-91 摆放在定子旁的工作台上，对着图上线把上端的下线顺序数字，拿起 A1（三把线不管怎么摆放也是一把线在左边，一把线在中间，一把线在右边，下线时不按电流方向，先下左边一把线，再下中间一把线，最后下右边那把线，整个绕组所有的极相组都是一个方向下线，只是在接线时才按着图上所示的电流方向接线），下线前应检查 A1 的实际方向与图 3-91 (a) 所示的 A1 方向相同。把 A1-1 摆在定子内的 1、8 槽位上，D1 在线把的左边，A1-1 与 A1-2 的连接线在 A1-1 右边，解开 A1-1 右边绑带，将其按下在 8 槽中，如图 3-93 所示。然后用两手拇指将 A1-1 右边两端往下按实，把层间绝缘纸按折好，插进槽中，截面如图 3-93 所示，层间绝缘纸伸出定子铁芯两端应一样长，要用层间绝缘纸正好包住线把的下层边，8 槽要敞着槽口（待第 9 步把 C1-2 左边下到 8 槽中才能安插槽楔封口），A1-1 左边空着不下（留在第 66 步下，这是为了使整个绕组下完线后编出的花纹一样，才等最后下线的）。在 A1-1 左边与铁芯之间垫上绝缘纸，以防把导线磨坏。A1-1 下完后，检查 D1 在 A1-1 左边，A1-1 与 A1-2 的连接线下在 8 槽，层间绝缘纸插入 8 槽，包住下半边的导线，则 A1-1 右边下线正确。检查无误后再准备下 A1-2。

第 2 步：拿起 A1-2，将右边下在 9 槽中，把层间绝缘纸安插入 9 槽中，包住导线，敞着槽口，不安插槽楔，A1-2 左边空着不下，如图 3-94 所示。A1-2 右边下完后，检查 A1-1 与 A1-2 为同一个方向，8 槽引出线与 A1-2 左边相连接，层间绝缘纸已安插在 9

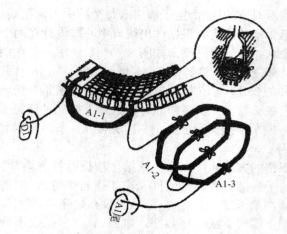

图 3-93 A1-1 右边下在 8 槽中,左边空着

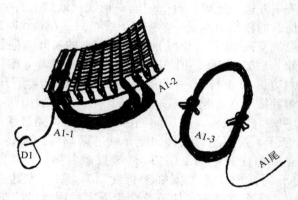

图 3-94 A1-2 右边下在 9 槽,左边不下

槽中包住导线,则 A1-2 下线正确。在检查过程中如果出现图 3-95
所示 A1-1 与 A1-2 连接线产生了一个大线兜的情况,则证明 A1-2
下反了。在实际工作中,下反了线的 A1-2 会产生方向相反的磁
场,从而使电动机功率下降,电动机发生轻微震动,绕组发热严
重,电动机不能使用。在下线时工艺差些不影响电动机性能,但一
把线下反了,该电动机就不能使用了,所以在下线时一定要认真,
每下完一把线都要检查与图是否相符。发现如图 3-96 所示现象时,

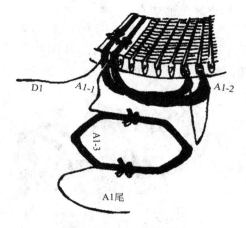

图 3-95 A1-2 下反了

应将 A1-2 拆出来按图 3-95 所示将 A1-2 右边重新下入 9 槽中，注

意在下面下线中每下完一
把线，要检查线把的方向
是否正确（组成一个极相
组的三把线方向应相同），
发现差错应及时更改，在
以后下线过程中不再一一
重复。

 第 3 步：将 A1-3 的
右边下在 10 槽中，垫上
层间绝缘纸，敞着槽口，
A1-3 左边不下，如图 3-96

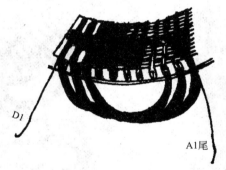

图 3-96 A1-3 右边下在 10 槽中

所示，A1 下完后检查，在极相组 A1 左边一个头、右边一个头，
则 A1 下线正确（其实在以后的下线中不管下哪个极相组都与 A1
一样，每个极相组左国一个头，右边一个头）。

 第 4 步：照着图 3-91(b)，拿起命名为 B1 的极相组（其实是
随便拿起一个极相组），将 B1-1 摆放成与 A1-1 一样的方向，将
B1-1 右边下在 11 槽中，敞着槽口，B1-1 左边不下，如图 3-97 所
示，B1-1 下完后检查，B1 头在 B1-1 左边，B1-1 与 B1-2 连接线下

在 11 槽中，层间绝缘纸插垫在 11 槽中，则 B1-1 下线正确；在检查中如发现如图 3-98 所示的现象，即 B1-1 的头下在 11 槽中，B1-1 与 B1-2 的连接线在 B1-1 的左边，则证明 B1-1 下反了，应拆出来按图 3-97 所示，将线把 B1-1 重新下好。

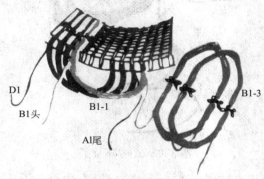

图 3-97　B1-1 右边下在 11 槽中

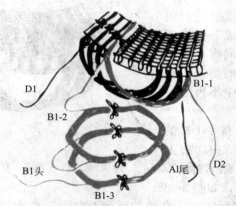

图 3-98　B1-1 下反了

　　第 5 步：将 B1-2 右边下在第 12 槽中，插垫层间绝缘纸，不封槽口，左边空着不下，如图 3-99 所示。

　　第 6 步：将 B1-3 右边下在第 13 槽中，插垫层间绝缘纸，不封槽口，左边空着不下，如图 3-100 所示；B1 下完后检查，B1-1、B1-2、B1-3 这三把线的方向一样，B1 头在 B1-1 左边，D2 从 13 槽

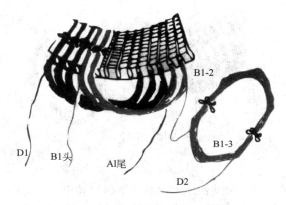

图 3-99 B1-2 右边下在 12 槽中

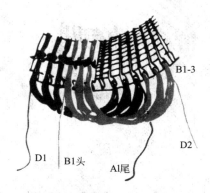

图 3-100 B1-2 右边下在 13 槽中

中下层边（绕组外面）引出，每个都插垫上层间绝缘纸，证明 B1 下线正确，否则下线错误，应找出差错处并改正。

第 7 步：照着图 3-91（c）所示拿起 C1，把 C1-1 右边下在第 14 槽中，插垫层间绝缘纸，敞着槽口，C1-1 左边放着不下，如图 3-101 所示。

第 8 步：将 C1-2 右边下在第 15 槽中，插垫层间绝缘纸，敞着槽口，如图 3-102 所示。

第 9 步：准备将 C1-2 左边下到第 8 槽，在下线之前要检查 8 槽内的层间绝缘纸是否有变动，只有垫好层间绝缘纸，才能下上层

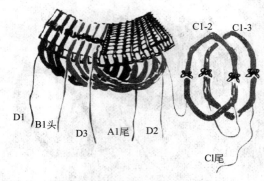

图 3-101 C1-1 右边下在 14 槽中

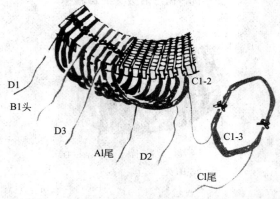

图 3-102 C1-2 右边下在 15 槽中

边，在以后下线时每次下槽中的上层边都检查层间绝缘纸是否垫好，要包好下层边，不再重复。检查无误后，将 C1-2 左边下在第8 槽中，推剪掉高出定子铁芯的槽绝缘纸。用压脚压平槽内绝缘纸，把槽楔安插入 8 槽中，如图 3-103 所示。从图中所示 C1-2 可以看出，每把线左边在槽中为上层边，右边为下层边。

第 10 步：将 C1-3 右边下在第 16 槽中，垫层间绝缘纸，敞着槽口，如图 3-104 所示。

第 11 步：将 C1-3 左边下在第 9 槽中，把槽楔安插入第 9 槽中，如图 3-104 所示。C1 下完后检查实际的极相组是否与图上的

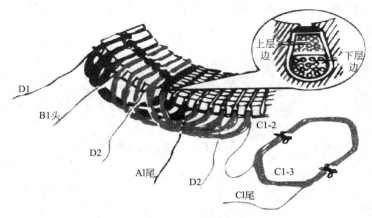

图 3-103　C1-2 左边下在 8 槽中，安插入槽楔

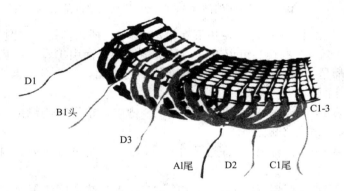

图 3-104　C1-3 右、左边分别下在 16、9 槽

C1 相符，D3 在 C1-1 的左边，C1 尾从 16 槽的下层边中引出，则证明 C1 下线正确，如检查出有差错则立即更改。检查无误后准备下 A2，从图 3-104 中可以清楚地看到，开始下线时空过第 7 把线的左边不下，从第 8 把线的左边开始下到槽中；还看出 A1、B1、C1 的方向是一样的，每个极相组的两个头在极相组的两边，整个绕组下完线。其实极相组都是一样的方向，只是接线时再按图上所示电流方向接。

第 12 步：拿起 A2，把 A2-2、A2-3 放一旁，将 A2-1 右边下

在第 17 槽中，垫层间绝缘纸，敞着槽口，如图 3-105 所示。

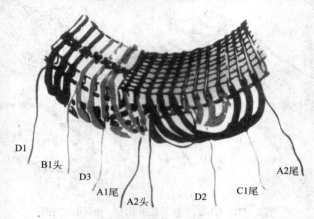

图 3-105　A2 下入所对应槽中，在 A2 与 C1 两端之间垫上相间绝缘纸

第 13 步：将 A2-1 左边下在第 10 槽中，插入槽楔，如图 3-105 所示，从 A2 的线头可以看出，是从绕组的里面引出，在以后的下线中都是一样，每个极相组的头在绕组的里面，每个极相组的尾在绕组外面。

第 14 步：将 A2-2 右边下在第 18 槽中，垫层间绝缘纸，敞着槽口，如图 3-105 所示。

第 15 步：将 A2-2 左边下在第 11 槽中，把槽楔插入 11 槽中，如图 3-105 所示。

第 16 步：将 A2-3 右边下在第 19 槽中，垫层间绝缘纸，敞着槽口，如图 3-105 所示。

第 17 步：将 A2-3 左边下在第 12 槽中，安插槽楔；A2 下完后，检查 A2 头从 10 槽的上层边（绕组里面）引出，A2 尾从 10 槽绕组外面引出，如果这两个头不从这两个槽中引出，则证明某把线下错了，要检查哪把线下错，并拆出重下，直到下对为止；检查无误后，在 A2 与 C1 两端之间垫上相间绝缘纸，使 A2 与 C1 两端部导线分离开，如图 3-105 所示。

第 18 步：拿起 B2，将 B2-1 右边下在第 20 槽中，垫层间绝缘纸，敞着槽口，如图 3-106 所示。

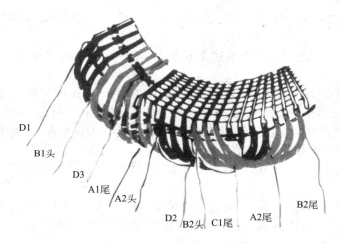

图 3-106　B2 下入所对应槽中，在 B2 与 A1 两端之间垫上相间绝缘纸

第 19 步：将 B2-1 左边下在第 13 槽中，把槽楔安插入槽中，如图 3-106 所示。

第 20 步：将 B2-2 右边下在第 21 槽中，垫层间绝缘纸，敞着槽口。

第 21 步：将 B2-2 左边下在第 14 槽中，安插槽楔。

第 22 步：将 B2-3 右边下在第 22 槽中，垫层间绝缘纸，敞着槽口。

第 23 步：将 B2-3 左边下在第 15 槽中，把槽楔安插入槽中；B2 下完后，检查 B2 头从 13 槽上层边（绕组里面）引出，B2 尾从 22 槽绕组外面引出，证明 B2 下线正确，否则下线错误，应予改正；检查无误后，在 B2 与 A2 两端之间垫上相间绝缘纸，如图 3-106 所示。

第 24 步：将 C2-1 右边下在第 23 槽中，垫层间绝缘纸，敞着槽口。

第 25 步：将 C2-1 左边下在第 16 槽中，把槽楔安插入 16 槽中。

第 26 步：将 C2-2 右边下在第 24 槽中，垫层间绝缘纸，敞着槽口。

　　第 27 步：将 C2-2 左边下在第 17 槽中，把槽楔安插入 17 槽中。

　　第 28 步：将 C2-3 右边下在第 25 槽中，垫层间绝缘纸，敞着槽口。

　　第 29 步：将 C2-3 左边下在第 18 槽中，把槽楔安插入槽中，C2 下完后检查 C2 头从 16 槽上层边（绕组里面）引出，C2 尾从 25 槽绕组外面引出，证明 C2 下线正确；检查无误后在 C2 与 B2 两端之间垫上相间绝缘纸。

　　第 30 步：将 A3-1 右边下在第 26 槽中，垫层间绝缘纸，敞着槽口。

　　第 31 步：将 A3-1 左边下在第 19 槽中，把槽楔安插入槽中。

　　第 32 步：将 A3-2 右边下在第 27 槽中，垫层间绝缘纸，敞着槽口。

　　第 33 步：将 A3-2 左边下在第 20 槽中，把槽楔安插入槽中。

　　第 34 步：将 A3-3 右边下在第 28 槽中，垫层间绝缘纸，敞着槽口。

　　第 35 步：将 A3-3 左边下在第 21 槽中，把槽楔安插入槽中；A3 下完后，检查 A3 头从 19 槽上层边（绕组里面）引出，A3 尾从 28 槽中引出，证明 A3 下线正确；在 A3 与 C2 两端之间垫上相间绝缘纸。

　　第 36 步：将 B3-1 右边下在第 29 槽中，垫层间绝缘纸，敞着槽口。

　　第 37 步：将 B3-1 左边下在 22 槽中，安插槽楔。

　　第 38 步：将 B3-2 右边下在 30 槽中，垫层间绝缘纸，敞着槽口。

　　第 39 步：将 B3-2 左边下在 23 槽中，安插入槽楔。

　　第 40 步：将 B3-3 右边下在 31 槽中，垫层间绝缘纸，敞着槽口。

　　第 41 步：将 B3-3 左边下在 24 槽中，安插入槽楔；B3 下完后，检查 B3 头从 22 槽上层边（绕组里面）引出，B3 尾从 31 槽绕组外面引出，证明 B3 下线正确；在 B3 与 A3 两端之间垫上相间绝缘纸。

第 42 步：将 C3-1 右边下在 32 槽中，垫层间绝缘纸，敞着槽口。

第 43 步：将 C3-2 左边下在 25 槽中，安插入槽楔。

第 44 步：将 C3-2 右边下在 32 槽中，垫层间绝缘纸，敞着槽口。

第 45 步：将 C3-2 左边下在 26 槽中，安插入槽楔。

第 46 步：将 C3-2 右边下在 34 槽中，垫层间绝缘纸，敞着槽口。

第 47 步：将 C3-3 左边下在 27 槽中，安插入槽楔；C3 下完后检查，C3 头从 25 槽上层边（绕组里面）引出，C3 尾从 34 槽绕组外面引出，证明 C3 下线正确；检查无误后在 C3 与 B3 两端之间垫上相间绝缘纸。

第 48 步：将 A4-1 右边下在 35 槽中，垫层间绝缘纸，敞着槽口。

第 49 步：将 A4-1 左边下在 28 槽中，安插入楔。

第 50 步：将 A4-2 右边下在 36 槽中，垫层间绝缘纸，敞着槽口。

第 51 步：将 A4-2 左边下在 29 槽中，安插入槽楔。

第 52 步：将 A1、B1、C1 左边空着的线把边撬起来，将 A43 右边下在第 1 槽中，垫层间绝缘纸，敞着槽口。

第 53 步：将 A4-3 左边下在 30 槽中，安插入槽楔；A4 下完后检查，D4 从 28 槽上层边（绕组里面）引出，A4 尾从 1 槽绕组外面引出，证明 A4 下线正确；在 A4 与 C3 两端之间垫上相间绝缘纸。

第 54 步：将 B4-1 右边下在第 2 槽中，垫层间绝缘纸，槽口敞着。

第 55 步：将 B4-1 左边下在 31 槽中，安插入槽楔。

第 56 步：将 B4-2 右边下在第 3 槽中，垫层间绝缘纸，敞着槽口。

第 57 步：将 B4-2 左边下在第 32 槽中，安插入槽楔。

第 58 步：将 B4-3，右边下在第 4 槽中，垫层间绝缘纸，敞着槽口。

第 59 步：将 B4-3 左边下在 33 槽中，安插入槽楔；B4 下完后检查，B4 头从 31 槽上层边（绕组里面）引出，D5 从 4 槽绕组外面引出，证明 B4 下线正确；在 B4 与 A4 两端之间垫上相间绝缘纸。

第 60 步：将 C4-1 右边下在第 5 槽中，垫层间绝缘纸，槽口敞着。

第 61 步：将 C4-1 左边下在 34 槽中；安插入槽楔。

第 62 步：将 C4-2 右边下在第 6 槽中，垫层间绝缘纸，槽口敞着。

第 63 步：将 C4-2 左边下在 35 槽中，安插入槽楔。

第 64 步：将 C4-2 右边下在第 7 槽中，垫层间绝缘纸，敞着槽口。

第 65 步：将 C4-3 左边下在 36 槽中，安插入槽楔；C4 下完后检查，D6 从 34 槽上层边（绕组里面）引出，C4 尾从 7 槽绕组外面引出，则 C4 下线正确；在 C4 与 B4 两端之间垫上相间绝缘纸。

第 66 步：将 A1-1 左边下在第 1 槽中，安插入槽楔。

第 67 步：将 A1-2 左边下在第 2 槽中，安插入槽楔。

第 68 步：将 A1-3 左边下在第 3 槽中，安插入槽楔；A1 下完后检查，D1 应从 1 槽上层边（绕组里面）引出；检查无误后，在 A1 与 C4 两端之间垫上相间绝缘纸；A 相绕组下线结束。

第 69 步：将 B1-1 左边下在第 4 槽中，安插入槽楔。

第 70 步：将 B1-2 左边下在第 5 槽中，安插入槽楔。

第 71 步：将 B1-3 左边下在第 6 槽中，安插入槽楔；B1 下完后检查，B1 头从 4 槽上层边（绕组里面）引出，则 B1 下线正确，在 B1 与 A1 两端之间垫上相间绝缘纸；B 相绕组下线结束。

第 72 步：将 C1-1 左边下在第 7 槽中，安插入槽楔。C1 下完后检查，C3 应从 7 槽上层边（绕组里面）引出；检查无误后，在 C1 与 B1 两端之间垫上相间绝缘纸，C 相绕组下线结束。

(8) **接线**　首先检查组成每个极相组的三把线方向是否一致；双层叠绕电动机的绕组有规律性。极相组是按 "A1、B1、C1、A2、B2、C2、A3、B3、C3、A4、B4、C4" 的顺序排列的，每个极相组的头（极相组左边的引出线）都在绕组里面（上层边），极相组的尾（右边的引出线）都在绕组外面（下层边），掌握规律后，便于检查。如查出某个极相组下线错了，则应把下错的线把拆出重下，如果牵涉到多把线，也可把线把的连接线剪断再重新接线。除细致检查每一个极相组是否与图相符外，还要检查每一个极相组与外壳绝缘是否良好，全部符合技术要求后就应开始接线，接线时要按 A、B、C 相的顺序接线。

① 接 A 相绕组　将 D1（第 1 槽绕组里面的引出线）焊接在多股软线上，套上套管，引出接在接线板上标有 D1 的接线螺钉上。把 A1 尾（10 槽绕组外面的引出线）套上套管与 A2 尾（19 槽绕组外面的引出线）相连接（尾接尾）；A2 头（10 槽绕组里面的引出线）与 A3 头（19 槽绕组里面的引出线）相连接；A3 尾（28 槽绕组外面的引出线）套上套管与 A4 尾（第 1 槽绕组外面的引出线）相连接（尾接尾）。将 D4（28 槽绕组里面的引出线）焊接在多股软线上，套上套管，引出接在标有 D4 的接线螺钉上。A 相绕组接好后，要仔细检查一遍，检查无明显错误后，用万用表测量 A 相绕组与外壳的绝缘电阻，检查 4 个极相组是否接线正确。方法是：把表笔一端接 D1，一端接 D4，表针向 0Ω 的方向摆动时，则 A 相绕组接线正确；表针不动证明接错了，应重新连接，直到接对为止。然后一支表笔接外壳，另一支表笔与 D4 或 D1 相连接，如果表针不动，则证明 A 相绕组与外壳绝缘良好；如果表针向 0Ω 方向摆动，则证明 A 相绕组与外壳短路，这种情况多发生在槽口处槽绝缘纸破裂的时候。查找出故障发生处后，在故障处垫上绝缘纸或换新槽绝缘纸，直到彻底排除故障为止。

② 接 B 相绕组　照着图 3-91(b)，将 D2（13 槽绕组外面的引出线）焊接在多股软线上，套上套管，引出接在接线板标有 D2 的接线螺钉上。把 B1 头（4 槽绕组里面的引出线）套上套管与 B2 头（13 槽绕组里面的引出线）相连接（头接头）；把 B2 尾（22 槽绕组外面的引出线）套上套管与 B3 尾（31 槽绕组外面的引出线）相连接；把 B3 头（22 槽绕组里面的引出线）与 B4 头（31 槽绕组里面的引出线）套上套管相连接。将 D5（4 槽绕组外面的引出线）焊接在多股软线上，套上套管，引出接在标有 D4 的接线螺钉上，测量 B 相绕组与外壳绝缘电阻，可参考测量 A 相绕组的测量方法。

③ 接 C 相绕组　照着图 3-91(c)，将 D3（7 槽绕组里面的引出线）焊接在多股软线上，套上套管，引出接在接线板上标有 D3 的接线螺钉上。把 C1 尾（16 槽绕组外面的引出线）与 C2 尾（25 槽绕组外面的引出线）套上套管焊接在一起；把 C2 头（16 槽绕组里面的引出线）与 C3 头（25 槽绕组外面的引出线）套上套管焊接在一起；把 C3 尾（34 槽绕组外面的引出线）与 C4 尾（7 槽绕组外面的引出线）套上套管相连接。将 D6（34 槽绕组里面的引出线）焊接在多股软线上，套上套管，引出接在接线板上标有 D6 的接线螺钉上。测量 C 相绕组与外壳绝缘电阻，可参考测量 A 相绕组的测量方法。

三相绕组接好后，按原电动机接线方式△形或 Y 形连接起来。

(9) 注意事项

① 双层绕组用于大、中型电动机中，在拆电动机绕组之前，应彻底弄懂电动机型号、功率及绕组各项参数，要记在记录卡上。记录清楚不要盲目乱拆，如果电动机没有铭牌，节距是 1～8，并联路数是 1 路，则可测一下电动机定子铁芯的内径、长度、外径，再拆一把线，数数匝数和测一测导线直径。再查对该电动机型号、功率，在拆定子绕组之前一定要留下详细原始记录数据，以便下次修复同型号电动机时作为参考。

② 双层绕组比单层绕组下线简便，下线时不用掏把，一个极相组挨着一个极相组地下线。初学时可在 36 槽定子铁芯上用细铁丝绕出 12 个极相组，共 36 把线，也可把包装用的细绳染成三色，绕出线把。将 A1、A2、A3、A4 染成黑色；把 B1、B2、B3、B4 染成红色；把 C1、C2、C3、C4 染成绿色。按图 3-91 所示线把上端下线顺序数字，按着以上所述下线方法一步一步地下线，最后达到不照绕组展开分解图能熟练地下线、熟练接线为止。

③ 要掌握双层绕组每个极相组引出线头的规律，使每个极相组的头都在槽内上层边（绕组里面），每个极相组的尾都在槽内下层边（绕组外面）。极相组与极相组的连接为"头接头"时，是绕组里面的头与绕组里面的头相连接；极相组与极相组的连接为"尾接尾"时，是绕组外面的头与绕组外面的头相连接。

④ 能熟练接线，这种下线方法的接线有单路连接、双路并联，

四路并联三种连接方法，所以必须熟练掌握单路连接方法，最后达到不照图就能熟练接线，这种电动机在一个槽内从绕组里面和外面引出两根线头，必须注意区别清楚每个极相组的头尾，接线时不要接错。

⑤ 电动机修复后试车有困难，可以到用户处用原设备试车，但试车不能带负载，要先空转，试车正常后再加负载，试车要做到心中有数，只要修复的电动机绕组下线与图相符，导线直径、匝数、并联根数不错，接法按原电动机进行接线，绝缘良好，则通电就可正常运转。

3.5.2 三相 4 极 36 槽节距为 1~8 的双层叠绕 2 路并联绕组展开分解图

双路并联绕组与单路连接绕组的下线方法一样，只是在接线时不同，在下线时参照单路连接绕组的下线方法。下面只介绍接线方法：

双路并联是每相绕组前两个极相组串联后与后两个串联的极相组相并联，使电流流进流出每相绕组有两条通路。双路并联后，流进流出每个极相组的电流方向与单路连接时流进流出每个极相组的电流方向一样。双路并联绕组展开情况如图 3-107 所示。

接 A 相绕组：照图 3-107(a) 所示，A1 尾（绕组外面 10 槽的引出线）套上套管与 A2 尾（绕组外面 19 槽的引出线）相连接；A3 尾（绕组外面 28 槽引出线）套上套管与 A4 尾（绕组外面 1 槽的引出线）相连接。A1、A2 和 A3、A4 分别串接后，再测试串接的极相组及绝缘是否符合要求和接线是否正确。方法是将一支万用表笔与 A1 头（绕组里面 1 槽引出线）相连接，一支表笔与 A2 头（绕组里面 10 槽的引出线）相连，若表针不动，则证明接错了，要重新接线；若表针向电阻小的一端摆动，则证明 A1 与 A2 串接对了。然后再用一支表笔与外壳相接；若表针向电阻小的方向摆动，则证明这两个极相组某处有与外壳短路的地方，应排除故障；若表针不动，则证明绝缘良好。将表笔一端换接 A3 头（绕组里面 19 槽的引出线），另一支表笔换接 A4 头（绕组里面 28 槽引出线），若表针摆向电阻小的方向，则证明接对了；若表针不动，则证明接

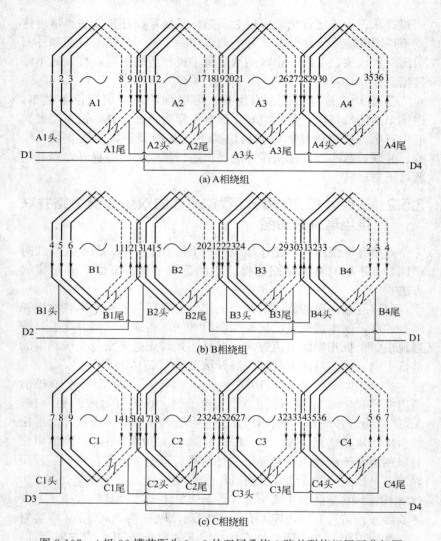

图 3-107 4 极 36 槽节距为 1～8 的双层叠绕 2 路并联绕组展开分解图

错了，要重接。再将一支表笔换接电动机外壳，若表针不动，则证明绝缘良好；若表针向电阻小的方向移动，则证明与外壳短路，应检修排除故障。

把 A1 头（1 槽绕组里面的引出线）、A3 头（19 槽绕组里面的引出线）分别套上套管，接在多股软线上；将这股引线标明为 D1，将 D1 从出线口引出接在接线板标有 D1 的螺钉上。把 A2 头（10 槽绕组里面的引出线）和 A4 头（28 槽绕组里面的引出线）分别套上套管，接在多股软线上；将这股引线标明为 D4，将其从出线口引出，接在接线板标有 D4 的接线螺钉上。

其次照图 3-107(b) 所示接 B 相绕组。把 B1 头（4 槽绕组里面的引出线）套上套管与 B2 头（13 槽绕组里面的引出线）相连接，用万用表的一支表笔测 B1 尾（13 槽绕组外面的引出线），一支表笔测 B2 尾（22 槽绕组外面的引出线），若表针不动，则证明接错了，应重接；若表针向电阻小的方向摆动，则证明接对了。然后将一支表笔接 B1 尾，一支表笔接定子铁芯，若表针向 0Ω 方向摆动，则证明 B1 与 B2 某处有与外壳短路故障，应排除后再测量，若表针不动，则证明绝缘良好。把 B3 头（22 槽绕组里面的引出线）套上套管与 B4 头（31 槽绕组里面的引出线）相连接，用万用表一支表笔测 B3 尾（31 槽绕组外面的引出线），一只表笔测 B4 尾（4 槽绕组外面的引出线），若表针不动，则证明接错了，应重新接线；若表针向电阻小的一方摆动，则证明接对了。将一支表笔与外壳相连接，若表针向电阻小的方向摆动，则证明有短路处，应排除故障后再测量；若表针不动，则绝缘良好。

把 B1 尾（13 槽绕组外面的引出线）套上套管和 B3 尾（31 槽绕组外面的引出线）套上套管，接在多股软线上；将这股引线标明为 D2，把 D2 引出接在接线板上标有 D2 的接线螺钉上。把 D2 尾（22 槽绕组外面的引出线）套上套管和 B4 尾（4 槽绕组外面的引出线）套上套管，接在多股软线上；将这股引线标明为 D5，把 D5 引出接在接线板上标有 D5 的接线螺钉上。

最后照着图 3-107(c) 所示接 C 相绕组。把 C1 尾（16 槽绕组外面的引出线）套上套管与 C2 尾（25 槽绕组外面的引出线）套上套管后相连接。将一支表笔接 C2 头（16 槽绕组里面的引出线），一支表笔接 C1 头（7 槽绕组里面的引出线），若表针不动则证明接错，应重接；若表针向电阻小的一端摆动，则证明接线正确。再把一只表笔与电动机外壳相接，若表针向电阻小的一端摆动，则证明这两个极相组某处与外壳短路，应检修排除故障；若表针不动，则证明绝缘良好。

把 C1 头（7 槽绕组里面的引出线）套上套管和 C3 头（25 槽绕组里面的引出线）套上套管相并联，接在多股软线上；将这股引线标明为 D3，引出接在接线板上标有 D3 的接线螺钉上。把 C3 尾（34 槽绕组外面的引出线）套上套管与 C4 尾（7 槽绕组外面的引出线）相接，将万用表的一支表笔接 D3，一支表笔接 C4 头（34 槽绕组里面的引出线），若表针不动，则证明这两个极相组接错了，应重接后再测量；若表针向电阻小的一端摆动，则证明接对了。再把一支表笔与外壳相接，若表针向电阻小的方向摆动，则证明这两个极相组有一处短路，应排除故障后再测量，若表针不动，则证明绝缘良好。

把 C2 头（16 槽绕组里面的引出线）套上套管，把 C4 头（34 槽绕组里面的引出线）套上套管，接在多股软线上，把多股电线引出，接在接线板上标明 D6 的接线螺钉上。

3.5.3　三相 4 极 36 槽节距为 1～8 的双层叠绕 4 路并联绕组展开分解图及接线方法

图 3-108 为三相 4 极 36 槽节距为 1～8 的双层叠绕 4 路并联电动机绕组展开分解图。4 路并联电动机的下线方法与单路连接的下线方法一样，接线时按着图 3-108 所示绕组展开分解情况，一相一相连接，要保证 4 路并联后流过每个极相组的电流方向与单路连接时流过每个极相组的电流方向一致。从图 3-108 中可以看出，是将每相的 4 个极相组并联起来，再把每相绕组的两个引出线接在接线板上所对应的接线螺钉上的。下面介绍 4 路接线方法：以 J073-4 型电动机为例，将该电动机绕组的每把线用 1.35mm 导线双根并绕，也就是每个极相组头尾分别是 2 根线头。

首先接 A 相绕组。把 A1 头（1 槽绕组里面的引出线）穿到绕组外面与 A4 尾（1 槽绕组外面的引出线）并在一起，套上套管，接在多股电线 A 处，如图 3-109 所示。再把 A3 头（19 槽绕组里面的引出线）穿到绕组外面与 A2 尾（19 槽绕组外面的引出线）并在一起，套上套管，接在多股电线 B 处。连接线要用原电动机的连

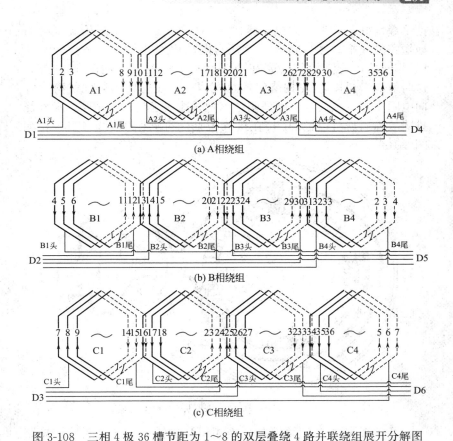

图 3-108 三相 4 极 36 槽节距为 1～8 的双层叠绕 4 路并联绕组展开分解图

接线，原线截面积要符合标准，长短要合适并在线头上焊有接线环。接线时把线头拧实，并用锡焊好，用原型号绝缘材料包好接头。将这根接头标明为 D1。

D1 接好后用万用表的一支表笔接 D1，一支表笔分别接触 10 槽和 28 槽的 8 根引出线。测每一根引出线头时，若表针向电阻小的一端摆动，则证明接线正确；若发现测量某一线头时表针不动，则证明该极相组接错或断线，应检修排除故障。测试证明 D1 与 10 槽和 28 槽每根导线都接通后，将一支万用表笔与 D1 相接，另一支表笔与电动机外壳相接，若表针不动，则证明 A 相绕组所有线把绝缘良好；若表针向电阻小的一端摆动，则证明 A 相绕组有与地短路的线把。然后将一支表笔与电动机外壳相接，一支表笔与 D1 相连接，若绕组与外壳在短路状态，则表针会偏向 0Ω 方向，这时就应慢慢撬动 A 相绕组的每把线；若发现撬动某把线时表针向电阻大的一端摆动，则证明是该把线造成了与外壳短路，在检修排除故障后就可以把 D1 接在接线板上标有 D1 的接线螺钉上，如图 3-109 所示。

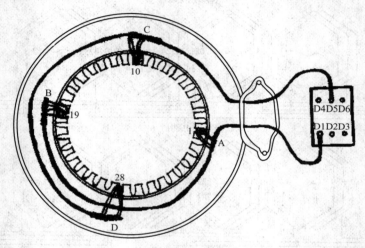

图 3-109　A 相绕组的接线方法

　　经检查测试 A 相绕组每个极相组都接线正确，无断路、短路后，把 A2 头（10 槽绕组里面的引出线）穿到绕组外面与 A1 尾（10 槽绕组外面的引出线）并在一起，套上套管，接在多股电线 C 处，如图 3-109 所示。把 A4 头（28 槽绕组里面的引出线）穿到绕组外面与 A3 尾（28 槽绕组外面的引出线）并在一起，套上套管，接在多股电线 D 处；将这根软线标明为 D4，引出接在接线板标有 D4 的接线螺钉上，如图 3-109 所示。

　　按图 3-108(b) 所示接 B 相绕组，把 B2 头（13 槽绕组里面的引出线）穿到绕组外面与同槽 B1 尾并在一起，套上套管，接在标有 D2 的多股电线一端；把 B4 头（31 槽绕组里面的引出线）穿到绕组外面与同槽 B3 尾并在一起，套上套管，接在标有 D2 的多股电线上。用万用表测 D2 与 4 槽、22 槽引出线之间的电阻，测 D2 与外壳之间的电阻，发现故障应立即排除，检查无错误后把 D2 引出接在接线板上标有 D2 的接线螺钉上。

把 B3 头（22 槽绕组里面的引出线）穿到绕组外面与同槽的 B2 尾并在一起，套上套管，接在标有 D5 的多股电线上；把 B1 头（4 槽绕组里面的引出线）穿到绕组外面与本槽的 B4 尾并在一起，套上套管接在标有 D5 的多股电线上。把 D5 引出，接在接线板上标明 D5 的接线螺钉上。

按图 3-109 所示接 C 相绕组。把 C1 头（7 槽绕组里面的引出线）穿到绕组外面与同槽的 C4 尾并在一起，套上套管，接在标有 D3 的多股电线上；把 C3 头（25 槽绕组里面引出线）穿到绕组外面与同槽的 C2 尾并在一起，套上套管，接在 D3 多股软线上，测 D3 与 16 槽、34 槽每根引出线的电阻，测量 D3 与电动机外壳的绝缘电阻，发现故障应立即排除。证明接线正确、绝缘良好后，把 D3 引出接在接线板上标有 D3 的接线螺钉上。

把 C2 头（16 槽绕组里面的引出线）穿到绕组外面与 C1 尾并在一起，套上套管，接在标有 D6 的多股软线上；把 C4 头（34 槽绕组里面的引出线）穿到绕组的外面与同槽的 C3 尾并在一起，套上套管，接在 D6 上，把 D6 引出接在接线板上标有 D6 的接线螺钉上。

3.5.4 三相 4 极 36 槽节距为 1～9 的双层叠绕单路连接绕组下线、接线方法

图 3-110 为三相 4 极 36 槽节距为 1～9 的双层叠绕单路连接组展开分解图。该绕组与节距为 1～8 的双层叠绕单路连接绕组相比只是节距多 1 槽，其线把绕制、第 1 槽确定、下线前准备工作及下线操作图，均可参照上节所述双层叠绕方法进行。本节下线时按照图 3-110 所示线把上端下线顺序数字进行。

第 1 步：将 A1-1 右边下在第 9 槽中，垫层间绝缘纸，在 A1-1 左边与铁芯之间垫上绝缘纸，敞着槽口。

第 2 步：将 A1-2 右边下在第 10 槽中，垫层间绝缘纸，敞着槽口。

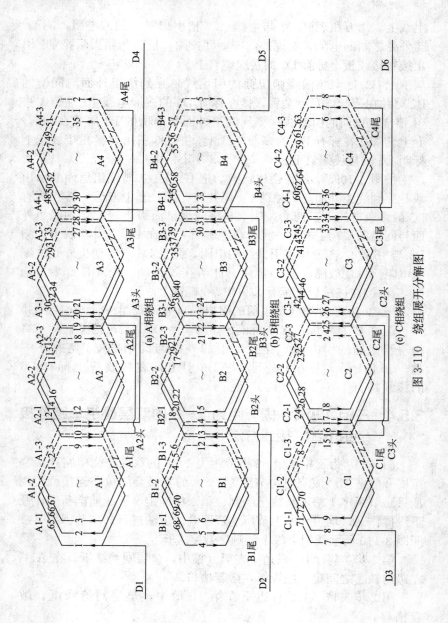

图 3-110　绕组展开分解图

第3步：将 A1-3 右边下在 11 槽中，垫层间绝缘纸，敞着槽口，A1 尾从 11 槽中引出。

第4步：将 B1-1 右边下在 12 槽中，垫层间绝缘纸，敞着槽口，左边空着不下。

第5步：将 B1-2 右边下在 13 槽中，垫层间绝缘纸，敞着槽口，左边空着不下。

第6步：将 B1-3 右边下在 14 槽中，垫层间绝缘纸，敞着槽口，左边空着不下，D2 从 14 槽中引出。

第7步：将 C1-1 右边下在 15 槽中，垫层间绝缘纸，敞着槽口，左边空着不下。

第8步：将 C1-2 右边下在 16 槽中，垫层间绝缘纸，敞着槽口，左边空着不下。

第9步：将 C1-3 右边下在 17 槽中，垫层间绝缘纸，敞着槽口。

第10步：将 C1-3 左边下在 10 槽中，用槽楔将 9 槽口封好，如图 3-105 所示，C1 尾从 17 槽中引出，C1 下完。

第11步：将 A2-1 右边下在 18 槽中，垫层间绝缘纸，敞着槽口。

第12步：将 A2-1 左边下在 10 槽中，用槽楔封好槽口。

第13步：将 A2-2 右边下在 19 槽中，垫层间绝缘纸，敞着槽口。

第14步：将 A2-2 左边下在 11 槽中，用槽楔封好槽口。

第15步：将 A2-3 右边下在 20 槽中，垫层间绝缘纸，敞着槽口。

第16步：将 A2-3 左边下在 12 槽中，用槽楔封好槽口；检查 A2 头从绕组里面的 10 槽中引出，A2 尾从 20 槽绕组外面引出，则 A2 下线正确；检查无误后在 A2 与 C1 两端之间垫上相间绝缘纸，如图 3-105 所示。

第17步：将 B2-1 右边下在 21 槽中，垫层间绝缘纸，敞着槽口。

第18步：将 B2-1 左边下在 13 槽中，用槽楔封好槽口。

第19步：将 B2-2 右边下在 22 槽中，垫层间绝缘纸，敞着槽口。

第 20 步：将 B2-2 左边下在 14 槽中，用槽楔封好槽口。

第 21 步：将 B2-3 右边下在 23 槽中，垫层间绝缘纸，敞着槽口。

第 22 步：将 B2-3 左边下在 15 槽中，用槽楔封好槽口；检查 B2 头从 13 槽绕组里面引出，B2 尾从 23 槽绕组外面引出；检查无误后，在 B2 与 A2 两端之间垫上相间的绝缘纸。

第 23 步：将 C2-1 右边下在 24 槽中，垫层间绝缘纸，敞着槽口。

第 24 步：将 C2-1 左边下在 16 槽中，用槽楔封好槽口。

第 25 步：将 C2-2 右边下在 25 槽中，垫下层间绝缘纸，敞着槽口。

第 26 步：将 C2-2 左边下在 17 槽中，用槽楔封好槽口

第 27 步：将 C2-3 右边下在 26 槽中，垫层间绝缘纸，敞着槽口。

第 28 步：将 C2-3 左边下在 18 槽中，用槽楔封好槽口。

第 29 步：检查 C2 头从 16 槽绕组里面引出，C2 尾从 26 槽绕组外面引出，则 C2 下线正确；检查无误后，在 C2 与 B2 两端之间垫上相间绝缘纸。

第 30 步：将 A3-1 左边下在 19 槽中，用槽楔封好槽口。

第 31 步：将 A3-2 右边下在 28 槽中，垫层间绝缘纸，敞着槽口。

第 32 步：将 A3-2 左边下在 20 槽中，用槽楔封好槽口。

第 33 步：将 A3-3 右边下在 29 槽中，垫好层间绝缘纸，敞着槽口。

第 34 步：将 A3-3 左边下在 21 槽中，用槽楔封好；检查 A3 头从 129 槽绕组里面引出，A3 尾从 29 槽绕组外面引出，则 A3 下线正确；检查无误后，在 A3 与 C2 两端之间垫上相间绝缘纸。

第 35 步：将 B3-1 右边下在 30 槽中，垫层间绝缘纸，敞着槽口。

第 36 步：将 B3-1 左边下在 22 槽中，用槽楔封好槽口。

第 37 步：将 B3-2 右边下在 31 槽中，垫好层间绝缘纸，敞着

槽口。

第 38 步：将 B3-2 左边下在 23 槽中，用槽楔封好槽口。

第 39 步：将 B3-3 右边下在 32 槽中，垫好层间绝缘纸，敞着槽口。

第 40 步：将 B3-3 左边下在 24 槽中，用槽楔封好槽口；检查 B3 头从 22 槽绕组里面引出，B3 尾从 32 槽绕组外面引出，则 B3 下线正确；检查无误后，在 B3 与 A3 两端之间垫上相间绝缘纸。

第 41 步：将 C3-1 右边下在 33 槽中，垫好层间绝缘纸，敞着槽口。

第 42 步：将 C3-1 左边下在 25 槽中，用槽楔封好槽口。

第 43 步：将 C3-2 右边下在 34 槽中，垫好层间绝缘纸，敞着槽口。

第 44 步：将 C3-2 左边下在 26 槽中，用槽楔封好槽口。

第 45 步：将 C3-3 右边下在 35 槽中，垫好层间绝缘纸，敞着槽口。

第 46 步：将 C3-3 左边下在 27 槽中，用槽楔封好槽口；检查 C3 头从 25 槽绕组里面引出，C3 尾从 35 槽绕组外面引出，则 C3 下线正确；检查无误后，在 C3 与 B3 两端之间垫上相间绝缘纸。

第 47 步：将 C4-1 右边下在 36 槽中，垫好层间绝缘纸，敞着槽口。

第 48 步：将 A4-1 左边下在 28 槽中，用槽楔封好槽口。

第 49 步：将 A1、B1、C1 左边线把撬起来，将 A4-2 右边下在第 1 槽中，垫上层间绝缘纸，敞着槽口。

第 50 步：将 A4-2 左边下在 29 槽中，用槽楔封好槽口。

第 51 步：将 A4-3 右边下在 2 槽中，垫好层间绝缘纸，敞着槽口。

第 52 步：将 A4-3 左边下在 30 槽中，用槽楔封好槽口；检查 D4 从 28 槽绕组里面引出，A4 尾从 2 槽绕组外面引出，则 A4 下线正确；检查无误后，在 A4 与 C3 两端之间垫上相间绝缘纸。

第 53 步：将 B4-1 右边下在第 3 槽中，垫好层间绝缘纸，敞着槽口。

第 54 步：将 B4-1 左边下在 31 槽中，用槽楔封好槽口。

第 55 步：将 B4-2 右边下在 4 槽中，垫好层间绝缘纸，敞着槽口。

第 56 步：将 B4-2 左边下在 32 槽中，用槽楔封好槽口中。

第 57 步：将 B4-3 右边下在 5 槽中，垫好层间绝缘纸，敞着槽口。

第 58 步：将 B4-3 左边下在 33 槽中，用槽楔封好槽口；检查 B4 头从 31 槽绕组里面引出，D5，从 5 槽绕组外面引出，则 B4 下线正确；检查无误后，在 B4 与 A4 两端之间垫上相间绝缘纸。

第 59 步：将 C4-1 右边下在第 6 槽中，垫好层间绝缘纸，敞着槽口中。

第 60 步：将 C4-1 左边下在 34 槽中，用槽楔封好槽口中。

第 61 步：将 C4-2 右边下在第 7 槽中，垫层间绝缘纸，敞着槽口中。

第 62 步：将 C4-2 边下在 35 槽中，用槽楔封好槽口中。

第 63 步：将 C4-3 右边下在第 8 槽中，垫层间绝缘纸，敞着槽口。

第 64 步：将 C4-3 左边下在 36 槽中，用槽楔封好槽口；检查 D6 从 34 槽绕组里面引出，C4 尾从 8 槽绕组外面引出；则 C4 下线正确；检查无误后，在 C4 与 B4 两端之间垫上相间绝缘纸。

第 65 步：将 A1-1 左边下在第 1 槽中，用槽楔封好槽口。

第 66 步：将 A1-2 左边下在第 2 槽中，用槽楔封好槽口。

第 67 步：将 A1-3 左边下在第 3 槽中，用槽楔封好槽口；检查 D1 从 1 槽绕组里面引出；检查无误后，在 A1 与 C4 两端之间垫上相间绝缘纸，A 相绕组下线结束。

第 68 步：将 B1-1 左边下在第 4 槽中，用槽楔封好槽口。

第 69 步：将 B1-2 左边下在第 5 槽中，用槽楔封好槽口。

第 70 步：将 B1-3 左边下在第 6 槽中，用槽楔封好槽口；检查 B1 头从 4 槽绕组里面引出；检查无误后在 A1 与 B1 两端之间垫上相同绝缘纸，B 相绕组下线结束。

第 71 步：将 C1-1 左边下在第 7 槽中，用槽楔封好槽口。

第 72 步：将 C1-3 左边下在第 8 槽中，用槽楔封好槽口；检查 D3 从 7 槽绕组里面引出；检查无误后，在 C1 与 B1 两端之间垫上相同绝缘纸，C相绕组下线结束。

接线方法如下：

首先按图3-110(a)所示接A相绕组：把D1（1槽绕组里面的引出线）穿到绕组外面，套上套管接在多股引线上，把这根多股引线引出，接在接线板上标明D1的接线螺钉上；把A1尾（11槽绕组外面的引出线）套上套管，与A2尾（20槽绕组外面的引出线）相接；把A2头（10槽绕组里面的引出线）套上套管，与A3头（19槽绕组里面的引出线）相连接；把A3尾（29槽绕组外面的引出线）套上套管，与A4尾（2槽绕组外面的引出线）相连接。

把D4（28槽绕组里面的引出线）穿到绕组外面套上套管，接在多股软线上，用万用表的一支表笔接D1，一支表笔接D4，若表针不动，则证明接错了，应马上检修；若表针向电阻小的一方摆动，则证明A相绕组接对了。然后将一支表笔接电动机外壳，一支表笔接D1或D4，若表针向电阻小的方向摆动，则证明A相绕组与外壳有短路的地方，应检修排除故障；若表针不动，则证明绝缘良好。然后把D4引出，接在接线板上标有D4字样的接线螺钉上。

按图3-110(b)所示接B相绕组：把D2（14槽绕组外面的引出线）套上套管接在多股软线上引出，接在接线板上标有D2的接线螺钉上；把B1头（4槽绕组里面的引出线）套上套管，与B2头（13槽绕组里面的引出线）相连接；把B2尾（23槽绕组外面的引出线）套上套管，与B4尾（32槽绕组外面的引出线）相连接；把D5（5槽绕组外面的引出线）套上套管接在多股电线上，测量D2与D5之间的电阻，测量D2与外壳之间的绝缘电阻，发现故障及时排除；在检查证实B相绕组接线正确、绝缘良好后把D5引出，接在接线板上标有D5的接线螺钉上。

最后按图3-110(c)所示接C相绕组：把D3（7槽绕组里面的引出线）套上套管，接在多股电线上，将这根接线标明D3，把D3引出接在接线板上标有D3的接线螺钉上；把C1尾（17槽绕组外面的引出线）套上套管，与C2尾（26槽绕组外面的引出线）相连接；把C2头（16槽绕组里面的引出线）穿到绕组外面套上套管，与C3头（25槽绕组里面的引出线）相连接；把C4尾（35槽绕组外面的引出线）套上套管，与 C4 尾（8 槽绕组外面的引出线）相连接；把 D6（34 槽绕组里面的引出线）套上套管，接在多股电线上，测 D3 与 D6 之间的电阻，测 D3 与外壳之间的绝缘电阻，确认绝缘良好、接线正确后，把 D6 引出接在接线板上标有 D6 字样的接线螺钉上。

3.5.5 三相 4 极 36 槽节距为 1～9 的双层叠绕 2 路并联绕组展开分解图

下线方法参照前节。

接线方法如下：接线时按图 3-111 所示把每相绕组前后两个极相组分别串联起来，再并联成双路，双路并联后流过每个极相组的电流方向与单路连接时流过每个极相组的电流方向应一致。

首先按图 3-111（a）所示接 A 相绕组。把 A1 尾（11 绕组外面的引出线）穿到绕组里面与 A2 尾（20 槽绕组外面的引出线）相连接；A3 尾（29 槽绕组外面的引出线）套上套管，与 A4 尾（2 槽绕组外面的引出线）相连接，把 A1 头（1 槽绕组里面的引出线）套上套管接在标有 D1 的多股引线上；把 A3 头（19 槽绕组里面引出线）套上套管，也接在标有 D1 的多股电线上，然后引出接在接线板标有 D1 的接线螺钉上。测 D1 与 10 槽、28 槽引出线之间的电阻，测 D1 与电动机外壳之间的绝缘电阻，证实接线正确、绝缘良好后，把 A2 头（10 槽绕组里面的引出线）和 A4 头（28 槽绕组里面的引出线）分别套上套管接在多股电线上，再把这根引线引出接在接线板上标有 D4 的接线螺钉上。

其次按图 3-111（b）所示接 B 相绕组。B1 头（4 槽引出线）与 B2 头（13 槽引出线）套上套管相连接，B3 头（22 槽引出线）套上套管与 B4 头（31 槽引出线）相连接。把 B1 尾（14 槽引出线）套上套管接在多股软线上，B3 尾（32 槽引出线）套上套管也接在这根软线上，然后把这根多股软线引出接在接线板标有 D2 的接线螺钉上。把 B4 尾（23 槽引出线）套上套管接在标有 D5 的软线上，把 B4 尾（5 槽引出线）接在 D5 上引出，测 D2 与电动机外壳之间的绝缘电阻，检查 B 相绕组接线是否与图中所示情况相符。证实

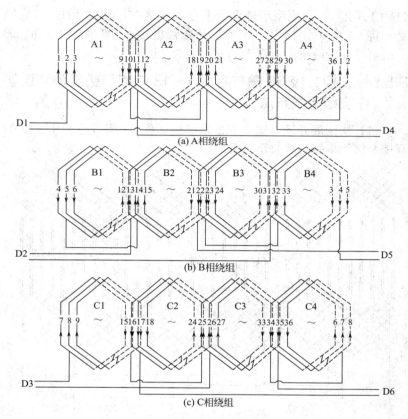

图 3-111　双路并联绕组展开分解图

正确后，把 D5-1 端接在接线板上标有 D5 的接线螺钉上。

　　最后按图 3-111（c）所示接 C 相绕组。C1 尾（17 槽引出线）套上套管与 C2 尾（26 槽引出线）相连接；C3 尾（35 槽引出线）穿到绕组里面套上套管与 C4 尾（8 槽引出线）相连接；C1 头（7 槽引出线）套上套管接在标明 D3 的多股软线上；C3 头（25 槽引出线）套上套管也接在 D3 上；把 D3 引出，接在接线板上标明 D3 的接线螺钉上。用万用表测试 D3 与 C2 头（16 槽引出线）、C4 头（34 槽引出线）之间的电阻，测试 D3 与电机外壳之间的绝缘电阻。检查证实 C 相绕组与图中所示情况相符且绝缘良好后，将 C4 头

（16 槽引出线）穿到绕组外面套上套管，接在标有 D6 的多股软线上；将 C4 头（34 槽引出线）套上套管也接在 D6 软线上；把 D6 引出，接在接线板上标有 D6 的接线螺钉上。

3.5.6 三相 2 极 36 槽节距为 1～13 的双层叠绕单路连接绕组下线方法

（1）绕组展开图 图 3-112 为三相 2 极 36 槽节距为 1～13 的双层叠绕组单路连接绕组展开图。

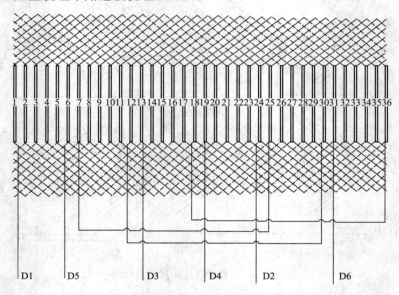

图 3-112 三相 2 极 36 槽节距为 1～13 的双层叠绕组展开图

（2）绕组展开分解图 为了使图看起来简便清楚，有利于下线接线，将图 3-112 所示的绕组展开图，分解成图 3-113 所示的绕组分解展开图。从图 3-113 中可以更清楚地看出，每相绕组由两个极相组组成，极相组与极相组采用"头接头"或"尾接尾"的方式连接，每个极相组由 6 把线组成，每把线的节距均为 1～13。D1、D4 分别是 A 相绕组的头、尾，分别从 14 槽和 19 槽中引出；D2、D5 分别是 B 相绕组的头、尾，分别从 24 槽和 6 槽中引出；D3、

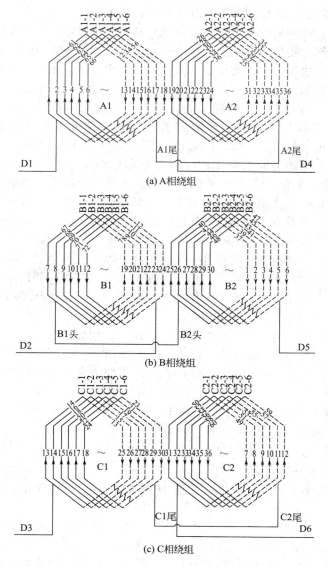

图 3-113　绕组展开分解图

D6 分别是 C 相绕组的头、尾，分别从 13 槽和 31 槽中引出。下线时参照绕组上端标出的下线顺序数字进行下线。

(3) **线把的绕制**　该电动机绕组共有 6 个极相组，每个极相组有 6 把线，按原电动机线把中一匝最短的尺寸调整好万用绕线模，按原电动机线径、并绕根数、匝数依次绕出 6 把线来，这 6 把线组成一个极相组。然后将其断开并分别把每把线的两边绑好，从万用绕组模上拆下来，按绕线的顺序从左向右将第一把线标为 A1-1，第二把线标为 A1-2，一直标到 A1-6。按着这种方法再分别绕出 A2、B1、B2、C1、C2，并标上代号（熟练后不用标）准备下线。

(4) **下线前的准备工作**　按原电动机绝缘材料的尺寸，裁制 36 条槽绝缘纸、12 块相间绝缘纸、36 条层间绝缘纸。再裁制几块引槽纸，将制作槽楔的材料和下线工具放在工作台上，准备下线。

(5) **下线的顺序**　下线的顺序是按着"A1—B1—C1—A2—B2—C2"，一个极相组挨一个极相组地下线。

(6) **下线方法**　将图 3-113 摆在定子旁的工作台上，每下一个极相组都要与图相对照，看所下极相组及方向是否与图所示情况相符，每下一把线的边都要与图对照，看所下槽位及步骤是否与图上标的相符。定好第 1 槽的槽位。

第 1 步：将 A1-1 右边下在 13 槽中，把层间绝缘纸从一端插进槽中，包住 A1-1 右边的下层边；敞着槽口，A1-1 左边空着不下，在 A1-1 左边与铁芯之间垫上绝缘纸，防止铁芯磨破导线的绝缘层。

第 2 步：将 A1-2 右边下在 14 槽中，插垫层间绝缘纸。检查下线的方向是否与 A1-1 一样，若方向下反了，则应拆出重下。

第 3 步：将 A1-3 右边下在 15 槽中，垫层间绝缘纸，敞着槽口，A1-3 左边空着不下。

第 4 步：将 A1-4 右边下在 16 槽中，垫层间绝缘纸，敞着槽口，A1-4 左边空着不下。

第 5 步：将 A1-5 右边下在 17 槽中，垫层间绝缘纸，敞着槽口，A1-5 左边空着不下。

第 6 步：将 A1-6 右边下在 18 槽中，垫层间绝缘纸，敞着槽口，A1-6 左边空着不下；检查 A1 每把线的方向是否与展开分解图所示的 A1 相符，A1 尾是否从 18 槽中引出，D1 是否在 A1-1 左边，每把线之间的连接线长短是否合适（没有大线兜），若是则证明下线正确，否则 A1 下错，应找出错处更正。

第 7 步：开始下 B1；拿起 B1-1、B1-2、B1-3、B1-4、B1-5、B1-6 放在定子旁边，将 B1-1 右边下在 19 槽中，垫层间绝缘纸，敞着槽口；B1-1 左边空着不下。

第 8 步：将 B1-2 右边下在 20 槽中，垫层间绝缘纸，敞着槽口，B1-2 左边空着不下。

第 9 步：将 B1-3 右边下在 21 槽中，垫层间绝缘纸，敞着槽口，B1-3 左边空着不下。

第 10 步：将 B1-4 右边下在 22 槽中，垫层间绝缘纸，敞着槽口，B1-4 左边空着不下。

第 11 步：将 B1-5 右边下在 23 槽中，垫层间绝缘纸，敞着槽口，B1-2 左边空着不下。

第 12 步：将 B1-6 右边下在 24 槽中，垫层间绝缘纸，敞着槽口，B1-6 左边空着不下。

第 13 步：开始下 C1，将 C1-1 右边下在 25 槽中，垫层间绝缘纸，敞着槽口。

第 14 步：将 C1-1 左边下在 13 槽中，剪掉高出槽口的绝缘纸，用划线板把绝缘纸折到包住线把的上层边，用压脚压实（这种操作方法在以后下线步骤中不再重复说明），把槽楔插入 13 中，如图 3-114 所示。

第 15 步：将 C1-2 右边下在 26 槽中，垫层间绝缘纸，敞着槽口。

第 16 步：将 C1-2 左边下在 14 槽中，把槽楔插入 14 槽中。

第 17 步：将 C1-3 右边下在 27 槽中，垫层间绝缘纸，敞着槽口。

第 18 步：将 C1-3 左边下在 15 槽中，把槽楔插入 15 槽中。

第 19 步：将 C1-4 右边下在 28 槽中，垫层间绝缘纸，敞着槽口。

第 20 步：将 C1-4 左边下在 16 槽中，把槽楔插入 16 槽中。

第 21 步：将 C1-5 右边下在 29 槽中，垫层间绝缘纸，敞着槽口。

第 22 步：将 C1-5 左边下在 17 槽中。把槽楔插入 17 槽中。

第 23 步：将 C1-6 右边下在 30 槽中，垫层间绝缘纸，敞着槽口。

第 24 步：将 C1-6 左边下在 18 槽中，把槽楔插入 18 槽中；检查 C1 每把线的方向是否与展开图相符，C1 尾是否从 30 槽引出，D3 是否从 13 槽上层边中引出；检查无误后，把相间绝缘纸垫在 C1 与 B1 两端之间，如图 3-114 所示。

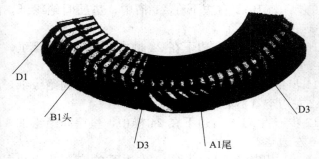

图 3-114　将 C1 下在所对应的槽中，在 C1 与 B1 两端之间垫上相间绝缘纸

第 25 步：照图 3-113（a）所示准备下 A2；将 A2-1 右边下在 31 槽中，垫层间绝缘纸，敞着槽口。

第 26 步：将 A2-1 左边下在 19 槽中，把槽楔插入 19 槽中。

第 27 步：将 A2-2 右边下在 32 槽中，垫层间绝缘纸，敞着槽口。

第 28 步：将 A2-2 左边下在 20 槽中，把槽楔插入 20 槽中。

第 29 步：将 A2-3 右边下在 33 槽中，垫层间绝缘纸，敞着槽口。

第 30 步：将 A2-3 左边下在 21 槽中，把槽楔插入 21 槽中。

第 31 步：将 A2-4 右边下在 34 槽中，垫层间绝缘纸，敞着槽口。

第 32 步：将 A2-4 左边下在 22 槽中，把槽楔插入 22 槽中。

第 33 步：将 A2-5 右边下在 35 槽中，垫层间绝缘纸，敞着槽口。

第 34 步：将 A2-5 左边下在 23 槽中，将槽楔插入 23 槽中。

第 35 步：将 A2-6 右边下在 36 槽中，垫层间绝缘纸，敞着槽口。

第 36 步：将 A2-6 左边下在 24 槽中，将槽楔插入 24 槽中；A2 下完后，检查 A2 每把线的方向是否与展开图相符，D4 是否从 19 槽绕组里面引出，A2 尾是否从 36 槽引出，若是则 A2 下线正确；把相间绝缘纸垫在 C1 与 A2 两端之间。

第 37 步：照图 3-113（b）所示将 B2-1 右边下在 1 槽中，垫层间绝缘纸，敞着槽口。

第 38 步：将 B2-1 左边下在 25 槽中，把槽楔插入 25 槽中。

第 39 步：将 B2-2 右边下在 2 槽中，垫层间绝缘纸，敞着槽口。

第 40 步：将 B2-2 左边下在 26 槽中，把槽楔插入 26 槽中。

第 41 步：将 B2-3 右边下在 3 槽中，垫层间绝缘纸，敞着槽口。

第 42 步：将 B2-3 左边下在 27 槽中，把槽楔插入 27 槽中。

第 43 步：将 B2-4 右边下在 4 槽中，垫层间绝缘纸，敞着槽口。

第 44 步：将 B2-4 左边下在 28 槽中，把槽楔插入 28 槽中。

第 45 步：将 B2-5 右边下在 5 槽中，垫层间绝缘纸，敞着槽口。

第 46 步：将 B2-6 左边下在 29 槽中，把槽楔插入 29 槽中。

第 47 步：将 B2-6 右边下在 6 槽中，垫好层间绝缘纸，敞着槽口。

第 48 步：将 B2-6 左边下在 30 槽中，把槽楔插入 30 槽中；B2 下完后，检查 B2 每把线的方向是否与展开图相符，D5 是否从 6 槽中引出，B2 头是否从 25 槽绕组里面（上层边）引出，若是则 B1 下线正确；把相间绝缘纸垫在 A2 与 B2 两端之间。

第 49 步：将 C2-1 有边下在 7 槽中，垫层间绝缘纸，敞着槽口。

第 50 步：将 C2-1 左边下在 31 槽中，把槽楔插入 31 槽中。

第 51 步：将 C2-2 右边下在 8 槽中，垫层间绝缘纸，敞着槽口。

第 52 步：将 C2-2 寸左边下在 32 槽中；把槽楔插入 32 槽中。

第 53 步：将 C2-3 右边下在 9 槽中，垫层间绝缘纸，敞着槽口。

第 54 步：将 C2-3 左边下在 33 槽中，把槽楔插入槽中。

第 55 步：将 C2-4 右边下在 10 槽中，垫层间绝缘纸，敞着槽口。

第 56 步：将 C2-4 左边下在 34 槽中，把槽楔插入 34 槽中。

第 57 步：将 C2-5 右边下在 11 槽中，垫层间绝缘纸，敞着槽口。

第 58 步：将 C2-5 左边下在 35 槽中，把槽楔安插在 35 槽中。

第 59 步：将 C2-6 右边下在 12 槽中，垫层间绝缘纸，敞着槽口。

第 60 步：将 C2-6 左边下在 36 槽中，把槽楔插在 36 槽中；C2 下完后，检查 C2 每把线的方向是否与展开图相符，引线是否从 31 槽绕组里面引出，C2 尾是否从 12 槽引出，若是则 C2 下线正确；把相间绝缘纸垫在 C2 与 B2 两端之间，C 相绕组下线结束。

第 61 步：将 A1-1 左边下在 1 槽中，把槽楔插入 1 槽中。

第 62 步：将 A1-2 左边下在 2 槽中，把槽楔插入 2 槽中。

第 63 步：将 A1-3 左边下在 3 槽中，把槽楔插入 3 槽中。

第 64 步：将 A1-4 左边下在 4 槽中，把槽楔插入 4 槽中。

第 65 步：将 A1-5 左边下在 5 槽中，把槽楔插入 5 槽中。

第 66 步：将 A1-6 左边下在 6 槽中，把槽楔插入 6 槽中；A1 下完后，检查 D1 是否从 1 槽的绕组里面引出，A1 尾是否从 18 槽绕组外面引出，若是则 A1 下线正确；在 A1 与 C2 两端之间垫上相间绝缘纸，A 相绕组下线结束。

第 67 步：照图 3-113（b）所示将 B1-1 左边下在 7 槽中，把槽楔安插 7 槽中。

第 68 步：将 B1-2 左边下在 8 槽中，把槽楔插入 8 槽中。

第 69 步：将 B1-3 左边下在 9 槽中，把槽楔插入 9 槽中。

第 70 步：将 B1-4 左边下在 10 槽中，把槽楔插入 10 槽中。

第 71 步：将 B1-5 左边下在 11 槽中，把槽楔插入 11 槽中。

第 72 步：将 B1-6 左边下在 12 槽中，把槽楔插入 12 槽中；B1 下完后，检查 B1 头是否从 7 槽绕组里面引出，D2 是否从 24 槽绕组外面引出，若是则 B1 下线正确；在 B1 与 A1 两端之间垫上相间绝缘纸，B 相绕组下线结束。

(7) 接线　首先检查每一把线是否与图 3-113 所示相符，要一把线一把线地检查，检查组成每个极相组的每把线方向是否一致，如果有一把线的方向与图上所示相反，则电动机就不能正常工作，如等烤干漆后试车试出有故障，再检查就困难了，所以在接线前进行检查时要认真仔细，确认三相绕组下线正确后才可以接线。

先把每相绕组的两个极相组按图 3-113 所示连接起来，再把每相绕组的两根头接在多股软线上，引出线接在接线板上所对应的接线螺钉上，注意在拆电动机时不要把多股软线毁掉，接线时要用原引线，原引线截面积要符合标准，长度要合适，引线上还要有标号免得出差错。

照图 3-113（a）所示接 A 相绕组。把 A1 尾（18 槽绕组外面的引出线）套上套管，与 A2 尾（36 槽绕组外面的引出线）相连接。把 D1（1 槽引出线）套上套管接在多股软线上，把这根软线引出接在接线板上标有 D1 的接线螺钉上。把 D4（19 槽引出线）穿到绕组外面，套上套管，接在多股软线上，然后引出接在接线板上标有 D4 的接线螺钉上。

按图 3-113（b）所示接 B 相绕组。把 B1 头（7 槽绕组里面的引出线）套上套管，与 B2 头（25 槽绕线里面的引出线）接在一起，把接头用套管套好。把 D2（24 槽引出线）套上套管，接在多股软线上，然后引出接在接线板标有 D2 的接线螺钉上。把 D5（6 槽绕组外面的引出线）套上套管接在多股软线上，然后引出接在接线板标有 D5 的接线螺钉上。

按图 3-113（c）所示接 C 相绕组。把 C1 尾（30 槽绕组外面的引出线）套上套管，与 C2 尾（12 槽绕组外面的引出线）相连接。把 D5（13 槽绕组里面的引出线）接在多股软线上，然后引出接在接线板上标有 D3 的接线螺钉上。把 D6（31 槽绕组里面的引出线）套上套管，接在多股软线上，然后引出接在接线板上标有 D6 的接线螺钉上。把三相绕组接好后分别测量 D1 与 D4、D2 与 D5、D1

与 D6 之间的电阻值，若电阻值很小，则 D1、D2、D3 与外壳的绝缘电阻符合要求。至此三相绕组接线完毕，将所有接头用绑带按原电动机样式绑在绕组端部，最后按电动机的△形或 Y 形接法连接起来。

3.5.7 三相 2 极 36 槽节距为 1~13 的双层叠绕 2 路并联绕线展开分解图

双路并联绕组与单路连接绕组的下线方法一样，区别只是在于接线。

照图 3-115(a) 所示首先接 A 相绕组。把 A1 头（1 面引出线）穿到绕组外面，套上套管；把 A2 尾（36 槽绕组外面引出线）套上套管与 A1 头并在一起，一同接在标有 D1 的多股软线上；把多股软线引出，接在接线板上标有 D1 的接线螺钉上。用万用表一支黑表笔接 D1，一支红表笔分别接 18 槽和 19 槽的引出线，若表针不动，则证明线把下错或导线有断路，应检修排除故障；若表针向 0Ω 方向摆动，则证明接线正确，再用这支红表笔测定子外壳，若表针向 0Ω 方向摆动，则证明有短路地方，应检修排创造故障；若表针不动，则证明 A 相绕组绝缘良好。把 A1 尾（18 槽绕组外面的引出线）套上套管与 A2 头（19 槽绕组里面的引出线）套上套管并在一起，接在多股软线上，再把多股软线引出，接在接线板上标有 D4 的接线螺钉上。

其次照图 3-115(b) 所示接 B 相绕组。把 B2 头（25 槽绕组里面的引出线）套上套管，把 B1 尾（24 槽绕组外面的引出线）套上套管与 B2 头并在一起，接在标明 D2 的多股软线上，引出接在接线板上标有 D2 的接线螺钉上。用万用表一支表笔接 D2，一支表笔分别接 6 槽和 7 槽引出线，若表针不动，则证明细下错或有断路，应检修排除故障；若表针向 0Ω 方向摆动，则证明有短路地方，经检修后再测量，若表针不动，则证明 B 相绕组绝缘良好。把 B1 头（7 槽绕组里面的引出线）套上套管与 B2 尾（6 槽绕线外面的引出线）并在一起，接在标明 D5 的多股软线上，再把 D5 一端引出，接在接线板上标明 D5 的接线螺钉上。

最后照图 3-115(c) 所示接 C 相绕组。把 C1 头（13 槽绕组里

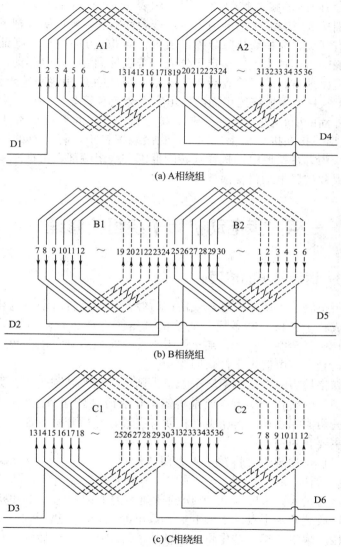

(a) A相绕组

(b) B相绕组

(c) C相绕组

图 3-115 绕组展开分解图

面的引出线）套上套管与 C2 尾（12 槽绕组外面的引出线）套上套管并在一起，接在标有 D3 的多股软线上，再把 D3 引出接在接线板上标有 D3 的接线螺钉上。用万用表一支表笔接 D3，另一支表笔分别接 30 槽和 31 槽的引出线，若表针不动，则证明线把下错或导线有断头，应检修排除故障；若表针向 0Ω 方向摆动，则证明接线正确。再用这支表笔接定子外壳，若表针向 0Ω 方向摆动，则证明有短路地方；若经检查后表针不动，则证明 C 相绕组绝缘良好。再把 C2 头（31 槽绕线里面的引出线）套上套管与 C1 尾（30 槽绕线组外面的引出线）并在一起，接在标有 D6 的多股软线上，把 D6 引出线接在接线板上标明 D6 的接线螺钉上，将所有的接头和引出线用绑带按原电动机样式转圈捆绑在绕组端部，再把原来连接用的铜片按原电动机接法接好。

3.6 三相异步电动机转子绕组的修理

3.6.1 铸铝转子的修理

铸铝转子若质量不好，或使用时经常正、反转启动与过载，就会造成转子断条。断条后，电动机虽然能空载运行，但加上负载后，转速就会突然降低，甚至停下来。这时如测量定子三相绕组电流，就会发现电流表指针来回摆动。

如果检查时发现铸铝转子断条，则可以到产品制造厂去买一个同样型号的新转子换上；或是将铝熔化后改装紫铜条。在熔铝前，应车去两面铝端环，再用夹具将铁芯夹紧，然后开始熔铝。熔铝的方法主要有两种：

（1）**烧碱溶铝** 将转子垂直浸入浓度为 30% 的工业烧碱溶液中，然后将溶液加热到 80～100℃，直到铝熔化完为止，然后用水冲洗，再投入到浓度为 0.25 份的冰醋酸溶液内煮沸，中和残余烧碱，再放到开水中煮沸 1～2h 后，取出冲洗干净并烘干。

（2）**煤炉熔铝** 首先将转子轴从铁芯中压出，然后在一只炉膛比转子直径大的煤炉的半腰上放一块铁板，将转子倾斜地安放在上面，罩上罩子加热。加热时，要用专用钳子时刻翻动转手，使转子受热均匀，当烧到铁芯呈粉红色（约 700℃）时，铝渐渐熔化，待铝熔化完后，将转子取出。在熔铝过程中，要防止烧坏铁芯。

熔铝后，将槽内及转子两端的残铝及油清除后，用截面为槽面积 55% 左右的紫铜条插入槽内，再把铜条两端伸出槽外部分（每端约 25mm）依次敲弯，然后加铜环焊接，或是用堆焊的方法，使两端铜条连成整体即端环（端环的截面积为原铝端环截面的 70%）。

3.6.2 绕线转子的修理

小容量的绕线式异步电动机的转子绕组的绕制与嵌线方法与前面所述的定子绕组相同。

转子绕组经过修理后，必须在绕组两端用钢丝打箍。打箍工作可以在车床上进行。钢丝的弹性极限应不低于 $160kgf/mm^2$（$1kgf=9.80665N$，下同）。钢丝的拉力可按表 3-6 选择。钢丝的直径、匝数、宽度和排列布置方法应尽量和原来的一样。

表 3-6　缠绕钢丝时预加的拉力值

钢丝直径/mm	拉力/kgf	钢丝直径/mm	拉力/kgf
0.5	12～15	1.0	50～60
0.6	17～20	1.2	65～80
0.7	25～30	1.5	100～120
0.8	30～35	1.8	140～160
0.9	35～45	2.0	180～200

在绑扎前，先在绑扎位置上包扎 2～3 层白纱带，使绑扎的位置平整，然后卷上青壳纸 1～2 层、云母一层，纸板宽度应比钢丝箍总宽度大 10～30mm。

当了使钢丝箍扎紧，每隔一定宽度在钢丝底下垫一块铜片，当该段钢丝箍扎紧后，把铜片两头弯到钢丝上，用锡焊牢。将钢丝的首端和尾端紧固在铜片的位置上，以便卡紧焊牢。

扎好钢丝箍的部分，其直径必须比转子铁芯部分小 2～3mm，否则要与定子铁芯绕组相互摩擦。修复后的转子一般要作静平衡试验，以免在运动中发生振动。

目前电机制造厂大量使用玻璃丝布带绑扎转子（电枢）代替钢丝绑扎。整个工艺过程如下：

首先将待绑扎的转子（电枢）吊到绑扎机上，用夹头和顶针旋紧固定，但要能够自由转动。再用木锤轻敲转子两端线圈，既不能让它们高出铁芯，又要保证四周均布。接着把玻璃丝带从拉紧工具上拉至转子，先在端部绕一圈，然后拉紧，绑扎速度为 45r/min，拉力不低于 30kgf，如果玻璃丝带不黏，则要在低温 80℃烘 1h 再绑扎，或者将转子放进烘房，待两端线圈达到 70～80℃时，再进行热扎。绑扎的层数根据转子（电枢）的外径和极数的要求而定，对于容量在 100kW 以下的电动机，绑扎厚度在 1～1.5mm 范围内。

第4章
单相电动机维修

4.1 单相异步电动机的结构及原理

4.1.1 单相异步电动机的结构

单相异步电动机的结构与小功率三相异步电动机比较相似，也是由机壳、转子、定子、端盖、轴承等部分组成。

单相异步电动机的定子部分是由机座、端盖、轴承、定子铁芯和定子绕组组成。由于单相电动机种类不同，定子结构可分为凸极式和隐极式。凸极式主要应用于凸极式电动机，而分相式电动机主要应用隐极式电动机。

(1) 罩极电动机的定子

① 凸极式罩极电动机的定子如图 4-1 所示。

凸极式罩极电动机的定子是由凸出的磁极铁芯和激磁主绕组线包以及罩极短路环组成的。这种电动机的主绕组线包都绕在每个凸出磁极的上面。每个磁极极掌的一端开有小槽，将一个短路环或者几匝短路线圈嵌入小槽内，用其罩住磁极的 1/3 左右的极掌。这个短路环又称为罩极圈。

② 隐极式罩极电动机的定子如图 4-2 所示。

隐极式罩极电动机的定子由圆形定子铁芯、主绕组以及短路绕组（短路线圈）组成。用硅钢片叠成的隐极式罩极电动机的圆形定

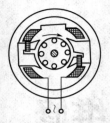

图 4-1 凸极式罩极电动机的
定子示意图

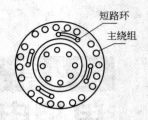

图 4-2 隐极式罩极电动机的
定子示意图

子铁芯,上面有均匀分布的槽,有主绕组和短路绕组嵌在槽内。在定子铁芯槽内分散嵌着隐极式罩极电动机的主绕组,它置于槽的底层,有很多匝数。罩极短路线圈嵌在铁芯槽的外层匝数较少,线径较粗(常用直径为 1.5mm 左右的高强度漆包线)。短路线圈只嵌在部分铁芯定子槽内。

在嵌线时要特别注意两套绕组的相对空间位置,主要是为了保证短路线圈有电流时产生的磁通在相位上滞后于主绕组磁通一定角度(一般约为 45°),以便形成电动机的旋转气隙磁场,如图 4-3 所示。

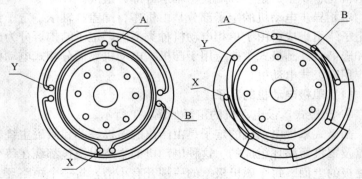

图 4-3 分相式单相电动机的定子
A—X 主绕组;B—Y 副绕组

(2) 分相式单相电动机的定子 (图 4-3) 分相式单相电动机,虽然有电容分相式、电阻分相式、电感分相式三种形式,但是其定子结构、嵌线方法均相同。

分相式定子铁芯是一片片叠压而成的，且为圆形，内圆开有隐极槽；槽内嵌有主绕组和副绕组（启动绕组），主、副绕组的相对位置相差90°。

家用电器中的洗衣机电动机的主绕组与副绕组的匝数、线径、在定子腔内的分布情况、占的槽数均相同。主绕组与副绕组在空间互相差90°电角度。电风扇电动机和电冰箱电动机的主绕组和副绕组的匝数、线径及占的数槽都不相同，但是其主绕组与副绕组在空间的相对位置互相也差90°电角度。

(3) 单相异步电动机的转子（图4-4） 转子是电动机的旋转部分，它是由电机轴、转子铁芯以及鼠笼组成的。

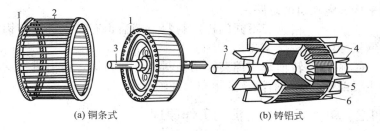

(a) 铜条式　　　　　　　　(b) 铸铝式

图4-4　鼠笼转子示意图

1—端环；2—铜鼠笼条；3—转轴；4—风叶；5—压铸鼠笼；6—端环

单相异步电动机大多采用斜槽式鼠笼转子，主要是为了改善启动性能。转子的鼠笼导条两端，一般相差一个定子齿距。鼠笼导条和端环多采用铝材料一次铸造成形。鼠笼端环的作用是将多条鼠笼导条并接起来，形成环路，以便在导条产生感应电动势时，能够在导条内部形成感应电流。电动机的转子铁芯是由硅钢片冲压成形后，再叠制而成的。这种鼠笼式转子结构比较简单，不仅造价低，而且运行可靠，因此应用十分广泛。

(4) 其他 电动机除定、转子外，还有风扇及风扇罩、外壳、端盖、由铸铁（或铝合金）制成，用来固定定、转子，并在端盖加装轴承，装配好后电机轴伸在外边，这样电机通电可旋转。

电动机装配好之后，在定、转子之间有0.2～0.5mm的工作间隙，产生旋转磁场使转子旋转。

① 机座　机座结构因电动机冷却方式、防护形式、安装方式

和用途而异。按其材料分类，有铸铁、铸铝和钢板结构等几种。

铸铁机座带有散热筋。机座与端盖的连接用螺栓紧固。铸铝机座一般不带有散热筋。钢板结构机座由厚为 $1.5\sim2.5\mathrm{mm}$ 的薄钢板卷制、焊接而成，再焊上钢板冲压件的底脚。

有的专用电动机的机座相当特殊，如电冰箱的电动机，它通常与压缩机一起装在一个密封的罐子里。而洗衣机的电动机，包括甩干机的电动机，均无机座，端盖直接固定在定子铁芯上。

② 铁芯　铁芯由磁钢片冲槽叠压而成，槽内嵌装两套互隔90°电角度的主绕组（运行绕组）和副绕组（启动绕组）。

铁芯包括定子铁芯和转子铁芯，作用与三相异步电动机一样，用来构成电动机的磁路。

③ 端盖　相应于不同的机座材料，端盖也有铸铁件、铸铝件和钢板冲压件。

④ 轴承　转轴是支撑转子的重量，传递转矩，输出机械功率的主要部件。轴承有滚珠轴承和含油轴承等。

4.1.2　单相异步电动机的工作原理

单相异步电动机只有一个绕组，转子是鼠笼式的。当单相正弦电流通过定子绕组时，电动机就会产生一个交变磁场，这个磁场的强弱和方向随时间作正弦规律变化，但在空间方位上是固定的，所以又称这个磁场是交变脉动磁场。当电流正半周时磁场方向垂直向上 [图 4-5(a)]，当电流负半周时磁场方向垂直向下 [图 4-5(b)]。这个交变脉动磁场可分解为两个大小一样、转速相同、旋转方向互为相反的旋转磁场，当转子静止时，这两个旋转磁场在转子中产生两个大小相等、方向相反的转矩，使得合成转矩为零，所以电动机无法旋转。当我们用外力使电动机向某一方向旋转时（如顺时针方向旋转），这时转子与顺时针旋转方向的旋转磁场间的切割磁力线运动幅度变小；转子与逆时针旋转方向的旋转磁场间的切割磁力线运动幅度变大。这样平衡就打破了，转子所产生的总的电磁转矩将不再是零，转子将顺着推动方向旋转起来。

通过上述分析可知：单相异步电动机转动的关键是产生一个启动转矩。各种单相异步电动机产生启动转矩的方法也不同。

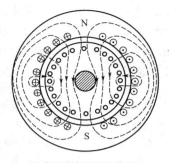 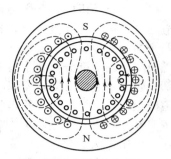

(a) 电流正半周产生的磁场   (b) 电流负半周产生的磁场

图 4-5   电流产生的磁场

要使单相电动机能自动旋转起来，我们可在定子中加上一个副绕组，副绕组与主绕组在空间上相差 90°，副绕组要串接一个合适的电容，使得与主绕组的电流在相位上近似相差 90°的空间角，即所谓的分相原理。这样两个在时间上相差 90°的电流通入两个在空间上相差 90°的绕组，将会在空间上产生（两相）旋转磁，如图 4-6 所示。

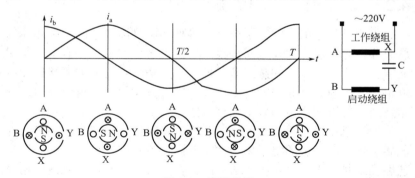

图 4-6   旋转磁场

在这个旋转磁场的作用下，转子就能自动启动。启动后，待转速升到一定时，借助于一个安装在转子上的离心开关或其他自动控制装置将启动绕组断开，正常工作时只有主绕组工作。因此，启动绕组可以用作短时工作方式。但有很多时候，启动绕组并不断开，称这种电动机为电容式单相电动机，要改变这种电动机的转向，可由改变电容器串接的位置来实现。

在单相电动机中，产生旋转磁场的另一种方法称为罩极法，这种电动机又称单相罩极式电动机。此种电动机定子做成凸极式的，有两极的和四极的两种；每个磁极在 1/4-1/4 全极面处开有小槽，把磁极分成两个部分，在小的部分上套装上一个短路铜环，好像把这部分磁极罩起来一样，所以叫罩极式电动机。单相绕组套装在整个磁极上，每个极的线圈是串联的，连接时必须使其产生的极性依次按"N、S、N、S"排列。当定子绕组通电后，在磁极中产生主磁通，根据楞次定律，其中穿过短路铜环的主磁通在铜环内产生一个在相位上滞后 90°的感应电流，此电流产生的磁通在相位上也滞后于主磁通，它的作用与电容式电动机的启动绕组相当，从而产生旋转磁场使电动机转动起来。

4.2 单相交流电动机的绕组

4.2.1 单相异步电动机的绕组

单相异步电动机的定子绕组有多种不同的形式。按槽中导体的层数分，有单层绕组和双层绕组。按绕组端部的形状分，单层绕组又有同心式、交叉式和链式等几种；双层绕组又可分为叠绕组和波绕组。按槽中导体的分布规律来分，则有分布绕组和集中绕组，分布绕组又有正弦绕组和非正弦绕组之分。

选择单相异步电动机的绕组形式时，除需考虑满足电动机的性能要求外，电动机的定子内径大小、嵌线难易程度、绕线和嵌线工艺性及工时，也往往是决定取舍的主要因素。除凸极式罩极单相异步电动机的定子为集中绕组外，其他各种形式的单相异步电动机的定子绕组均采用分布绕组。为了嵌线方便，一般又多采用单层绕组。为了削弱高次谐波磁势，改善电动机的运行和启动性能，又常采用正弦绕组。

4.2.2 单相异步电动机绕组及嵌线方法

（1）双层叠绕组 双层叠绕组也称双层绕组。采用这种绕组时，在定子铁芯的槽中有上、下两层线圈，两层线圈中间用层间绝缘隔开。如果线圈的一边在槽中占上层位置，则另一边在另一槽中占下层位置。各线圈的形状一样，互相重叠，故称叠绕组。双层绕组的应用比较灵活，它的线圈节距能任意选择，可以是整距，也可以是短距。短距绕组能削弱感应电势中的谐波电势及磁势中的谐波磁势，可以改善电动机的启动和运行性能。尽管在单相异步电动机中大多采用单层绕组，但低噪声、低振动的精密电动机仍采用双层绕组。通常，一般将绕组的节距缩短 1/3 极距，即采用 $y = \dfrac{2}{3}\tau$（τ为极距）。图 4-7 所示为电阻分相式单相异步电动机定子双层绕组的构成及展开情况。定子槽数 $Q = 24$，极数 $2p = 4$，主绕组占 16槽，副绕组占 8 槽。

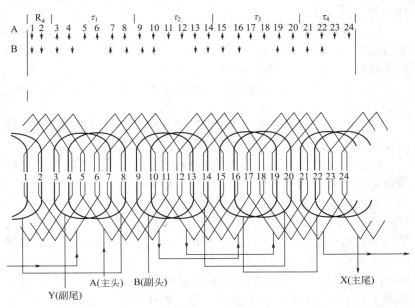

图 4-7 24 槽、4 极、$y = 1 \sim 5$ 单相双层绕组展开图

① 线圈的排列及绕组图的绘制　双层绕组线圈的分布和排列要符合单相异步电动机绕组构成与排列的基本原则。以 24 槽、4极、$y = 1 \sim 5$ 为例，对绕组图的绘制步骤介绍如下：

a. 划分极相组。先绘出 24 槽，标出各槽号，然后将总槽数 24 分为相等的四份。第一等份即代表一个磁极距，共 6 槽，用箭头分别标出每一极距下的电流方向，在 τ_1 和 τ_3 范围内，线槽内的电流方向向上；在 τ_2 和 τ_4 范围内，线槽内的电流方向向下。再按主绕组占定子总槽数的比例，将每极下的槽数分为两部分，即每极下主绕组占 $\frac{2}{3}\times 6=4$（槽），副绕组占 $\frac{1}{3}\times 6=2$（槽）。最后，标出各极相组的相属。

b. 连接主绕组。将各级相组所属的线圈依次串成一个线圈组，再标槽号。即线圈上层边所占的槽为定子槽号。下层边应嵌的槽号由线圈的节距来确定，如图 4-7 所示。由于线圈组的数目等于极数，所以 4 个线圈组应按反串联接法连接，引出两个端头 D1 和 D2，即形成主绕组。

c. 连接副绕组。副绕组共占 8 槽，每极下占 2 槽，各自串联起来后共有 4 个线圈组。同主绕组一样，采用反串联接法连接，引出两个端头 F1 和 F2，即形成副绕组。

② 嵌线方法　双层绕组嵌线方法比较简单，仍以定子 24 槽、4 极电动机为例，其嵌线顺序如下：

a. 选好起嵌槽的位置。嵌线前，应先妥善选好嵌槽的位置，使引出线靠近出线孔。

b. 确定吊把线圈数。开始嵌线时，先确定暂时不嵌的吊把线圈数，其数目与线圈节距的跨槽数 y 相等。本例中 $y=4$，即有 4 只线圈的上层边暂时不嵌，嵌线时选嵌它们的下层边。

c. 主、副绕组嵌线顺序。先将主绕组的线圈组 5、6、7、8 线圈的下层边嵌入 9、10、11、12 槽内，上层边暂不嵌；然后将副绕组的线圈组 9、10 线圈的下层边嵌入 13、14 槽内，上层边嵌入 9、10 槽内；依次嵌入其后各线圈的下层边与上层边。嵌线时，每个线圈下层边嵌入槽内后，都要在它的上面垫好层间绝缘。待全部线圈的下层边嵌入后，再将吊把线圈上层边依次嵌入槽的上层。

d. 绕组的连接。主、副绕级各自按"反串"法连接（头接头，尾接尾），即上层边引出线接上层边引出线，下层边引出线接下层边引出线，或称面线接面线、底线接底线。

（2）**单层链式绕组**　链式绕组的线圈形状有如链形。24 槽、4 极单链绕组的展开情况如图 4-8 所示。每极下主绕组占 4 槽（$Q_1=4$），副绕组占 2 槽（$Q_2=2$）。

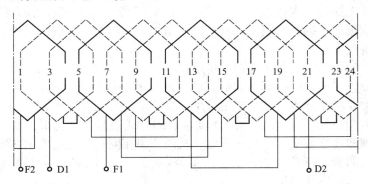

图 4-8　24 槽、4 极、$y=1\sim5$ 单链绕组展开图（$Q_1=4$，$Q_2=2$）

当单相异步电动机主、副绕组采用单层链式绕组时，其绕组排列和连接方法与双层绕组相似，如图 4-8 所示。绕圈节距 $y=5$，从形式上看，线圈节距比极距短了一槽，但从两极的中心线距离来看仍属于全距绕组。

（3）**单层等距交叉绕组**　图 4-9 所示为 24 槽、4 极、$y=6$ 等距交叉绕组展开情况。主、副绕组线圈的端部叉开朝不同的方向排列。这种绕组的节距为偶数。各极相组间采用"反串"法连接。

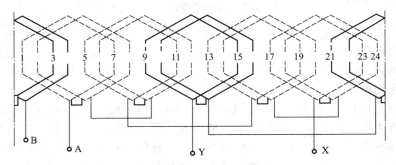

图 4-9　24 槽、4 极、$y=6$ 等距交叉线组展开图（$Q_1=4$，$Q_2=2$）

嵌线方法如图 4-9 所示，确定好起把槽的位置后，先把主绕组两个线圈下层依次嵌入槽 7、8 内，上层边暂不嵌。空两槽，再把主绕组两个线圈下层边依次嵌入槽 11、12 内，上层边依次嵌入槽 5、6 内。再空两槽，将副绕组两个线圈下层边依次嵌入 15、16 槽内，上层边依次嵌入 9、10 槽内，以后按每空两槽嵌两槽的规律，依次把主、副绕组嵌完。然后，把吊把线圈的上层边嵌入槽内，整个绕组即全部嵌好。

(4) **单层同心式绕组**　单层同心式绕组是由节距不同、大小不等而轴线同心的线圈组成的。这种绕组的绕线和嵌线都比较简单，因此在单相异步电动机中是采用最广泛的一种绕组形式。

图 4-10 所示为 24 槽、4 极单层同心式绕组展开情况。绕组的排列和连接方法与单相异步电动机的绕组相同。主、副绕组的线圈组之间为"反串"法接法。线圈组的大、小线圈之间采用头尾相接，串联成线圈组。

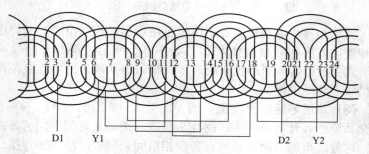

图 4-10　24 槽、4 极单层同心式绕组展开图

(5) **单叠绕组**　图 4-11 所示为 24 槽、4 极单叠绕组展开情况。这种绕组的线圈端部不均匀，明显地分为两部分。主、副绕组的线圈组之间采用"顺串"法连接（头接尾，尾接头），即底线接面线、面线接底线。

(6) **正弦绕组**　正弦绕组是单相异步电动机广泛采用的另一种绕组形式。正弦绕组每极下各槽的导线数互不相等，并按照正弦规律分布，这种绕组结构一般均为同心式结构。通常，线圈的节距越大，匝数越多；线圈的节距越小，匝数越少。由于同一相线圈内的电流相等，而每个线圈匝数不等，所以各槽电流与槽内导体数成正比。当各槽的导体按正弦规律分布时，槽电流的分布也将符合正弦

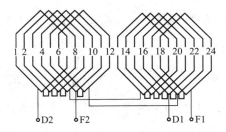

图 4-11　24 槽、4 极单叠绕组展开图（$Q_1=4$、$Q_2=2$）

波形，因而正弦绕组建立的磁势、空间分布波形也接近正弦波。

正弦绕组可以明显地削弱高次谐波磁势，从而可发送电动机的启动和运行性能。采用正弦绕组后，电动机定子铁芯槽内主、副绕组不再按一定的比例分配，而各自按不同数量的导体分布在定子各槽中。

正弦绕组每极下匝数的分配是：把每相每极的匝数看作百分之百，根据各线圈节距 1/2 的正弦值来计算各线圈匝数所应占每极匝数的百分比。根据节距和槽内导体分布情况，正弦绕组的节距可以分为偶数节距和奇数节距，如图 4-12 所示。在采用奇数节距时，槽 1 和槽 10 内放有两个绕组的线圈，因此线圈 1～10 的匝数只占正弦计算值的 1/2。

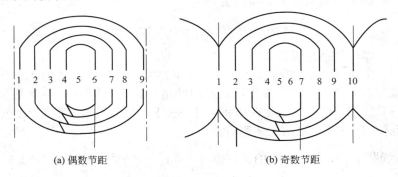

(a) 偶数节距　　　　　　　　　　　(b) 奇数节距

图 4-12　偶数节距和奇数节距的正弦绕组

以图 4-12 所示的正弦绕组（每极下有 9 槽，每极串联导体的总匝数为 W）为例，说明各槽导体数求法。

① 偶数节距方案 线圈 1～9 节距 1/2 的正弦值 $=\sin\left(\dfrac{8}{9}\times 90°\right)=\sin 80°=0.985$

线圈 2～8 节距 1/2 的正弦值 $=\sin\left(\dfrac{6}{9}\times 90°\right)=\sin 60°=0.866$

线圈 3～7 节距 1/2 的正弦值 $=\sin\left(\dfrac{4}{9}\times 90°\right)=\sin 40°=0.643$

线圈 4～6 节距 1/2 的正弦值 $=\sin\left(\dfrac{2}{9}\times 90°\right)=\sin 20°=0.342$

每极下各线圈正弦值的和为：

$$0.985+0.866+0.643+0.342=2.836$$

各线圈匝数的分配分别为：

$$线圈 1～9 为\dfrac{0.985}{2.888}=0.347(W)$$

即为每极总匝数 W 的 34.7%。

$$线圈 2～8 为\dfrac{0.866}{2.836}=0.305(W)$$

即为每极总匝数 W 的 30.5%。

$$线圈 3～7 为\dfrac{0.643}{2.836}=0.227(W)$$

即为每极总匝数 W 的 22.7%。

$$线圈 4～6 为\dfrac{0.342}{2.836}=0.121(W)$$

即为每极总匝数 W 的 12.1%。

② 奇数节距方案 奇数节距方案每极下各线圈匝数的求法步骤和偶数节距方案大都相同，不同的是节距为整距（$y=9$）的那一只线圈，由于有 1/2 在相邻的另一极下，故其线圈节距 1/2 的正弦值应为计算值的 1/2。则有：

线圈 1～10 节距 1/2 的正弦值 $=\dfrac{1}{2}\sin\left(\dfrac{9}{9}\times 90°\right)=\dfrac{1}{2}\sin 90°=0.5$

线圈 2～9 节距 1/2 的正弦值 $=\sin\left(\dfrac{7}{9}\times 90°\right)=\sin 70°=0.9397$

线圈 3～8 节距 1/2 的正弦值 $=\sin\left(\dfrac{5}{9}\times 90°\right)=\sin 50°=0.766$

线圈 4～7 节距 1/2 的正弦值 $=\sin\left(\dfrac{3}{9}\times90°\right)=\sin30°=0.5$

每极下各线圈正弦值的和为：

$$0.5+0.9397+0.766+0.5=2.706$$

各线圈匝数的分配分别为：

$$线圈\ 1～10\ 为\dfrac{0.5}{2.706}=0.185(W)$$

即为每极总匝数 W 的 18.5%。

$$线圈\ 2～9\ 为\dfrac{0.9397}{2.706}=0.347(W)$$

即为每极总匝数 W 的 34.7%。

$$线圈\ 3～8\ 为\dfrac{0.766}{2.706}=0.283(W)$$

即为每极总匝数 W 的 28.3%。

$$线圈\ 4～7\ 为\dfrac{0.766}{2.706}=0.185(W)$$

即为每极总匝数 W 的 18.5%。

正弦绕组可有不同的分配方案，对不同的分配方案，基波系数的大小和谐波含量也有差别。通常，线圈所占槽数越多，基波绕组系数越小，谐波强度也越小。另外，由于小节距线圈所包围的面积小，产生的磁通量也少，所以对电动机性能的影响也很小，因此有时为了节约铜线，常常去掉不用。

4.2.3 常用的单相异步电动机定子绕组举例

（1）**洗衣机电动机的定子绕组** 洗衣机电动机多为 24 槽 4 极电容分相式电动机。定子绕组采用正弦绕组的第二种嵌线方式。电动机定子的主绕组和副绕组的匝数、线径及绕组分布都相同。

由图 4-13 可知，每极下每相绕组只有两个线圈（大线圈和小线圈）。大线圈的跨距为 $y_{1～7}=6$，小线圈的跨距为 $y_{2～6}=4$。主、副绕组对应参数相同，只需要大、小两套线圈模具即可。这种定子绕组的嵌线方式目前使用的比较多。

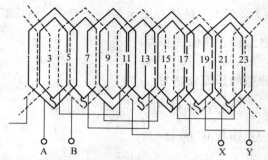

图 4-13　洗衣机电动机第一种定子绕组展开图

大、小线圈的匝数：$y_{1\sim6}$ 大线圈 = 90 圈，$y_{2\sim7}$ 小线圈 = 180 圈。

白兰牌洗衣机电动机定子绕组展开图如 4-14 所示。图中主、副绕组大线圈单独占定子槽，主绕组和副绕组的小线圈边合用定子槽。例如在 2 号槽内不仅有主绕组的小线圈边，还有副绕组的小线圈边。

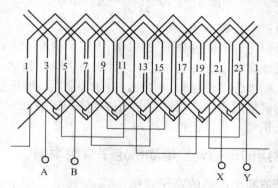

图 4-14　洗衣机电动机第二种定子绕组展开图

属于洗衣机电动机定子绕组第二种嵌线方式、有关每极每相中各线圈的匝数为：

$y_{1\sim6}$ 大线圈 = 180 圈，$y_{2\sim5}$ 小线圈 = 90 圈，实际每相绕组匝数为 90 + 180 = 270（圈）。

通过上述分析，可以得出洗衣机电动机定子绕组的大线圈匝数与小线圈匝数比为 1∶2 或 2∶1。绕组的导线线径 ϕ 为

0.36～0.38mm。

(2) 电冰箱压缩机电动机定子绕组　电冰箱压缩机电机有两种：第一种为 32 槽 4 极电动机；第二种为 24 槽 2 极电动机。

① 某冰箱厂生产的电冰箱压缩机电机定子绕组展开图和有关参数

a. 定子展开情况如图 4-15、图 4-16 所示。

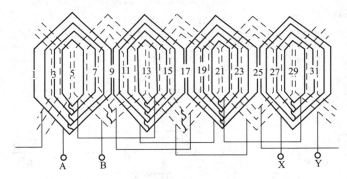

图 4-15　TD5801 型电冰箱压缩机定子绕组展开图

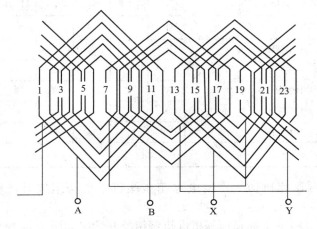

图 4-16　QF-12-75 和 QF-12-93 型电冰箱压缩机
定子绕组展开图

b. 电机有关参数见表 4-1。

表 4-1 电机有关参数

技术规格 ＼ 压缩机型号	LD5801		QF-12-75		QF-12-93	
工作电压/V	200		220		220	
额定电流/A	1.4		0.9		1.2	
输出功率/W	93		75		93	
额定转速/(r/min)	1450		2800		2800	
定子绕组采用 QZ 或 QF 漆包线	运行	启动	运行	启动	运行	启动
导线直径/mm	0.64	0.35	0.59	0.31	0.64	0.35
匝数 小小线圈	71		45		36	
小线圈	96	33	67	60	70	40
中线圈	125	40	101	70	81	60
大线圈	65	50	117	100	92	70
大大线圈			120	140	98	200
定子绕组匝数	357×4	123×4	470×2	370×2	379×2	370×2
绕组电阻值(直流电阻)/Ω	17.32	20.8	16.3	45.36	11.81	41.4
定子铁芯槽数	32		24		24	
绕组跨距 小小线圈	2		3		3	
小线圈	4	4	5	5	5	5
中线圈	6	6	7	7	7	7
大线圈	8	8	9	9	9	9
大大线圈			11	11	11	11
定子铁芯叠厚/mm	28		25		25	

　② 某医疗机械生产的电冰箱压缩机电机绕组展开图和有关参数

　a. LD-1-6 电冰箱压缩机电机绕组展开情况如图 4-17 所示。

　b. 5608（Ⅰ）型和 5608（Ⅱ）型电冰箱压缩机电机绕组展开情况如图 4-18 所示。

　c. 电机有关参数见表 4-2。

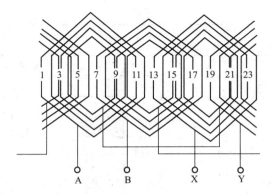

图 4-17　LD-1-6 电冰箱压缩机电机绕组展开图

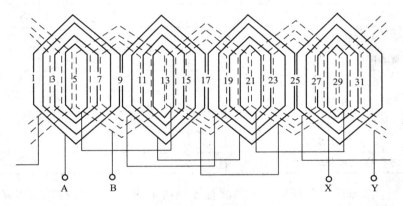

图 4-18　5608（Ⅰ）型和 5608（Ⅱ）型电冰箱压缩机电机绕组展开图

表 4-2　电机有关参数

技术规格 压缩机型号	LD-1-6		5608（Ⅰ）		5608（Ⅱ）	
工作电压/V	220		220		220	
额定电流/A	1.1		1.6		1.6	
输出功率/W	93		125		125	
额定转速/(r/min)	2800		1450		1450	
定子绕组采用 QZ 或 QF 漆包线	运行	启动	运行	启动	运行	启动

续表

压缩机型号 / 技术规格	LD-1-6		5608（Ⅰ）		5608（Ⅱ）	
导线直径/mm	0.64	0.35	0.7	0.37	0.72	0.35
匝数　小小线圈			62		59	
小线圈	65	41	91	33	61	34
中线圈	85	50	110	54	81	46
大线圈	113	120^{+65}_{-26}	100	70	46	50
大大线圈	113	119^{+20}_{-97}				
绕组总匝数	370×2	238×2	363×2	157×4	247×4	130×4
绕组电阻值(直流电阻)/Ω	12	33	14	27.2	10.44	23.52
定子铁芯槽数	24		32		32	
绕圈节距　小小线圈			2		2	
小线圈	5	5	4	4	4	4
中线圈	7	7	6	6	6	6
大线圈	9	9	8	8	8	8
大大线圈	11	11				
定子铁芯叠厚/mm	28		36		36	

　　③ 某医疗器械厂生产的冰箱压缩机电机定子绕组展开图和有关数据

　　a. FB-516 型电冰箱压缩机电机绕组展开情况如图 4-19 所示。

　　b. FB-517 型电冰箱压缩机电机绕组展开情况如图 4-20 所示。

　　c. FB-505 型电冰箱压缩机电机绕组展开情况如图 4-21 所示。

　　d. 电机有关参数见表 4-3。

　　(3) 电风扇电动机的定子绕组　电风扇所用的都是电容分相式单相异步电动机。吊扇所用的为外转子式的特殊单相电动机，定子一般为 36 槽 16 极，转速为 333r/min。台扇和落地扇所用的为普通的内转子式电动机，其定子多为 16 槽和 8 槽，有 4 个磁极，转速为 1450r/min。

表 4-3　电机有关参数

技术规格 ＼ 压缩机型号	FB-516		FB-516 (517Ⅰ)		FB-505		FB-617Ⅱ	
工作电压/V	220		220	220	220		220	
额定电流/A	1.2~1.5		1.7	1.3	0.7		1.1	
输出功率/W	93		93	93	65		93	
额定转速/(r/min)	1450		1450	1450	2850		2850	
定子绕组采用 QZ 或 QF 漆包线	运行	启动	运行	启动	运行	启动	运行	启动
导线直径/mm	0.59~0.61	0.38	0.38	0.38	0.51	0.31	0.64	0.38
匝数　小小线圈					88	53	41	
小线圈	90		90	18	88	53	78	46
中线圈	118	41	110	35	131	79	88	64
大线圈	122	102	137	95	131	79	103	68
大大线圈					175	104	105	70
绕组总匝数	330×4	143×4	337×4	148×4	618×2	368×2	415×2	248×2
绕组电阻值(直流电阻)/Ω	19~20	24~25	14~16	21				
定子铁芯槽数	32		32		24		24	
绕组跨距　小小线圈					3	3	3	
小线圈	3		3	3	5	5	5	5
中线圈	5	5	5	5	7	7	7	7
大线圈	7	7	7	7	9	9	9	9
大大线圈					11	11	11	11
定子铁芯叠厚/mm	28		28		30		40	

　　电风扇电动机定子绕组一般采用单层链式绕组。下面为几种形式电动机定子绕组的展开图。

　　① 华生牌吊扇电机绕组展开图和技术参数

　　a. 绕组展开图（36 槽 18 极电机）如图 4-22 所示。

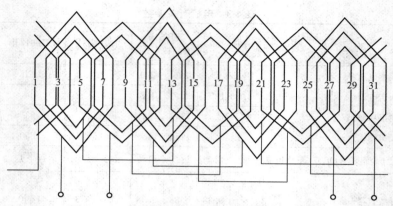

图 4-19 FB-516 型电冰箱压缩机电机绕组展开图

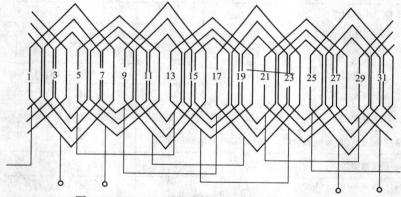

图 4-20 FB-517 型电冰箱压缩机电机绕组展开图

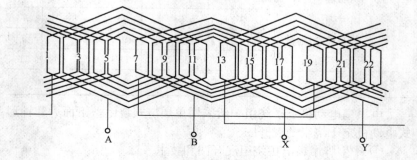

图 4-21 FB-505 型电冰箱压缩机电机绕组展开图

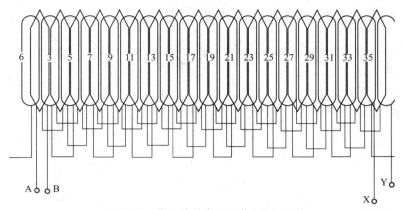

图 4-22 华生牌吊扇电机绕组展开图

b. 技术参数见表 4-4。

表 4-4 华生牌吊扇电机绕组技术参数

规格 /mm	电压值 /V	电源 频率 /Hz	铁芯 叠厚 /mm	内定子铁 芯槽数	电容/μF (耐压/V)	主绕组		副绕组	
						线径 /mm	匝数	线径 /mm	匝数
900	220	50	23	36	1.2(400)	0.27	295×18	0.23	400×18
1050	220	50	23	36	1.2(400)	0.27	295×18	0.23	400×18
1200	220	50	28	36	1.5(400)	0.29	240×18	0.27	300×18
1400	220	50	28	36	2.4(400)	0.29	240×18	0.27	300×18

② 落地扇和台扇定子绕组展开图及技术参数

a. 绕组展开图如图 4-23 所示。

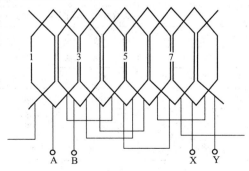

图 4-23 8 槽 4 极电机节矩为 2 的定子绕组展开图

b. 绕组展开图如图 4-24 所示。

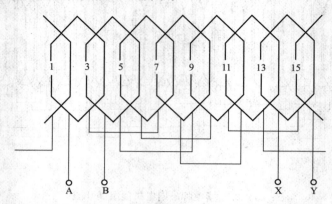

图 4-24 16 槽 4 极电动机定子绕组展开图

c. 电机有关参数见表 4-5。

表 4-5 电机有关参数

规格/mm	电压/V	频率/Hz	叠厚/mm	铁芯槽数	电容/μF（耐压值/V）	主绕组		副绕组	
						线径/mm	匝数	线径/mm	匝数
400	200/220	50	32	8	1.35(400)	0.25	475×4	0.19	790×4
400	220	50	28	16	1.2(400)	0.21	700×4	0.17	980×4
350	220	50	32	8	1.2(400)	0.23	560×4	0.19	790×4
300	220	50	20	16	1.2(400)	0.18	880×4	0.18	880×4
300	200/220	50	26	8	1(500)	0.21	650×4	0.17	900×4
250	110	50	20	8	2.5(250)	0.25	455×4	0.19	710×4
250	190/200	50	20	8	1.2(400)	0.19	825×4	0.19	710×4
250	220	50	20	8	1(600)	0.17	935×4	0.17	980×4
250	220	50	20	8	1(500)	0.17	935×4	0.15	1020×4
200 (230)	200/220	50	28	8	1(500)	0.17	840×4	0.15	1020×4
200	190～230	50	22	8	1(500)	0.15	960×4	0.15	1160×4

洗衣机和电冰箱电动机的定子绕组采用正弦绕组，也就是说绕

组是按正弦规律分布的。电风扇电动机采用单层链式绕组，其单元绕组的跨距相同。

上述所讲的电动机定子绕组，无论采用正弦绕组还是采用链式绕组，主绕组与副绕组在空间上都相差 90°电角度。这是分相式电动机一个重要的特点。

③ 用自身抽头调速风扇电机的绕组　如图 4-25 所示，这种电机绕组由于存在运行绕组、启动绕组及调速绕组，因此下线、接线都比较麻烦。下面以国产"葵花牌"FL40-4 风扇电机为例说明。

电机定子共 16 槽，8 个大槽，8 个小槽；每个线圈的间距为 4 槽；每个绕组由四个线圈对称均匀分布。

a. 调速绕组。它采用 ϕ0.15mm 高强度漆包线，双股并绕四个线圈，每个线圈绕 180 圈（双线 180 圈），图 4-25 所示为其下线结构及接线方法。

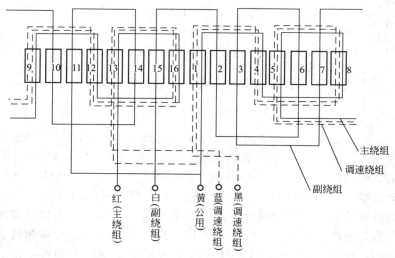

图 4-25　葵花牌 FL40-4 型电风扇电机展开图

从图 4-26 中我们可以看到，调速绕组在下线时应分为两组进行，其 1、2 两个线圈单个绕制为第一组，3、4 两个线圈为第二组。第一组的两个线圈分别下入 1～4 槽、5～8 槽。第二组的两个线圈分别下入 9～12 槽、13～16 槽。应注意的是：虽然调速绕组是双线并绕但应单股相接，相连时不能混乱。具体接线时应将第一组的两个线圈先用"里接里"或"外接外"的方法连接起来，再将第二组的两个线圈连接起来，如图 4-26 所示。然后将第一组第二个线圈 2 与第二组的第一个线圈 3 连接起来。图中为里头相接。最后将第一个线圈 1 的两个里头分别接入选择开关的慢速接点"黑"和电机运行及启动的公用接点"黄"，将第二组的第二个线圈 4 的两个里头分别接入选择开关的中速接点"蓝"及公用点"黄"。

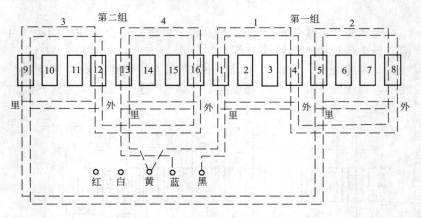

图 4-26　调速绕组下线方法及接线图

b. 主绕组（运行绕组）。定子的主绕组用 $\phi 0.20$mm 的高强度漆包线绕制，它采用单股线绕制四个线圈，每个线圈为 700 圈，主绕组的四个线圈，也分两组，第一组的 1、2 两个线圈下入调速绕组的第一组槽内，即 1～4 槽、5～8 槽。下线时必须在调速绕组的线上垫一层绝缘纸。绕组的第二线圈 3、4，下入调速绕组的第二组槽（9～13 槽、13～16 槽）内。其接线方法与调速绕组相同，如图 4-27 所示第一组的两个线圈外头与外头相连，第二组的两个线圈外头与外头相连。再将第一组第二个线圈 2 的里头与第二组第一个线圈 3 的里头相连。最后将第一组第一个线圈里头接选择开关的公用点"黄"，第二组第二个线圈 4 的里头接电源"红"的端点。

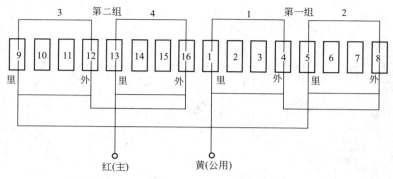

图 4-27 主绕组的下线方法和接线图

c.副绕组（启动绕组）。定子中的副绕组，用 φ0.15mm 的高强度漆包线单绕制四个线圈，每个 1000 匝。其下线时也分为两组：第一组的两个线圈下入 15～2 槽、3～6 槽，第二组的两个线圈下入 7～10 槽、11～14 槽。其接线方法与上述一样，如图 4-28 图所示。最后将第一组的第一个线圈 1 的里头接电机的启动电容接点"白"，将第二组的第二个线圈 4 的里头接选择开关的公用点"黄"。

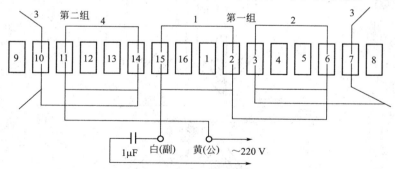

图 4-28 副绕组的下线方法和接线图

（4）罩极电动机绕组

① 罩极电动机 2 极 16 槽同心式绕组展开分解情况如图 4-29、图 4-30 所示。

图 4-29 所示的启动线圈下线方法与图 4-30 所示的启动线圈下线方法一样，只是所占据的槽数不一样：图 4-30 所示的第一个启

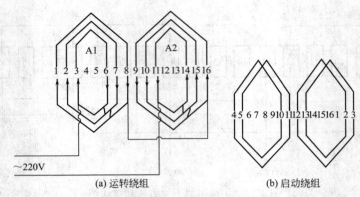

(a) 运转绕组　　　(b) 启动绕组

图 4-29　罩极电动机 2 极 16 槽同心式绕组展开分解图（一）

动线圈占据 3、9、4、10 槽；图 4-29 所示的第一个启动线圈占据
4、10、5、11 槽；图 4-29 所示的第二个启动线圈占据 11、1、12、
2 槽；图 4-30 所示的第二个启动线圈占据 12、2、13、3 槽。

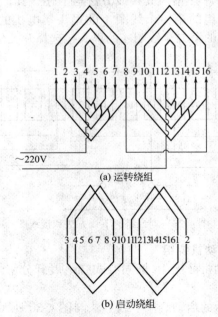

(a) 运转绕组

(b) 启动绕组

图 4-30　罩极电动机 2 极 16 槽同心式绕组展开分解图（二）

　　这些种形式的绕组广泛应用于功率为 40～60W 的鼓风机中。由于同功率不同厂家的产品其启动线圈直径、长度和运转绕组导线直径、每个线把的匝数不一样，因此在更换绕组前必须留下原始数据，运转绕组、启动线圈必须按原始数据更换。

　　② 单相罩极电动机 2 极 18 槽同心式绕组展开分解情况如图 4-31 所示。

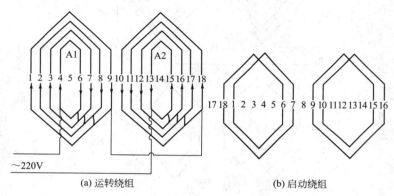

图 4-31　单相罩极电动机 2 极 18 槽同心式绕组展开分解图

　　启动线圈是四组的绕组展开分解情况如图 4-32 所示。

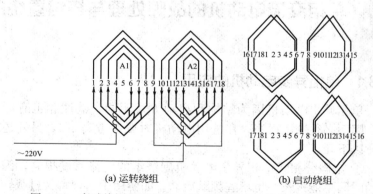

图 4-32　启动线圈是四组的 2 极 18 槽同心式绕组展开分解图

　　③ 单相罩极电动机 2 极 24 槽同心式绕组展开分解情况如图 4-33 所示。

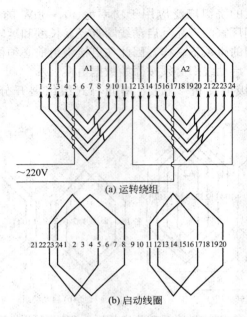

图 4-33　单相电动机 2 极 24 槽同心式绕组展开分解图

4.3　单相交流电动机的故障处理与绕组重绕的计算

4.3.1　单相异步电动机的应用

单相异步电动机因为结构和启动方式不同，其性能也有所不同，因而必须选用得当。在选用电动机时要参考表 4-6，另外还要注意以下几点：

①　电阻分相式单相异步电动机副绕组的电流密度很高，因此启动时间不能过长，也不宜频繁启动。如使用中出现特大过载转矩的情况（工业缝纫机卡住），则不宜选用这种电动机，否则离心开关或启动继电器将再次闭合，容易使副绕组烧了。

②　电容启动式单相异步电动机的启动电容（电解电容）通电

表 4-6 单相异步电动机的性能及应用

类型	电阻分相式	电容启动式	电容运转式	电容启动和运转式	罩极式
系列代号	BO1	CO1	DO1		
标准号	JB1010-81	JB1011-81	JB1012-81		
功率范围/W	80～570	120～750	6～250	6～150	1～120
最大转矩倍数	＞1.8	＞1.8	＞1.8	＞2.0	
最初启动转矩倍数	1.1～1.37	2.5～3.0	0.35～1.0	＞1.8	
最初启动电流倍数	6～9	4.5～5.5	5～7		
典型用例	具有中等的启动转矩和过载能力,适用于小型车床、鼓风机械、医疗器械等	具有较高的启动转矩,用于小型空气压缩机、电冰箱、磨粉机、水泵及其他满载启动的机械	启动转矩低,但具有较高的效率和功率因数,体积小,用于电风扇、通信机、洗衣机、录音机及各种轻载和轻载启动的机械	具有较好的启动、运行性能,适用于家用电器、泵、小型机床等	启动和运行性能均较差,适用于小型风扇、电动模型及各种空载或空载启动的小器具

时间一般不得超过 3s,而且允许连续接通的次数低,故不宜用在频繁启动的场合。

③ 电容运转式单相异步电动机有空载过流的情况（即空载温升比满载温升高）,因此在选用这类电动机时,其功率余量一般不宜过大,应尽量使电动机的额定负载相接近。

④ 从以上五种类型的单相异步电动机来看,它们在单相电源情况下是不能自行启动的,必须加启动绕组（副绕组）。因为单相电流在绕组中产生的磁势是脉振磁势,在空间并不形成旋转磁效应,所以单相电动机的转矩为零。当用足够的外力推动单相电动机转子（可用绳子绕过转轴若干圈,接通电源后,迅速拉绳子,使转子飞速旋转）时,如果沿顺时针方向推动转子则电动机就会产生一个顺时针方向转动力矩,则转子就会沿顺时针方向继续旋转,并逐步加速到稳定运行状态；如果外力使转子沿反时针方向推动转子,则电动机就会产生一个反时针方向的转动力矩,使转子沿反时针方向继续旋转,并逐步加速到稳定运行状态。所以要改变单相的转动力矩,

只需将副绕组的头尾对调一下就行了。当然对调主绕组的头尾也可以。这是单相异步电动机的显著特点。平时我们在修理单相电动机时，如发现主绕组尚好、副绕组已坏，则可采用加外力启动的方法，如电动机运行正常，则可以证实运行绕组完好，启动绕组有问题。

4.3.2　单相异步电动机的故障及处理方法

单相电动机由启动绕组和运转绕组组成定子。启动绕组的电阻大、导线细（俗称小包）；运转绕组的电阻小、导线粗（俗称大包）。单相电动机的接线端子包括公共端子、运转端子（主线圈端子）、启动线圈端子（辅助线圈端子）等。

在单相异步电动机的故障中，有大多数是由于电动机绕组烧毁而造成的。因此在修理单相异步电动机时，一般要做电器方面的检查，首先要检查电动机的绕组。

单相电动机的启动绕组和运转绕组的分辨方法如下：用万用表的 $R \times 1$ 挡测量公共端子、运转端子（主线圈端子）、启动线圈端子（辅助线圈端子）三个接线端子的每两个端子之间的电阻值。测量完按下式（一般规律，特殊除外）进行计算：

$$总电阻＝启动绕组＋运转绕组$$

已知其中两个值即可求出第三个值。小功率的压缩机用电动机的电阻值见表 4-7。

表 4-7　小功率的压缩机用电动机的电阻值

电动机功率/kW	启动绕组电阻/Ω	运转绕组电阻/Ω
0.09	18	4.7
0.12	17	2.7
0.15	14	2.3
0.18	17	1.7

(1) 单相电动机的故障　单相电动机常见故障有：电机漏电、电机主轴磨损和电机绕组烧毁。

造成电机漏电的原因有：

① 电机导线绝缘层破损，并与机壳相碰。

② 电机严重受潮。

③ 组装和检修电机时，因装配不慎使导线绝缘层受到磨损或碰撞，导线绝缘率下降。

电动机因电源电压太低，不能正常启动或启动保护失灵，以及制冷剂、冷冻油含水量过多，绝缘材料变质等也能引起电机绕组烧毁和断路、短路等故障。

电机断路时，不能运转，如有一个绕组断路时电流值很大，也不会运转。振动可能导致电机引线烧断，使绕组导线断开。保护器触点跳开后不能自动复位，也是断路。电机短路时，电机虽能运转，但运转电流大，致使启动继电器不能正常工作。短路原因有匝间短路、通地短路和鼠笼线圈断条等。

（2）单相电动机绕组的检修　电动机的绕组可能发生断路、短路或碰壳通地。简单的检查方法是将一只220V、40W的试验灯泡联接在电动机的绕组线路中，用此法检查时，一定要注意防止触电事故。为了安全，可使用万用表检测绕组通断（图4-34）与接地情况（图4-35）。

图4-34　万用表检查电动机绕组通断

检查断路时可用欧姆表，将一根引线与电动机的公共端子相接，另一根线依次接触启动绕组和运转绕组的接线端子，用来测试

用万用表检查电动机接地情况

绕组电阻。　　　　　　　产品说明书规定的阻值（或启动绕组
电阻和　　　　　　　用线的电阻），即说明电动机绕组
情况

表或万用表的 $R\times1k$、$R\times$
缘电阻，判断是否通地。
阻低于 $1M\Omega$，则表明压

无限大，即为断路；如果

间短路、绕组烧毁、绕组间短路
相间绝缘，如果绝缘电阻过低，即表

全部短路表现不同，全部短路时可能会有焦味

情况时，可在压缩机底座部分外壳上某一点将漆皮刮
试验灯的一根引线接头与底座的这一点接触。试验灯的另
线则接在压缩机电动机的绕组接点上。

接通电源后，如果试验灯发亮则该绕组接地良好；如果校验灯暗红则表示该绕组严重受潮。受潮的绕组应进行烘干处理，烘干后用兆欧表测定其绝缘电阻，当电阻值大于 5MΩ 时，方可使用。

(3) **绕组重绕** 电动机转子用铜或铝合金浇铸在冲孔的矽钢片中，形成鼠笼形转子绕组。当电机损坏后，可进行重绕，电机绕组重绕方法参见有关电机维修方法。当电机修好后，应按下面介绍内容进行测试。

① 电机正、反转试验和启动性试验 电机的正、反转是由接线方法来决定的。电机绕组下好线以后，连好接线，先不绑扎，首先做电机正、反转试验。其方法是：用直径为 0.64mm 的漆包线（去掉外皮）做一个直径为 1cm 大小的闭合小铜环，铜环周围用棉丝缠起来；然后用一根细棉线将其吊在定子中间，将运转与启动绕组的出头并联，再与公共端接通 110V 交流电源（用调压器调好）；当短暂通电时（通电时间不宜超出 1min），如果小铜环顺转则表明电动机正转，如果小铜环逆转则表明电机反转；如果电机运转方向与原来不符，可将启动绕组的其中一个线包的里、外头对调。

在组装好电动机后进行空载试验，所测量电动机的电流值应符合产品说明书的设计技术标准。空载运转时间应在连续 4h 以上，并应观察其温升情况。如温升过高，可考虑电机的定子与转子的间隙是否合适或电动机绕组本身有无问题。

② 空载运转时，要注意电动机的运转方向。从电动机引出线看，转子是逆时针方向旋转。有的电机在其最大的一组启动绕组中，可以看到反绕现象，在重绕时要注意按原来反绕匝数绕制。

单相异步电动机的故障与三相异步电动机的故障基本相同，如短路、接地、断路、接线错误以及不能启动、电机过热等，其故障的检查处理也与三相异步电动机基本相同。

4.3.3. 单相异步电动机的重绕计算

(1) **主绕组计算**

① 测量定子铁芯内径 D_1（cm），长度 L_1（cm），槽形尺寸，记录定子槽数 Z_1，极数 $2p$。

② 极距

$$\tau = \frac{\pi D_1}{2p}$$

③ 每极磁通量

$$\Phi = a_\delta \beta_\delta \tau L_1 \times 10^{-4} \quad (\text{Wb})$$

式中　a_δ——极弧系数，其值为 $0.6 \sim 0.7$；

　　　β_δ——气隙磁通密度，当 $2p = 2$ 时 $\beta_\delta = 0.35 \sim 0.5$，当 $2p = 4$ 时 $\beta_\delta = 0.55 \sim 0.7$，对小功率、低噪声电动机取小值。

④ 串联总匝数

$$W_m = \frac{E}{4.44 f \Phi K_w} \quad (\text{匝})$$

式中　E——绕组感应电势，V。

　　　K_w——绕组系数，集式绕组 $K_w = 1$，单层绕组 $K_w = 0.9$，正弦绕组 $K_w = 0.78$。

通常 $E = \zeta U_N$

式中　U_N——外施电压；

　　　ζ——系数，$\zeta = 0.8 \sim 0.94$，功率小，极数多的电动机取小值。

⑤ 匝数分配（用于正弦绕组）

a. 计算各同心线把的正弦值：

$$\sin(x-x') = \sin \frac{y(x-x')}{2} \times \frac{\pi}{\tau}$$

式中　$\sin(x-x')$——某一同心线把的正弦值；

　　　$y(x-x')$——该同心线把的节距；

　　　　　　π——每极相位差（$\pi = 180°$）

　　　　　　τ——极距，槽。

b. 每极线把的总正弦值：

$$\sum \sin(x-x') = \sin(x_1-x_1') + \sin(x_2-x_2') + \cdots + \sin(x_n-x_n')$$

c. 各同心线把占每极相组匝数的百分数：

$$n(x-x') = \frac{\sin(x-x')}{\sum \sin(x-x')} \times 100\%$$

⑥ 导线截面积：在单相电动机中，主绕组导线较粗，应根据主绕组来确定槽满率。

a. 槽的有效面积：

$$S_C'=KS_C(mm^2)$$

式中 S_C——槽的截面积，mm^2。

K——槽内导体占空数，$K=0.5\sim0.6$。

b. 导线截面积：

$$S_m=\frac{S_C'}{N_m}$$

式中 N_m——主绕组每槽导线数，根。

对于主绕组占总槽数 2/3 的单叠绕组：

$$N_m=\frac{2W_m}{\frac{2}{3}Z_1}=\frac{3W_m}{Z_1}$$

对于"正弦"绕组，N_m 应取主绕组导线最多的那一槽来计算。若该槽中同时嵌有副绕组，则在计算 S_C 时应减去绕组所占的面积，或相应降低 K 值。

当电动机额定电流为已知，可按下式计算导线截面：

$$S_m=\frac{I_N}{j}\ (mm^2)$$

式中 j——电流密度，A/mm^2，一般 $j=4\sim7A/mm^2$，2 极电动机取较小值；

I_N——电动机额定电流，A。

⑦ 功率估算：

$$I_N=S_mj\ (A)$$

输出功率为：

$$P_N=U_NI_N\eta\cos\phi\ (W)$$

式中 η——效率，可查图 4-36 或图 4-37；

$\cos\phi$——功率因数，可查图 4-36 或图 4-37。

(2) 副绕组计算

① 分相式和电容启动式电动机，副绕组串联总匝数为：

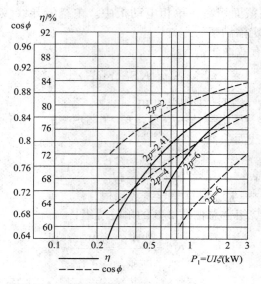

图 4-36 罩极式电动机 η、$\cos\phi$ 与 P 的关系

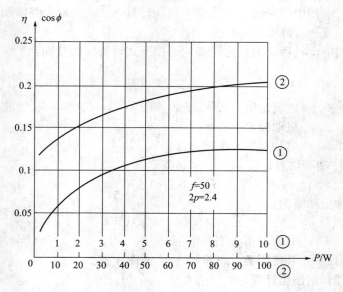

图 4-37 分相式、电容启动式电动机的 η 及 $\cos\phi$

$$W_n = (0.5 \sim 0.7)W_m$$

导线截面积为：

$$S_n = (0.25 \sim 0.5)S_m$$

② 电容运转式电动机，串联总匝数为：

$$W_n = (1 \sim 1.3)W_m$$

导线截面积与匝数成反比，即：

$$S_n = \frac{S_m}{1 \sim 1.3}$$

(3) 电容值的确定 电动机的电容值按下列经验公式确定：

① 电容启动式：

$$C = (0.5 \sim 0.8)P_N \quad (\mu F)$$

式中 P_N——电动机功率，W。

② 电容运转式：

$$C = 8j_n S_n (\mu F)$$

式中 j_n——副绕组电流密度，A/mm^2，一般取 $j_n = 5 \sim 7$A/mm^2。

按计算数据绕制的电动机，若启动性能不符合要求，则可对电容量或副绕组进行调整。对电容式电动机，若启动转矩小，则可增大电容器容量或减少副绕组匝数；若启动电流过大，则可增加匝数并同时减小电容值；若电容器端电压过高，则应增大电容值或增加副绕组匝数。对分相式电动机，若启动转矩不足，则可减少副绕组匝数；若启动电流过大，则应增加匝数或将导线直径改小些。

计算实例：

【例 4-1】 一台分相式电动机，定子铁芯内径 $D_1 = 5.7$cm，长度 $L_1 = 8$cm，定子槽数 $Z_1 = 24$，$2p = 2$，平底圆顶槽，尺寸如图 4-38 所示，试计算额定电压为 220V 时的单叠绕组数据。

解：(1) 主绕组计算

① 极距

$$\tau = \frac{\pi D_1}{2p} = \frac{3.14 \times 5.7}{2} = 8.95 \quad (cm)$$

② 每极磁通量 取 $a_\delta = 0.64$，$\beta_\delta = 0.45$T，则：

$$\Phi = a_\delta \beta_\delta \tau L_1 \times 10^{-4} = 0.64 \times 0.45 \times 8.95 \times 8 \times 10^{-4}$$
$$= 0.206 \times 10^{-4} \quad (Wb)$$

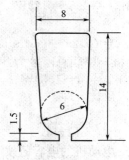

图 4-38 槽形尺寸

③ 串联总匝数 取 $\zeta = 0.82$，则：

$$W_m = \frac{\zeta U_N}{4.44 f \Phi K_w} = \frac{0.82 \times 220}{4.44 \times 50 \times 0.206 \times 10^{-2} \times 0.9} = 438（匝）$$

④ 导线截面积

a. 槽的有效面积。由图 4-38 得：

$$S_C = \frac{8+6}{2} \times [14 - (1.5 + 0.5 \times 6)] + \frac{3.14 \times 6^2}{8} = 80.6（mm^2）$$

取 $K = 0.53$，则：

$$S'_C = 0.53 \times 80.6 = 43（mm^2）$$

b. 导线截面积。先求每槽导线数。设主绕组占总槽数的 2/3，则：

$$N_m = \frac{3W_m}{Z_1} = \frac{3 \times 438}{24} = 55（根）$$

即每个线把 55 匝，共 8 个线把。

导线截面积为：

$$S_m = \frac{S'_C}{N_m} = \frac{43}{55} = 0.72（mm^2）$$

取相近公称截面积为 $0.785mm^2$，得标称导线直径为 1.0mm。

⑤ 功率估算

a. 额定电流。取 $j = 5A/mm^2$，则：

$$I_N = S_m j = 0.785 \times 5 = 3.92 \text{ (A)}$$

b. 输入功率

$$P_1 = I_N U_N \zeta \times 10^{-3} = 3.92 \times 220 \times 0.82 \times 10^{-3}$$
$$= 0.7 \text{ (kW)}$$

查图 4-36 或图 4-37 得：$\eta = 74\%$，$\cos\phi = 0.85$。则输出功率为：

$$P_N = U_N I_N \eta \cos\phi = 220 \times 3.92 \times 0.74 \times 0.85 = 542 \text{ (W)}$$

（2）副绕组计算 串联总匝数为：

$$W_n = 0.7 W_m = 0.7 \times 438 = 306 \text{ (匝)}$$

导线截面积为：

$$S_n = 0.25 S_m = 0.25 \times 0.785 = 0.196 \text{ (mm}^2\text{)}$$

取相近公称截面积为 0.204mm^2，得线径为 0.51mm。

副绕组占 $\dfrac{Z_1}{3} = \dfrac{24}{3} = 8$（槽），每槽导线数 $= \dfrac{306 \times 2}{8} = 76$（根），即每个线把 76 匝，共 4 个线把。

【例 4-2】 一台电容启动式 4 极电动机，定子铁芯内径 $D_1 = 7.1\text{cm}$，长度 $L_1 = 6.2\text{cm}$，$Z_1 = 24$，试计算额定电压为 220V 时"正弦"绕组各同心线把的匝数。

解：

（1）主绕组计算

① 极距

$$\tau = \frac{\pi D_1}{2p} = \frac{3.14 \times 7.1}{4} = 5.57 \text{ (cm)}$$

② 每极磁通

$$\Phi = a_\delta \beta_\delta \tau L_1 \times 10^{-4} = 0.7 \times 0.6 \times 5.57 \times 6.2 \times 10^{-4}$$
$$= 0.145 \times 10^{-2} \text{ (Wb)}$$

（取 $a_\delta = 0.7$，$\beta_\delta = 0.6$）

③ 串联总匝数

$$W_m = \frac{\zeta U_N}{4.44 f \Phi K_w} = \frac{0.8 \times 220}{4.44 \times 50 \times 0.145 \times 10^{-2} \times 0.78}$$
$$= 700 \text{ (匝)}$$

（取 $\zeta = 0.8$）

④ 匝数分配

a. 每极相组匝数为：

$$W_{mp} = \frac{W_m}{2p} = \frac{700}{4} = 175 \text{（匝）}$$

b. 各同心线把的正弦值。主绕组采用图 4-39 所示的布线方式，每极由 1-3、1-5、1-7 三个同心线把组成。则：

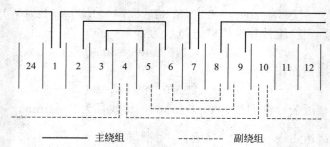

主绕组 ———— 主绕组   -------- 副绕组

图 4-39 绕组布线示意图

$$\sin(3\text{-}5) = \sin\frac{y(3\text{-}5)}{2} \times \frac{\pi}{2} = \sin\frac{2}{2} \times \frac{180°}{6} = \sin 30° = 0.5$$

$$\sin(2\text{-}6) = \sin\frac{4}{2} \times \frac{180°}{6} = \sin 60° = 0.866$$

$$\sin(1\text{-}7) = \frac{1}{2}\sin\frac{6}{2} \times \frac{180°}{6} = \frac{1}{2}\sin 90° = 0.5$$

c. 总正弦值为：

$$\sum\sin(x\text{-}x') = 0.5 + 0.866 + 0.5 = 1.866$$

d. 各同心线把所占百分数为：

$$n(1\text{-}3) = \frac{\sin(1\text{-}3)}{\sum\sin(x\text{-}x')} \times 100\%$$

$$= \frac{0.5}{1.866} \times 100\% = 26.8\%$$

$$n(1\text{-}5) = \frac{0.866}{1.866} \times 100\% = 46.6\%$$

$$n(1\text{-}7) = \frac{0.5}{1.866} \times 100\% = 26.8\%$$

e. 各同心线把匝数为：

$$W_{\mathrm{m}}(1\text{-}3)=n(1\text{-}3)W_{\mathrm{mp}}=\frac{26.8}{100}\times175=47(\text{匝})$$

$$W_{\mathrm{m}}(1\text{-}5)=\frac{46.4}{100}\times175=81（\text{匝}）$$

$$W_{\mathrm{m}}(1\text{-}7)=\frac{26.8}{100}\times175=47（\text{匝}）$$

主绕组导线截面积的计算与单叠绕组相同，但要取导线最多的那一槽的 N_{m} 来计算。

（2）副绕组的计算

① 副绕组匝数

$$W_{\mathrm{n}}=0.65W_{\mathrm{m}}=0.65\times700=455（\text{匝}）$$

每极匝数为：

$$W_{\mathrm{np}}=\frac{W_{\mathrm{n}}}{2p}=\frac{455}{4}\approx114（\text{匝}）$$

② 各同心线把匝数　副绕组与主绕组布线相同，各线把的正弦值及所占有百分数亦与主绕组相同，故各同心线把的匝数为：

$$W_{\mathrm{n}}(1\text{-}3)=114\times\frac{26.8}{100}=30（\text{匝}）$$

$$W_{\mathrm{n}}(1\text{-}5)=114\times\frac{46.4}{100}=53（\text{匝}）$$

$$W_{\mathrm{n}}(1\text{-}7)=114\times\frac{26.8}{100}=30（\text{匝}）$$

4.3.4　单相串励电动机的电枢绕组常见故障及其处理方法

单相串励电动机电枢绕组主要分为单叠绕组、对绕式绕组、叠绕式绕组。家用电器中所用的单相串励电动机电枢绕组多采用叠绕式绕组和对绕式绕组。

单相串励电动机比直流电动机换向困难得多。为了解决这个问题，单相串励电动机电枢采取了特殊措施，即单相串励电动机的换向片数比铁芯槽数多。一般情况下，换向片数目为槽数的 2 倍或者 3 倍。这就使得单相串励电动机电枢绕组的绕制和单元绕组与换向片的连接有它自己的特点。

（1）电枢绕组的绕制　我们以电枢铁芯有 8 个槽，定子有两个磁极，换向片数为 24 片的单相串励电动机为例说明电枢绕组的绕制工艺。

① 叠绕式绕组的绕制工艺　因为铁芯只有 8 个槽，而换向片数是铁芯槽数的 3 倍，所以为了使单元绕组数与换向片数相同，单元绕组数应为 24 个，每个铁芯槽内应嵌入 3 个单元绕组。在电枢绕组实际绕制过程中，每次同时绕制 3 个单元绕绕组，如图 4-40所示。

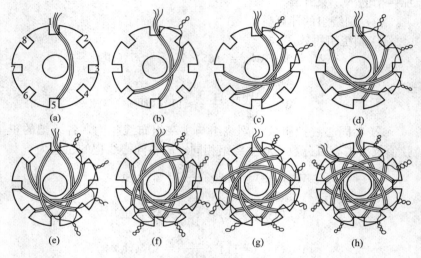

图 4-40　叠绕式绕组绕制步骤示意图

由图 4-40 可以看见，先在第 1 号槽到第 5 号槽之间绕 3 个单元绕组，再在第 2 号槽到第 6 号槽之间绕制另外 3 个单元绕组。依此类推，直到在第 8 号槽到第 4 号槽之间绕制最后 3 个单元绕组为止，24 个单元绕组全部绕好。若我们将 3 个单元绕组算作一组，那么这种 24 个单元绕组的电枢绕组只有 8 组单元绕组了。这 8 组单元绕组的绕制方法与 8 个单元绕组电枢绕组的绕制方法相同。

由图 4-40 可见单元绕组的跨距 $y_1 = 4$。

② 对绕式绕组的绕制　对绕式绕组的绕制步骤与叠绕式绕组的绕制步骤不同。对绕式绕组每次也是同时绕 3 个单元，如图 4-41所示。

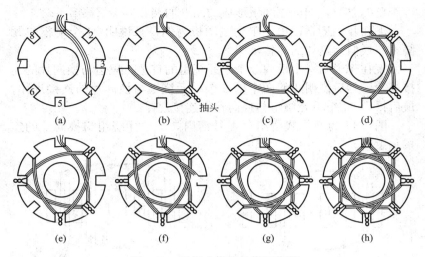

图 4-41 对绕式绕组的绕组步骤

由图 4-41 可以看到，先在第 1 号槽与第 4 号槽之间绕 3 个单元绕组；紧接着在第 4 号槽到第 7 号槽之间绕另外 3 个单元绕组；再从第 7 号槽到第 2 号槽之间绕 3 个单元绕组。依此类推，直至在第 6 号槽到 1 号槽之间绕制最后 3 个单元绕组为止，24 个单元绕组全部绕制完毕。

由图 4-41 还可看出，电枢单元绕组跨距 $y_1 = 3$。

比较图 4-40 和图 4-41 可知，尽管叠绕式绕组和对绕式绕组的绕制步骤不同，单元绕组跨距不同，但是每次都是同时绕制 3 个单元绕组，电枢单元绕组总数都是 24 个，每个单元绕组的匝数相同，作用也是相同的。

(2) 电枢绕组与换向片的连接规律 单相串励电动机电枢中，虽然换向片数比铁芯槽数多（换向片数是槽数的整数倍），但是单元绕组数与换向片数相等。这样，使得每片换向片上必须接有一个单元绕组的首边引出线和另外一个单元绕组的尾边引出线，使全部单元绕组通过换向片连接成几个闭合回路。由于换向片数 (J_x) 与铁芯槽数 (Z) 之间为整数倍关系，即 $Z_K/Z = a$（a 为大于等于 1 的整数）。电枢绕组通过换向片连接形成的闭合回路数就为大于等于 1 的整数，即电枢绕组形成的闭合回路数等于 $Z_K/Z=a$。

下面我们还是以单相串励电动机为例，来说明 24 个电枢单元绕组与换向片具体的连接规律。

现在先说明一个槽内 3 个单元绕组的首边、尾边与换向片的连接规律；然后说明相邻两个槽 6 个单元绕组与换向片的连接规律；最后得出 24 个单元绕组与换向片的连接规律。

图 4-42 为叠绕式绕组第 1 号槽内 3 个单元绕组与换向片的连接示意图。

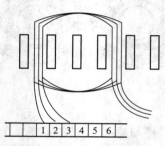

图 4-42　叠绕式和对绕式绕组
的 1 号槽内 3 个单元绕组与
换向片连接示意图

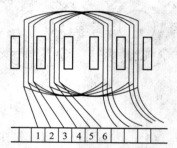

图 4-43　叠绕式绕组相邻
两槽内 6 个单元绕组与
换向片连接示意图

由图 4-42 可以看出第 1 号槽的 3 个单元的首边引出线分别接在第 1 号、第 2 号、第 3 号换向片上，而且对应的尾边引出线分别接在第 4 号、第 5 号、第 6 号换向片上。也就是第 1 号换向片和第 4 号换向片之间为一个单元绕组；第 2 号换向片和第 5 号换向片之间为一个单元绕组；第 3 号换向片和第 6 号换向片之间为一个单元绕组。

由此可见叠绕式绕组和对绕式绕组的换向片连接规律是相同的。

图 4-43 为叠绕式绕组第 1 号槽和第 2 号槽内 6 个单元绕组与换向片连接示意图。

图 4-43 表明，第 1 号槽内 3 个单元首边引出线分别连接在第 1 号、第 2 号、第 3 号换向片上；第 2 号槽的 3 个单元首边引出线分别连接在第 4 号、第 5 号、第 6 号换向片上；而第 1 号槽 3 个单元尾边引出线对应地连接在第 4 号、第 5 号、第 6 号换向片上；第 2 号槽内 3 个单元的尾边引出线对应地连接在第 7 号、第 8 号、第 9

号换向片上。依此类推，可知第 8 号槽内 3 单元的 3 条首端引出线应该分别连接在第 22 号、第 23 号、第 24 号换向片上，而其对应的 3 条尾边引出线应分别连接在第 1 号、第 2 号、第 3 号换向片上。实际上 8 槽、2 极、24 片换向片的单相串励电动机电枢绕组，通过换向片的作用，形成了三个闭合回路，这就决定了电刷宽度至少为三片换向片的宽度。

通过对 8 槽、2 极、24 个换向片单相串励电动机电枢单元绕组与换向片连接方法的分析，可以得出单相串励电动机电枢单元绕组与换向片连接的普遍规律：当换向片数 Z_K 与铁芯槽数 Z 的比值为 a（大于等于 1 的整数）时，同一个槽内元件的首边引出线与其尾边引出线对应接在换向片上的距离也为 "a"；相邻槽内元件首边与首边的引出线接在换向片上的距离为 "a"；其尾边引出线接在换向片上的距离也为 "a"；电枢绕组通过换向片连接形成的闭合回路数也为 "a"；电刷宽度也必须大于等于 "a" 片换向片的宽度。

(3) 单相串励电动机常见故障及其处理方法　单相串励电动机常见故障可分为两方面：一是机械方面的故障；二是电气方面的故障。为了简明扼要地表明单相串励电动机常见故障产生的原因以及修理方法，现列于表 4-8 中。

表 4-8　单相串励电动机常见故障及其处理方法

故障现象	故障原因	处理方法
测得电路不通，通电后不转	①电源断线	①用万用表或校验灯检查，判定断线后，调换电源线或修理回路中造成断电的开关、熔断器等设备
	②电刷与换向器接触不良	②调整电刷电压弹簧，研磨电刷，更换电刷
	③电动机内电路（定子或转子）断线	③拆开电动机，判定断路点，转子电枢断路一般需重绕；定子若断在引线，则可重焊，否则需重绕
测得电路通，但电机空载、负载均不能转	①定子或转子绕组短路	①拆开电机，检查短路点，更换短路绕组
	②换向片之间短路	②若短路发生在换向片间的槽上部，则可刻低云母，消除短路，否则需更换片间云母片
	③电刷不在中性线位置（指电刷位置可调的串励电动机，下同）	③调整电刷位置

故障现象	故障原因	处理方法
电刷下火花大	①电刷不在中性线位置 ②电刷磨损过多,弹簧压力不足 ③电刷或换向器表面不清洁 ④电刷牌号不对,杂质过多 ⑤电刷与换向器接触面过小 ⑥换向器表面不平 ⑦换向片之间的云母绝缘凸出 ⑧定子绕组有短路 ⑨定子绕组或电枢绕组通地 ⑩换向片通地 ⑪刷握通地 ⑫换向片间短路 ⑬电枢与换向片间焊接有误,有的单元焊反 ⑭电枢绕组断路 ⑮电枢绕组短路	①校正电刷位置 ②更换电刷,调整弹簧压力 ③清除表面炭末、油垢等污物 ④更换电刷 ⑤研磨电刷 ⑥研磨和车削换向器 ⑦刻低云母片,使之低于换向器表面1~2mm ⑧消除短路点或重绕线包 ⑨消除通地点或更换电枢绕组 ⑩加强绝缘,消除通地点 ⑪修理或更换刷握 ⑫修刮掉短路处的云母外,重新绝缘 ⑬查出误焊之处,重新焊接 ⑭消除断点或更换绕组 ⑮消除短路点或更换绕组
换向器出现环火(火花在换向器表面上连续出现)	①电枢绕组断路或短路 ②换向器片间短路 ③负载太重 ④电刷与换向器片接触不良 ⑤换向器表面凹凸不平 ⑥电源电压太高	①检查电枢,查出并消除故障点,或更换电枢绕组 ②清洗片间槽中炭及污垢,剔除槽中杂物,恢复片间绝缘 ③减载 ④研磨电刷镜面,或更换电刷 ⑤研磨或车削换向器表面,使之符合要求 ⑥调整电源电压
空载时能转,但负载时不能启动	①电源电压低 ②定子线圈受潮 ③定子线圈轻微短路 ④电枢绕组有短路 ⑤电刷不在中性线位置	①改善电源电压条件 ②用500V摇表测定子线圈对壳绝缘,若电阻很小但不为零,则表明受潮严重,进行烘烤后,绝缘电阻应有明显增加 ③消除短路点或更换线包 ④检查并消除短路点,或更换电枢绕组 ⑤调整电刷位置

续表

故障现象	故障原因	处理方法
电动机转速太低	①负载过重 ②电源电压太低 ③电动机机械部分阻力太大 ④电枢绕组短路 ⑤换向片间短路 ⑥电刷不在中性线位置	①减载 ②调节电源电压 ③清洗或更换轴承,消除机械故障 ④消除短路点或重绕电枢绕组 ⑤消除短路,重设绝缘 ⑥调整电刷位置
电枢绕组发热	①电枢绕组内有接反的单元存在 ②电枢绕组内有短路单元 ③电枢绕组有个别断路单元	①查出反接单元,重新正确焊接 ②查出短路单元,使之从回路中去掉或更换电枢绕组 ③查出断路单元,用跨接线短接,或更换电枢绕组
电枢绕组和铁芯均发热	①超载 ②定、转子铁芯相互摩擦 ③电枢绕组受潮	①减载 ②校正轴,更换轴承 ③烘烤电枢绕组
定子线包发热	①负载过重 ②定子线包受潮 ③定子线包有局部短路	①减载 ②检查并烘烤,恢复绝缘 ③重绕定子线包
电动机转速太高	①负载过轻 ②电源电压高 ③定子线圈有短路 ④电刷不在中性线位置	①加载 ②调节电源电压 ③消除短路或更换线圈 ④调整电刷位置
电刷发出较大的"嘶嘶"声	①电刷太硬 ②弹簧压力过大	①更换合适的电刷 ②调整弹簧压力
负载增加使熔丝熔断	①电源电压过高 ②电枢绕组短路 ③电枢绕组断路 ④定子绕组短路 ⑤换向器短路	①调整电源电压 ②查出短路点,修复或更换绕组 ③查出断路元件,修复或更换 ④更换绕组 ⑤修复换向器
机壳带电	①电源线接壳 ②定子绕组接壳 ③电枢绕组通地 ④刷握通地 ⑤换向器通地	①修理或更换电源线 ②检查通地点,恢复绝缘,或更换定子线包 ③检查电枢,查清通地点,恢复绝缘或更换电枢绕组 ④加强绝缘或更换刷握 ⑤查出通地点,予以消除

故障现象	故障原因	处理方法
空载时熔丝熔断	①定子绕组严重短路 ②电枢绕组严重短路 ③刷握短路 ④换向器短路 ⑤电枢被卡死	①更换定子绕组 ②更换电枢绕组 ③更换刷握 ④修复换向器绝缘 ⑤查出卡死原因,修复轴承或消除其他机械故障
电刷发出"嘎嘎"声	①换向片间云母片凸起,使电刷跳动 ②换向器表面高低不平,外圆跳动量过大 ③电刷尺寸不符合要求	①下刻云母片,在换向片间形成合格的槽 ②车削换向器,并作相应修理使其表面恢复正常状况 ③更换电刷

通过对表4-8的综合分析可知,单相串励电动机在电气方面常出现的故障有接线上的问题,电源电压过高或低,定子线包短路、断路或通地,电枢绕组短路、断路、通地,换向器的问题等。单相串励电动机常出现的机械方面的毛病有:整机装配质量和轴承质量方面的问题。下面我们分别介绍电动机电气故障和机械故障的检查方法。

(4) 定子线包短路、断路、通地的检查方法

① 定子线包短路 定子线包轻微短路时,其现象一般是电动机转速过高,定子线包发热。我们可以用电桥测电阻方法进行检测。具体检测时,将电动机完好的定子线包串入电桥的一个桥臂,另一个定子线包串入电桥另一个桥臂中,比较两线包电阻,哪个线包阻值小,则说明该线包中有短路。

当线包短路严重时,线包发热严重,具有烧焦痕迹,这样的线包可以直观检查出来。正常线包呈透明发光亮的漆层。而短路严重的线包,漆层无光泽,严重时呈褐色或黑色。用万用表测电阻时,很明显其电阻远比正常线包电阻值小。这样的线包只能更换。

② 定子线包断路 若定子线包断路,则电动机不能工作。定子线包是否断路可以采用万用表测电阻法来检查。定子线包断路,多发生在定子线包往定子铁芯上安装的过程中,而且多在线包的最里层线圈。这种情况下只能重新绕线包。有时线包断点发生在线包漆包线与引出线焊接处,所以修理时一定要注意焊接质量。

　　由于定子线包安装时容易造成断线，因此一定要在线包安装完后立即用万用表检查是否有断路；在确定没有断路时，再给定子线包浸漆（即定子安装后浸漆）。

　　③ 定子线包通地　定子线包通地是指定子励磁绕组与定子铁芯相通。一旦定子线包通地，则机壳就带电。我们发现机壳带电后，要拆开电动机，取出电枢，用500V兆欧表检查线包对机壳绝缘电阻值。若发现绝缘电阻值较小，但不为零，则说明定子线包受潮严重，可以烘烤线包。烘烤完线包再用500V兆欧表检查绝缘电阻，若绝缘阻值没有增大，则只好更换或重绕线包。若用500V兆欧表检查发现绝缘电阻值为零，则判定线包直接通地，一般只能更换或重绕线包。

　　④ 更换线包步骤　需要更换定子线包时，应将原线包取下，清除定子铁芯上的杂物。在拆原线包时，要记录几个重要数据：线包最大线圈的长、宽尺寸，最小线圈的长、宽尺寸，线包的厚度以及线包的线径和匝数。这些数据都是绕制新线包所必不可少的。

　　在重新绕制线包时，要先做一个木模具。然后在木模上按原来线包参数绕制线包。线包绕制成后，用玻璃丝漆布或黄蜡绸布半叠包缠好，并压成与磁极一样的弯度。定子线包绕制完毕后，必须将线包先套入定子磁极铁芯，然后再浸漆烘干。若先浸漆，则线包烘干后很坚硬，就不能压套在磁极铁芯上了。

　　定子线包套在磁极铁芯上之后，应检查线包是否有断路，在确定没断路后，方能浸漆烘干。在浸漆烘干后，还要用500V兆欧表检测线包与定子铁芯（机壳）间绝缘电阻值（绝缘电阻应大于$5M\Omega$）；用高压试验台做线包与机壳间的绝缘强度测试。测试加的电压应不低于1500V（正弦交流电压）。耐压测试时间应不小于1min。在测试过程中不应有击穿和闪烁现象发生。

　　更换完线包后，将定子线包与电枢绕组串联起来，其方法如图4-44所示。

　　(5) 电枢绕组故障检查　单相串励电动机电枢与直流电动机电枢结构相同，电枢绕组故障检查方法相同，可以参阅前面章节有关内容。这里只说明电枢单元绕组与换向片连接的具体方法。

　　① 电枢单元绕组与换向片的焊接工艺　重新绕制的电枢单元

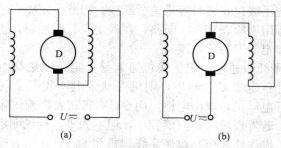

图 4-44 定子绕组与电枢绕组串联方法示意图

绕组与换向片连接前，必须将换向片清理干净，然后再将单元绕组的首端边引出线和尾端边引线对位嵌入换向片槽口内，用根竹片按住引线头，再逐片焊接。焊接时，应使用松香酒精焊剂，切不可用酸性焊剂。焊接完，再切除长出换向片槽外的线头，清除焊接剂和多余焊锡等污物。

换向片与单元绕组焊接完后，要检查单元绕组与换向片是否连接正确，焊接质量是否合格，是否有虚焊或漏焊现象，如果有问题应及时处理。

② 单元绕组与换向片连接的对应关系 家用电器产品所用的单相串励电动机，换向片数多为电枢铁芯槽的 2 倍或者 3 倍，但电枢单元绕组数与换向片数是相等的。这就要求每片换向片上必须有一个单元的首边引出线，又要有另外一个单元的尾边引出线。现在以 J_1Z-6 手电钻单相串励电动机的电枢为例说明电枢单元绕组与换向片连接的对位关系，如图 4-45 所示。

例中电动机电枢有 9 槽，换向片数为 27 片，有两个磁极。电枢铁芯每个槽内有六条引出线，即三个单元的首边引出线和另外三个单元的尾边引出线。总计电枢绕组有 27 个单元，54 条引出线。在具体焊接过程中，是先将电枢的 27 个单元首边引出线按顺序与每片换向片连接上，27 个元的尾边引出线暂时不连。

在 27 片换向片与 27 个单元首边引出线连完以后，再用万用表查出每片换向片所连单元的尾边引出线，然后将 27 个单元尾边引出线对位有规律地焊接在换向片上。例如第 1 号槽的 3 个单元绕组的首边接在第 1 号、第 2 号、第 3 号换向片上，第 1 号换向片所连

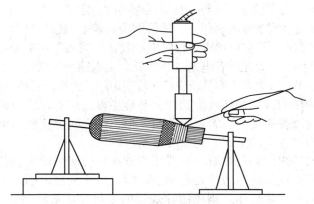

图 4-45 电枢绕组与换向片焊接示意图

的单元尾边查找出后，应连在第 4 号换向片上；第 2 号换向片所连单元尾边引出线查找出后，应连在第 5 号换向片上；依此类推，第 27 号换向片所联单元的尾边引出线应连在第 3 号换向片。实际每个单元首边引出线与尾端引出线在换向片上的距离为 3 片换向片的距离。

(6) **换向部位出现故障的检查方法** 换向部位出现的故障有相邻换向片之间短路、换向器通地、电刷与换向器接触不良、刷握通地等。单相串励电动机换向部位出现的故障与直流电动机常出现的换向部位故障是相同的。因此，两种电动机换向部位出现故障时的检查方法和修理方法也是相同的。只是单相串励电动机刷握通地与电刷和换向器接触不良所造成的后果比直流电动机更严重，所以单独对这两种故障进一步介绍。

① 电刷与换向器接触不良的检查和修理 单相串励电动机的电刷与换向器接触不良，会使换向器与电刷之间产生较大火花，甚至环火，会造成换向器表面的烧伤，严重影响电动机的正常运行。

造成换向器与电刷间接触不良的主要原因有电刷磨损严重、电刷压力弹簧变形、换向器表面粘有污物或磨损严重等。

电刷与换向器接触不良时，必须打开电刷握，将电刷和弹簧取出。仔细观察电刷、弹簧、换向器表面，就容易发现是哪个部件出的问题了。电刷磨损严重时，其端面偏斜严重，端面颜色深浅不一。这时只有更换电刷才行。在更换电刷时一定要注意电刷规格、电刷的软硬度和调节好电刷压力。这是因为，若电刷选择过硬则会使换向器很快磨损，且使电动机运行时电刷发出"嘎嘎"声响，换向器与电刷间产生较大火花。若电刷选择太软，则电刷磨损太快，电刷容易粉碎。石墨粉末太多也容易造成换向片间短路，使换向器产生环火。

电刷压力弹簧损坏或弹簧疲劳是容易被发现的。弹簧的弹力不足，就说明弹簧疲劳。若弹簧曲扭变形，则说明弹簧已经损坏。弹簧一旦出现这样的情况，应及时更换。

换向器表面有污物时，只要用细砂布轻轻研磨即可。若换向片有烧伤斑点或换向器边缘处有熔点，则可用锋利刮刀剔除。若发现换向片间云母片烧坏，则应清除烧坏的云母片，重新将绝缘烘干。另一种可能是换向片脱焊，如图 4-46 所示。

输出端电压在负载变化时变化较小，电压弯化率由复励调谐，即串并联的转矩比决定。

② 刷握通地　刷握通地是单相串励电动机常见的故障。刷握通地主要是因刷握绝缘受潮或损坏造成的。有时在调整刷握位置时不慎也可能造成刷握通地。

电刷的刷握通地后，电动机运行时的表现，随着电枢绕组与定子线包连接方式的不同而不同。

a.电枢绕组串接于定子线包中间的方式。刷握发生通地故障后，随着电源火线与零线位置的不同而可能出现下列两种不同的现象。

• 如图 4-47(a) 所示的情况：当接通电源时，电流由火线经定子线包 2，再经接地刷握形成回路；此时，熔丝将立即熔断；若熔丝太粗，熔断得慢，或不熔断，则会使定子线包 2 烧毁。

• 如图 4-47(b) 所示的情况：当接通电源时，电流由电源火线经过定子线包 1 和电枢绕组，再由接地刷握形成回路；此时，电动机能够启动运转，但由于只有一个定子线包起作用，主磁场减弱一半，所以使电动机转速比正常转速快得多，电枢电流也大得多；同时还会因磁场的不对称，使电动机运转时出现剧烈振动，并使电刷与换向器之间出现较大绿色火花；时间稍长，电动机发热严重，导致绕组烧毁。

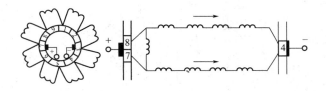

(a) 电阻值组由两路并联运行

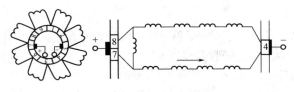

(b) 一片换向片脱焊断路

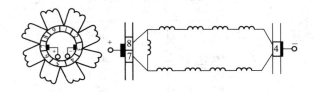

(c) 两片换向片脱焊断路(断点在电帽下)

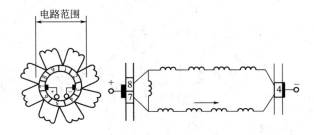

(d) 三片换向片脱焊断路

图 4-46　换向片脱焊示意图

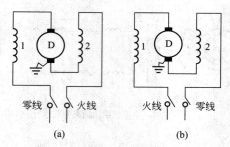

图 4-47　刷握通地的不同情况

b.电枢绕组串接于定子线包之外的连接方式。电刷的刷握接地后，则可能发生下列四种现象。

• 图 4-48(a) 所示的情况：当电源接通后，电流由火线经过电枢绕组和通地刷握形成回路；此时熔丝应很快熔断，若熔丝熔断速度慢或不熔断，则电枢绕组会因电流太大而烧毁。

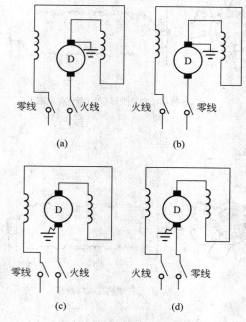

图 4-48　刷握通地的不同情况

• 图 4-48(b) 所示的情况：当电源接通后，电流由火线经两个定子线包和通地刷握形成回路，定子绕组会立即烧毁。

• 图 4-48(c) 所示的情况：当电源接通后，电流由火线经通地刷握形成回路，熔丝会立即熔断。

• 图 4-48(d) 所示的情况：当电源接通后，电流由火线经定子线包和电枢绕组，再经通地刷握形成回路，电动机能够启动运行，转速正常，但电动机的机壳带电，对人身安全有危险，这也是绝对不允许的。

刷握通地的故障容易判定，只需用 500V 兆欧表检测刷握对机壳的绝缘电阻，或者用万用表检测刷握与机壳之间电阻即可。一旦发现刷握通地，必须立即修理，不允许拖延。刷握通地很容易修理，只需要加强刷握与机壳间的绝缘，或更换刷握即可。

(7) 单相串励电动机噪声产生原因及降低噪声的方法 单相串励电动机运行时产生的噪声一般比直流电动机大得多。

单相串励电动机噪声来源可分为三个部分：机械噪声、通风噪声、电磁系统的噪声。

① 机械噪声 单相串励电动机转速很高，一旦电动机转子（电枢）动平衡或静平衡不好，会使电动机产生很强烈的振动。另外，轴承稍有损坏、轴承间隙过大、轴承缺油也会使电动机产生振动，发出噪声。还有就是因换向器与电刷接触不良产生的噪声。

② 通风噪声 通风噪声是因电动机运行时，其附属风扇产生高速气流用以冷却电动机，此高速气流通过电机时会产生噪声。

③ 电磁噪声 单相串励电动机通以正弦交流电，它的定子磁场和气隙磁场都是周期性变化的。磁极受到交变磁力的作用，电枢也会受到交变磁场作用，使电动机部件发生周期性交变的变形。这些都会使电动机产生噪声。

单相串励电动机运行的噪声是不可避免的，只能是设法降低噪声。下面介绍降低电动机噪声的方法。

① 降低机械噪声的方法

a.对电动机转子（电枢）进行精密的平衡试验，尽最大努力提高转子平衡精度。

b.选用高精度等级的轴承，注意及时给轴承加润滑油。一旦发现轴承有损坏应及时更换。

　　c. 精磨换向器，尽量保持圆度，且使表面圆滑。同时还要精密研磨电刷端面，使之与换向器表面吻合，以减小电刷振动，从而降低噪声。

　　② 降低通风噪声的方法

　　a. 使冷却风扇的叶片数为奇数，例如 7 片、9 片、11 片、13 片……

　　b. 提高扇叶的刚度，并尽可能使各扇叶平衡。

　　c. 风扇的扇叶稍有变形时应立即修正，并且可以增大风扇外径与端盖间的径向间隙，也就是减小风扇直径。

　　d. 将扇叶的尖锐边缘磨成圆形，并使通风道成流线型，以减少对空气流动的阻力。

第5章 直流电动机维修

5.1 直流电动机

5.1.1 直流电动机的结构

（1）**结构** 直流电动机由定子、电枢、换向器、电刷、刷架、机壳、轴承等主要部件构成。磁极由磁极铁芯和励磁绕组组成，安装在机座上。机座是电动机的支撑体，也是磁路的一部分。磁极分为主磁极和换向极。主磁极励磁线圈用直流电励磁，产生 N、S 极相同排列的磁场，换向极置于主磁极之间，用来减小换向时产生的火花。

电枢由电枢铁芯与电枢绕组组成。电枢装在转轴上，转轴旋转时，电枢绕组切割磁场，在其中产生感应电动势。电枢铁芯用硅钢片叠成，外表面开有均匀的槽，槽内嵌放电枢绕组，电枢绕组与换向器连接。换向器又称为整流子，它是直流电动机的关键部件。换向器的作用是将外电路的直流电转换成电枢绕组的交流电，以保证电磁转矩作用方向不变。

（2）**直流电动机的工作原理** 直流电动机接上电源以后，电枢绕组中便有电流通过，应用左手定则可知，电动机转子将受力而逆时针方向旋转，如图 5-1 所示。由于换向器的作用，使 N 极和 S 极下面导体中的电流始终保持一定的方向，因而转子便按逆时针方向不停地旋转。

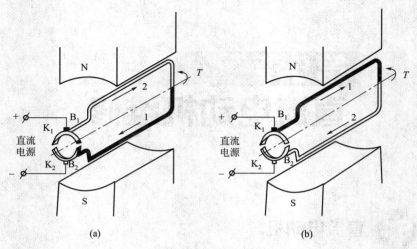

图 5-1　直流电动机原理

5.1.2　直流电动机接线图

　　直流电动机根据转子及定子的连接方式的不同分为串励式、并励式、复励式和他励式，如图 5-2～图 5-5 所示。

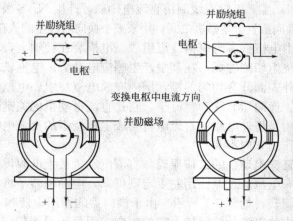

图 5-2　并励式绕组接线图
（变换电枢引线即能改变旋转方向）

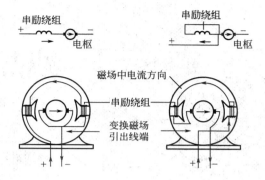

图 5-3 串励式绕组接线图

（变换磁场引线即能改变旋转方向）

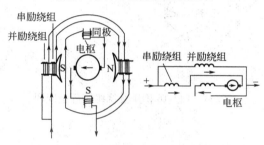

图 5-4 具有换向极的 2 极激复励式绕组接线图

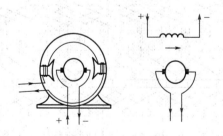

图 5-5 他励式绕组接线图

5.1.3 直流电动机绕组展开图

图 5-6～图 5-9 为直流电机的电枢绕组展开图。

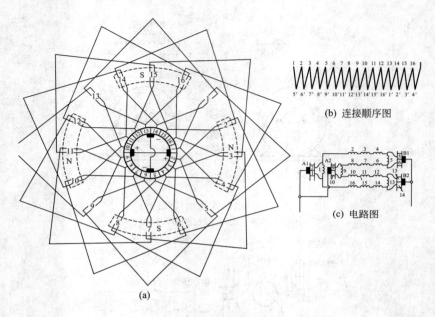

(b) 连接顺序图

(c) 电路图

(a)

图 5-6 4 极 16 槽单叠绕组端部接线图

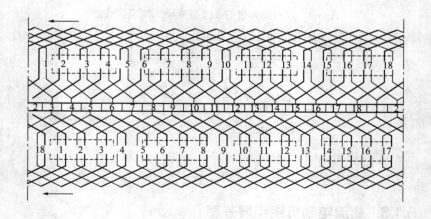

图 5-7 4 极 18 槽绕组展开图

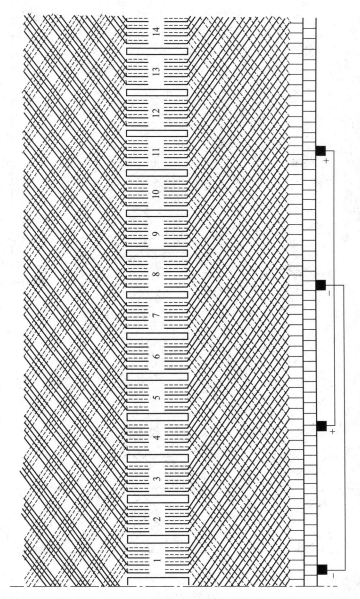

图 5-8 Z2-11，2 极 14 槽电枢单叠绕组展开图

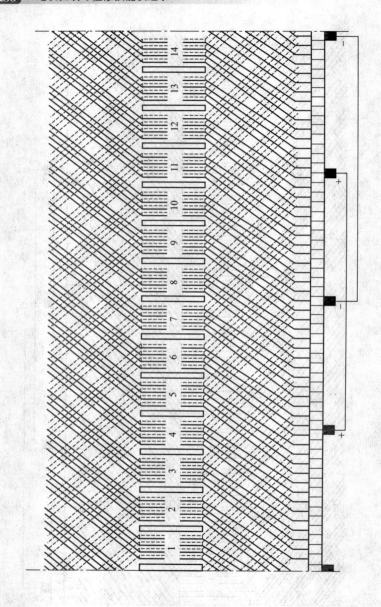

图 5-9　Z2-11，2 极 14 槽电枢单波绕组展开图

5.2 直流电动机常见故障及检查

5.2.1 电刷下火花过大

直流电机故障多数是从换向火花的增大反映出来的。换向火花有 1、$1\frac{1}{4}$、$1\frac{1}{2}$、2、3 五级。微弱的火花对电机运行并无危害，但如果火花范围扩大或程度加剧，就会灼伤换向器及电刷，甚至使电机不能运行，火花等级及电机运行情况见表 5-1。

表 5-1 电刷下火花等级

火花等级	程度	换向器及电刷的状态	允许运行方式
1	无火花	换向器上没有黑痕，电刷上没有灼痕	允许长期连续运行
$1\frac{1}{4}$	电刷边缘仅小部分有几处弱的点状火花或有非放电性的红色小火花		
$1\frac{1}{2}$	电刷边缘大部分或全部有弱小的火花	换向器上有黑痕出现，但不发展，用汽油即能擦除，同时在电刷上有轻微的灼痕	
2	电刷边缘大部分或全部有较强烈的火花	换向器上有黑痕出现，用汽油不能擦除，同时电刷上有灼痕（如短时出现这一级火花，换向器上不会出现灼痕，电刷不致被烧焦或损坏）	仅在短时过载或短时冲击负载时允许出现
3	电刷的整个边缘有强烈的火花，有时有大火花飞出（即环火）	换向器上黑痕相当严重，用汽油不能擦除，同时电刷上灼痕（如在这一级火花级下短时运行，则换向器上将出现灼痕，同时电刷将被烧焦）	仅在直接启动或逆转瞬间允许存在，但不得损坏换向器

5.2.2 产生火花的原因及检查方法

① 电机过载造成火花过大。可测电机电流是否超过额定值，

如电流过大，则说明电机过载。

②电刷与换向器接触不良。原因如下：换向器表面太脏；弹簧压力不合适，可用弹簧秤或凭经验调节弹簧压力；在更换电刷时，错换了其他型号的电刷；电刷或刷握间隙配合太紧或太松，配合太紧可用砂布研磨，配合太松则需更换电刷；接触面太小或电刷方向放反了，接触面太小主要是在更换电刷时研磨方法不当造成的。正确的研磨方法是：用N320号细砂布压在电刷与换向器之间（带砂的一面对着电刷，紧贴在换向器表面上，不能将砂布拉直），砂布顺着电机工作方向移动，如图5-10所示。

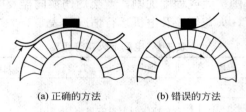

(a) 正确的方法   (b) 错误的方法

图 5-10　磨电刷的方法

③刷握松动，电刷排列不成直线。电刷位置偏差越大，火花越大。

④电枢振动造成火花过大。原因如下：电枢与个磁极间的间隙不均匀，造成电枢绕组各支路内电压不同，其内部产生的电流使电刷产生火花；轴承磨损造成电枢与磁极上部间隙过大，下部间隙小；联轴器轴线不正确；用皮带传动的电机，其皮带过紧。

⑤换向片间短路。原因如下：电刷粉末、换向器铜粉充满换向器的沟槽中；换向片间云母腐蚀；修换向器时形成的毛刷没有及时消除。

⑥电刷位置不在中性点上。原因如下：修理过程中电刷位置移动不当或刷架固定螺栓松动，造成电刷下火花过大。

⑦换向极绕组接反。判断的方法是，取出电枢，定子通以低压直流电。用小磁针试验换向极极性。顺着电机旋转的方向，发电机为"n—N—S—S"，电动机为"n—S—s—N"（其中大写字母为主磁极极性，小写字母为换向极极性）。

⑧换向极磁场太强或太弱。换向极磁场太强会出现以下征状：

绿色针状火花，火花的位置在电刷与换向器的滑入端，换向器表面对称灼伤。对于发电机，可将电刷逆着旋转方向移动一个适当角度；对于电动机，可将电刷顺着旋转方向移动一个适当的角度。

换向极磁场太弱会出现以下征状：火花位置在电刷和换向器的滑出端。对于发电机需将电刷顺着旋转方向移动一个适当角度；对于电动机，则需将电刷逆着旋转方向移动一个适当角度。

⑨ 换向器偏心。除制造原因外，主要是修理方法不当造成的。换向器片间云母凸出的原因为：对换向器槽挖削时，边缘云母片未能清除干净，待换向片磨损后，云母片便凸出，造成跳火。

⑩ 电枢绕组与换向器脱焊。用万用表（或电桥）逐一测量相邻两片的电阻，如测到某两片间的电阻大于其他任意两片的电阻，则说明这两片间的绕组已经脱焊或断线。

5.2.3 换向器的检修

换向器的片间短路与接地故障，一般是由于片间绝缘或对地绝缘损坏，且其间有金属屑或电刷炭粉等导电物质填充所造成的。

（1）**故障检查方法** 用检查电枢绕组短路与接地故障的方法，可查出故障位置。为分清故障部位是在绕组内还是在换向器上，要把换向片与绕组相连接的线头焊开，然后用校验灯检查换向片是否有片间短路或接地故障。检查中，要注意观察冒烟、发热、焦味、跳火及火花的伤痕等故障现象，以分析、寻找故障部位。

（2）**修理方法** 找出故障的具体部位后，用金属器具刮除造成故障的导电物体，然后用云母粉加胶合剂或松脂等填充绝缘的损伤部位，恢复其绝缘。若短路或接地的故障点存在于换向器的内部，则必须拆开换向器，对损坏的绝缘进行更换处理。

（3）**直流电动机换向器制造工艺及装配方法**

① 制作换向片。制作换向片的材料是专用冷拉梯形铜排，落料后必须经校平工序，最后按图纸要求用铣床加工嵌线柄或开高片槽。

② 升高片制作与换向片的连接。升高片一般用 0.6～1mm 的紫铜枚或 1～1.6mm 厚紫铜带制作。

升高片与换向片的连接一般采用铆钉铆接或焊接，焊接一般采用铆焊、银铜焊、磷铜焊。

③ 片间云母板的制作。按略大于换向片的尺寸，冲剪而成。

④ V形绝缘环和绝缘套管的制作。首先按样板将坯料剪成带切口的扇形，一面涂上胶黏剂并晾干，然后把规定层数的扇形云母粘贴成一整叠，并加热至软化，围位初步成型模，外包一层聚酯薄膜，用带子捆起来，用手将坯料压在模子的V形部分，再加压铁压紧，待冷至室温后取下压铁便完成了初步成型，最后在160～210℃温度下进行烘压处理，再冷却至室温，便得到成型的V形绝缘环了。

⑤ 装配换向片的烘压。先将换向片和云母板逐片相间排列置于叠压模的底盘上，拼成圆筒形，按编号次序放置锥形压块，用带子将锥形压块扎紧，并在锥形压块与换向片之间插入绝缘纸板，再套上叠压圈后，便可拆除带子。

⑥ 加工换向片组V形槽。

⑦ 换向器的总装。换向器的总装是将换向片组、V形绝缘环、压圈、套管等零件组装在一起，用螺杆或螺母紧固，再经数次冷压和热压，使换向器成为一个坚固稳定的圆柱整体。

5.2.4　电刷的调整方法

(1) 直接调整法　首先松开固定刷架的螺栓，戴上绝缘手套，用两手推紧刷架座，然后开车，用手慢慢逆着电机旋转的方向转动刷架，如火花增加或不变，可改变方向旋转，直到火花最小为止。

(2) 感应法　如图5-11所示，当电枢静止时，将毫伏表接到相邻的两组电刷上（电刷与换向器的接触要良好），励磁绕组通过开关K接到电压为1.5～3V的直流电源上，交替接通和断开励磁绕组的电路，毫伏表指针会左右摆动。这时，将电机刷架顺电机旋转方向或逆时针方向移动，直至毫伏表指针基本不动时，电刷位置即在中性点位置。

(3) 正、反转电动机法　对于允许反转的直流电动机，先使电动机正转，后反转，随时调整电刷位置，直到正、反转转速一致时，电刷所在的位置就是中性点的位置。

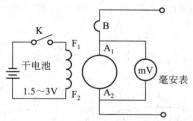

图 5-11 感应法确定电刷中性点位置

5.2.5 发电机不发电、电压低及电压不稳定

发电机不发电、电压低及电压不稳定的原因及解决方法如下：

① 对于自励发电机，造成不发电的原因之一是剩磁消失。这种故障一般出现在新安装或经过检修的发电机上。如没有剩磁，则可进行充磁。其方法是，待发电机转起来以后，用 12V 左右的干电池（或蓄电池），负极对主磁极的负极进行接触，正极对主磁极的正极进行接触，观察跨在发电机输出端的电压表。如果电压开始建立，即可撤除。

② 励磁线圈接反。

③ 电枢线圈匝间短路。其原因是有绕组间短路、换向片间或升高片间有焊锡等金属短接。电枢短路的故障可以用短路探测器检查。对于没有发现绕组烧毁又没有拆开的电机，可用毫伏表校验换向片间电压的方法检查。检查前，必须首先分清此电枢绕组是叠绕形式，还是波绕形式。因采用叠绕组的电机每对用线连接的电刷间有两个并联支路；而采用波绕组的电机每对用线连接的电刷间最多只有一个绕组元件。实际区分时，将电刷连线拆开，用电桥测量其电阻值，如原来连接的两组电刷间电阻值小，而正负电刷间的阻值较大，则可认为是波绕组；如四组电刷间的电阻基本相等，则可认为是叠绕组。

在分清绕组形式后，可将低压直流电源接到正负两对电刷上，毫伏表接到相邻两换向片上，依次检查片间电压。中、小电机常用图 5-12（a）所示的检查方法；大型电机常用图 5-12（b）所示的检查方法。在正常情况下，测得电枢绕组各换向片间的压降应该相等，或其中最小值和最大值与平均值的偏差不大于±5%。

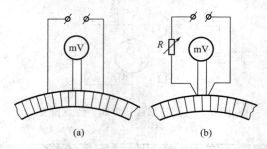

图 5-12　用测量换向片间压降的方法检查短路、断路和开焊

　　如电压值是周期变化的，则表示绕组良好；如读数突然变小，则表示该片间的绕组元件局部短路；如毫伏表的读数突然为零，则表明换向片短路或绕组全部短路；如片间电压突然升高，则可能是绕组断路或脱焊。

　　对于 4 极的波绕组，因绕组经过串联的两个绕组元件后才回到相邻的换向片上，如果其中一个元件发生短路，那么表笔接触相邻的换向片上，毫伏表所指示的电压会下降，但无法辨别出两个元件哪个损坏。因此，还需把毫伏表跨到相当于一个换向节距的两个换向片上，才能指示出故障的元件。其检查方法如图 5-13 所示。

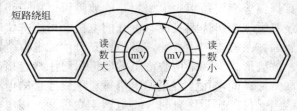

图 5-13　检查短路的波绕组

　　④ 励磁绕组或控制电路断路。

　　⑤ 电刷不在中性点位置或电刷与换向器接触不良。

　　⑥ 转速不正常。

　　⑦ 旋转方向错误（指自励电机）。

　　⑧ 串励绕组接反。故障表现为发电机接负载后，负载越大电压越低。

5.2.6 电动机不能启动

① 电动机无电源或电源电压过低。

② 电动机启动后有"嗡嗡"声而不转。其原因是过载，处理方法与交流异步电动机相同。

③ 电动机空载仍不能启动。可在电枢电路中串上电流表量电流。如果电流过小，则可能是电路电阻过大、电刷与换向器接触不良或电刷卡住；如果电流过大（超过额定电流），则可能是电枢严重短路或励磁电路断路。

5.2.7 电动机转速不正常

① 转速高的原因是：串励电动机空载启动；复励电动机的串励绕组接反；磁极线圈（指两路并励的绕组）断线；磁极绕组电阻过大。

② 转速低的原因是：电刷不在中性线上、电枢绕组短路或接地。电枢绕组接地，可用校验灯检查，其方法如图 5-14 所示。

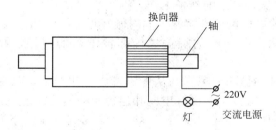

图 5-14 用校验灯检查电枢绕组的接地点

5.2.8 电枢绕组过热或烧毁

① 长期过载，换向磁极或电枢绕组短路。

② 直流发电机负载短路造成电流过大。

③ 电压过低。

④ 电机正、反转过于频繁。

⑤ 定子与转子相摩擦。

5.2.9　磁极线圈过热

① 并励绕组部分短路。可用电桥测量每个线圈的电阻是否与标准值相符或接近，电阻值相差很大的绕组应拆下重绕。

② 发电机气隙太大。查看励磁电流是否过大，拆开电机，调整气隙（即垫入铁皮）。

③ 复励发电机负载时，电压不足，调整电压后励磁电流过大。若该发电机串励绕组极性接反，则串励线圈应重新接线。

④ 发电机转速太低。

5.2.10　电枢振动

① 电枢平衡未校好。

② 检修时，风叶装错位置或平衡块移动。

5.2.11　直流电机的拆装

拆卸前要进行整机检查，熟悉全机有关的情况，做好有关记录，并充分做好施工的准备工作。拆卸步骤如下：

① 拆除电机的所有接线，同时做好复位标记和记录。

② 拆除换向器端的端盖螺栓和轴承盖的螺栓，并取下轴承外盖。

③ 打开端盖的通风窗，从各刷握中取出电刷，然后再拆下接在刷杆上的连接线，并做好电刷和连接线的复位标记。

④ 拆卸换向器端的端盖。拆卸时先在端盖与机座的接合处打上复位标记，然后在端盖边缘处垫以木楔，用铁锤沿端盖的边缘均匀地敲打，使端盖止口慢慢地脱开机座及轴承外圈。记好刷架的位置，然后取下刷架。

⑤ 用厚牛皮纸或布把换向器包好，以保持清洁，防止碰撞致伤。

⑥ 拆除轴伸出端的端盖螺钉，将连同端盖的电枢从定子内小心地抽出或吊出。操作过程中要防止擦伤绕组、铁芯和绝缘等。

⑦ 把连同端盖的电枢放在准备好的木架上，并用厚纸包裹好。

⑧ 拆除轴伸端的轴承盖螺钉，取下轴承外盖和端盖。轴承只在有损坏时才需取下来更换，一般情况下不要拆卸。

电机的装配步骤按拆卸的相反顺序进行。操作过程中，各部件应按复位标记和记录进行复位；装配刷架、电刷时，更需细心认真。

第6章 潜水电泵电机维修

6.1 潜水电泵的主要用途与特点

按照电动机内部所充工作介质的不同以及由此产生的结构上的差别，潜水电动机可分为充水式、充油式、干式和屏蔽式四种基本的结构形式。每种结构形式的电动机不管是在结构方面，还是在主要零部件所用的材料和加工工艺方面，都有比较大的差别。现将各种型式潜水电动机的典型结构、主要特点和所用关键零部件的结构与材料介绍如下。

6.1.1 井用潜水电动机的总体结构

(1) 井用充水式潜水电动机的总体结构及主要特点

① 井用充水式潜水电动机的结构　该电动机为充水密封式结构（图 6-1），内腔充满清水或防锈润滑液（防锈缓蚀剂）。各止口接合面用 O 形橡胶密封圈或密封胶密封。电动机轴伸端装有橡胶骨架油封 4 或单端面机械密封 5 等防砂密封装置，能防止电动机外部井液中的固体杂质和泥沙颗粒进入电动机内部。电动机的定子（包括绕组）7、转子 8 和轴承均在水中工作。电动机的定子绕组采用以聚乙烯绝缘、聚氯乙烯绝缘或改性聚丙烯绝缘的耐水绕组线制造，具有良好的耐水绝缘性能和较长的使用寿命。电动机的上、下部装有以铜合金、石墨或聚合物塑料等材料制造的水润滑滑动导轴

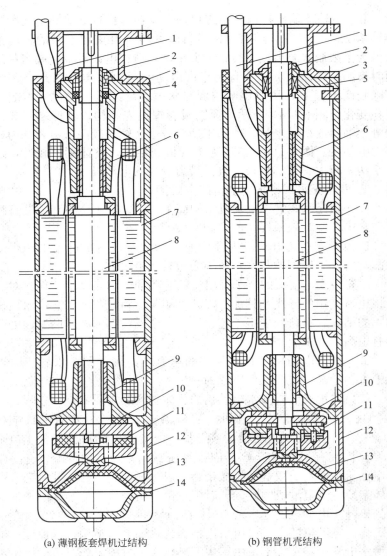

(a) 薄钢板套焊机过结构　　　(b) 钢管机壳结构

图 6-1　井用充水密封式潜水电动机结构

1—引出电缆；2—甩砂环；3—连接法兰；4—橡胶油封；5—机械密封；
6—上导轴承；7—定子；8—转子；9—下导轴承；10—上止推轴承；
11—止推轴承；12—底座；13—橡胶调压囊；14—底脚

承 6 和 9，轴下端装有以石墨或热固性颜料等材料制造的水润滑止推轴承 11，用以克服随电动机运行时的转子自重和水泵的轴向推力。为了限制水泵启动时转轴向上窜动，造成电动机轴伸端密封的短时渗漏，电动机下部装有上止推滑动轴承 10。电动机最下部装有橡胶调压囊 13，用以调节内腔充水因温度或压力变化所引起的体积变化。图 6-1(a) 所示为薄钢板卷焊机壳结构，轴伸端安装橡胶骨架油封或机械密封，适用于功率较小、铁芯较短、机壳受力较小的电动机。图 6-1(b) 所示为钢管机壳结构，整体刚性较好，适用于功率较大、铁芯较长、机壳受力较大的电动机。

② 井用充水式潜水电动机的主要特点

a. 井用充水式潜水电动机结构简单，定、转子绕组和铁芯直接浸在水中，冷却效果好、输出功率大、效率较高。

b. 由于充水式电动机内腔所充多为清水，使用过程中产生的渗漏对所安装使用的井水水质不会造成污染。

c. 充水式电动机的定子绕组、铁芯和轴承均在水中工作，对定子绕组所使用的导线及其加工工艺、接头材料及包扎工艺、水润滑轴承的结构、材料及加工工艺、铁芯与金属材料的防锈防腐蚀处理等有很高的要求。

d. 充水式电动机已具有足够的可靠性，是井用潜水异步电动机中生产量最多、使用最广泛的一种。

(2) 井用充油式潜水电动机的总体结构及主要特点

① 井用充油式潜水电动机的结构　电动机为充油密封结构（图 6-2），内腔充满变压器油或其他种类的绝缘润滑油。各止口配合部位均装有耐油橡胶 O 形圈或涂密封胶密封。轴伸端装有一组单端面机械密封或双端面机械密封及甩砂环，用以防止井水和水中固体杂质进入电动机内腔，同时阻止电动机内所充的绝缘润滑油泄漏到机外。电动机的定子 10、转子 11 和滚动轴承 12、20 均在油中工作。电动机的定子绕组采用特殊的耐油绝缘结构，以保证充油式潜水电动机能在井下水中恶劣的环境中可靠地工作。电动机下部装有保压装置：油压弹簧 2、油囊 23、内设贫油信号装置（贫油触头装配）21〔图 6-2(a)〕或限位开关 22〔图 6-2(b)〕。这种保压装置的主要作用是：调节电动机内腔所充油液因温度变化、压力变化

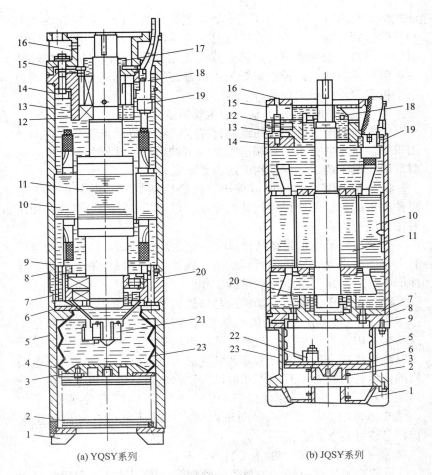

(a) YQSY系列   (b) JQSY系列

图 6-2 井用充油式潜水电动机结构

1—底座；2—油压弹簧；3—油囊托盘；4—油囊压盖；5—油囊护套；
6—油囊压板；7—下端盖；8—环键；9—下端环；10—定子；11—转子；
12—上轴承；13—上端盖；14—上端环；15—密封盖；16—支架；17—甩砂环；
18—机械密封；19—电缆接头；20—下轴承；21—贫油触头装配；
22—限位开关；23—油囊

所造成的体积变化，并维持电动机内腔油压略大于外部水压。当电
动机正常工作时，只有机内油液向外泄漏微量，能阻止井水侵入充

油式电动机内部，以免造成定子绕组绝缘性能下降，影响充油式电动机的运行可靠性。当电动机内腔所充油液因电动机长期运行正常泄漏或因机械密封故障等原因造成非正常泄漏导致电动机"贫油"时，信号装置就会向控制系统发出报警信号，并能断开电源，避免电动机受到进一步的损害。

② 井用充油式潜水电动机的主要特点

a. 充油式潜水电动机的结构比充水式潜水电动机复杂，它的使用可靠性首先取决于轴伸端所安装的机械密封的性能和可靠性，同时取决于定子绕组绝缘结构的耐油、水特性。

b. 当机械密封的泄漏量很小、抗磨性较好时，电动机定子绕组和轴承的工作条件得到较好的保证，电动机的运行可靠性和使用寿命相应得到提高。

c. 而当定子绕组绝缘结构具有一定的耐水性时，即使电动机内有少量的水进入，使机内所弃油液变成油与水的混合液，导致绝缘性能下降时，定子绕组仍能继续工作。

(3) 井用干式潜水电动机的总体结构及主要特点

① 井用干式潜水电动机的结构　井用干式潜水电动机为全干式结构，内腔充满空气，与普通陆用电动机相似。电动机轴伸端采用双端面机械密封来阻止水分和潮气进入电动机内腔，以保持电动机的正常运行状态。有的干式电动机轴伸向下，电动机下部带有一气室。电动机潜入水中时，形成一气势结构或空气密封结构（图 6-3），阻止井水进入电动机内部，从而使电动机得到双重保护，可靠性有所提高。

② 干式潜水电动机的主要特点

a. 除定子绕组绝缘需加强防潮处理、定转子铁芯与金属材料的防锈防腐蚀处理要求高外，干式潜水电动机内部结构及处理与普通陆用电动机相同。一般情况下，干式潜水电动机效率高，制造较简单（密封件除外），维修也较方便。

b. 密封结构的可靠性是影响干式电动机使用可靠性和工作寿命的关键，密封结构一般比较复杂，制造工艺和安装要求都较高。

c. 当干式电动机在含砂或含其他杂质的液体中工作时，密封寿命会受到相当大的影响，从而影响干式电动机的使用寿命和可靠性。

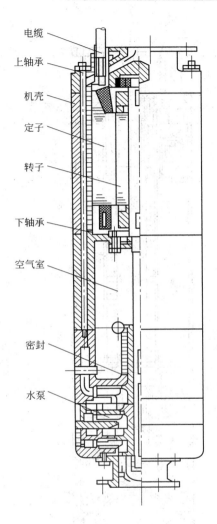

电缆
上轴承
机壳
定子
转子
下轴承
空气室
密封
水泵

图 6-3 井用干式潜水电动机结构

(4) 井用屏蔽式潜水电动机的总体结构及主要特点

① 井用屏蔽式潜水电动机的结构 井用屏蔽式潜水电动机
(图 6-4) 由一密封的定子、在水中工作的转子、水润滑轴承和橡
胶调压囊等组成。它的定子密封结构由机壳、非磁性不锈钢薄壁管

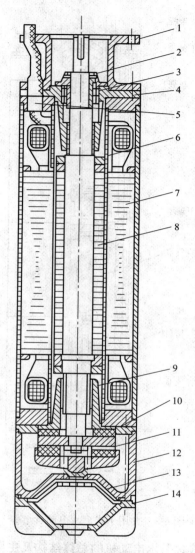

图 6-4 井用屏蔽式潜水电动机结构

1—连接法兰；2—甩砂环；3—防砂密封；4—上导轴承；5—电缆引出装置；6—屏蔽套；
7—定子；8—转子；9—下导轴承；10—上止推轴承；11—下止推轴承；
12—底座；13—橡胶调压囊；14—底脚

或非磁性不锈钢薄板制作的屏蔽套和端环焊接后，成为一独立的密封腔，将定子铁芯和绕组包封起来，内充环氧树脂或塑料填充物。转子腔内充满清水或防锈润滑液。电动机上、下部装有径向水润滑滑动导轴承，轴下端装有轴向水润滑止推滑动轴承。轴伸端安装有防砂密封装置，各止口结合面用 O 形橡胶密封圈或密封胶密封。

② 井用屏蔽式电动机的主要特点

a. 定子为一独立的密封腔，对导线绝缘的耐水性或耐油性要求降低，定子绕组可用普通漆包线制作。

b. 转子腔允许进水，对轴伸端密封的防泄漏要求很低，一般只要求防止水中的砂粒和固体杂质进入电动机内腔。

c. 屏蔽式电动机的可靠性一般较高，但定子密封结构较复杂，非磁性不锈钢薄壁管和端环、机壳的制造、装配要求较高，修理较困难。

屏蔽式结构一般用于 100mm 及 150mm 井径的井用潜水电动机中。

6.1.2 井用潜水电动机定子绕组的绝缘结构

(1) 井用潜水电动机定子绕组的耐水绝缘结构 充水式潜水异步电动机的定子绕组直接浸在水中工作，要求定子绕组的绝缘结构具有良好的耐水绝缘性能。这就要求制作定子绕组的耐水绝缘导线具有良好的耐水绝缘性能，还要求定子绕组的接头密封材料、密封接头具有良好的耐水绝缘特性。

定子绕组用耐水绝缘导线制作。充水式电动机的定子绕组一般采用 SQYN 型漆包铜导体聚乙烯绝缘尼龙护套耐水绕组线、SJYN型绞合铜导体聚乙烯绝缘尼龙护套耐水绕组线、SV 型实心铜导体聚氯乙烯绝缘耐水绕组线、SJV 型绞合铜导体聚氯乙烯绝缘耐水绕组线和 SYJN 型实心铜导体交联聚乙烯绝缘尼龙护套耐水绕组线、SJYJN 绞合铜导体交联聚乙烯绝缘尼龙护套耐水绕组线或类似性能的其他型号耐水绝缘导线制成。这几种耐水绝缘导线具有较高的耐热性、良好的耐老化性能和较高的机械强度，绝缘可靠，使用寿命较长。对于 SQYN 型和 SJYN 型聚乙烯绝缘耐水线及 SV 型和 SJV 型聚氯乙烯绝缘耐水线，在水中的长期工作温度应不超过

70℃；对于 SYJN 型和 SJYJN 型交联聚乙烯绝缘耐水线应不超过 90℃，并可适应 1MPa 的水压。耐水绝缘导线的结构如图 6-5 所示。

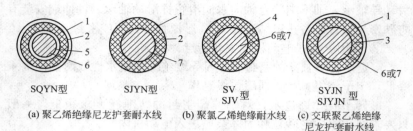

SQYN型   SJYN型   SV SJV 型   SYJN SJYJN 型

(a) 聚乙烯绝缘尼龙护套耐水线   (b) 聚氯乙烯绝缘耐水线   (c) 交联聚乙烯绝缘尼龙护套耐水线

图 6-5 耐水绝缘导线结构

1—尼龙；2—聚乙烯；3—交联聚乙烯；4—聚氯乙烯；
5—漆层；6—铜导体；7—绞合铜导体

  为了提高可靠性，减少定子绕组的连接接头，简化定子绕组的制造工艺，充水式潜水电动机的定子绕组常采用整条耐水绝缘导线一相连续绕线来制造多组线圈，或直接在定子铁芯上一相线圈连续穿线的制造工艺。定子绕组端部应可靠包扎，并应防止绕组的绝缘层在制造或运行中碰伤。

  (2) 定子绕组的接头密封 井用充水式潜水电动机定子绕组的星形连接点、耐水绝缘导线与引出电缆的连接接头以及引出电缆与动力电缆的连接接头的密封工艺为：一般采用自黏性胶带作主密封层和主绝缘层，外加机械保护层；要求接头密封包扎紧密、密封可靠、耐水绝缘性能良好。

6.1.3 井用潜水电动机的密封结构

(1) 井用潜水电动机的定子密封结构

  ① 井用充水式潜水电动机的定子密封结构 按照《井用潜水异步电动机》国家标准的规定，井用充水式潜水电动机下井前，电动机内腔应充满洁净的清水；或者在井用充水式潜水电动机出厂时，电动机内腔应充满制造厂所配制的水溶液。为了防止电动机内腔充水的泄漏，除在电动机的转轴上安装机械密封（将在下面另行阐述），防止内腔充水通过转轴泄漏外，在电动机的定子、轴承座

与底座等固定连接处，也均应加以密封。电动机的机座、轴承座等的止口接合面常用 O 形橡胶密封圈密封，或用密封胶密封。电动机的螺栓连接处也应加以密封。

②井用充油式潜水电动机的定子密封结构　井用充油式潜水电动机内腔充满绝缘润滑油，下部装有装置，电动机内腔的油压大于机外井下的水压力。为了阻止电动机内腔的绝缘润滑油向机外泄漏，除在电动机的转轴上安装机械密封（将在下面另行阐述），防止内腔所充绝缘润滑油通过转轴泄漏外，在电动机的定子、轴承座与底座等固定连接处，也均应密封。电动机的机座、端盖与油囊护套等的止口接合面常用 O 形耐油橡胶密封圈密封。电动机的螺栓连接处也常用 O 形耐油橡胶密封圈加以密封。

③井用干式潜水电动机的定子密封结构　井用干式潜水电动机为全干式结构，内腔介质为空气。当电动机在井下水中运行时，电动机周围井水的水压比较高，水很容易通过各处间隙进入电动机内腔。为了阻止水的进入，除了在电动机的轴伸端安装双端面机械密封或单端面机械密封阻止水分和潮气进入电动机内腔外，在电动机机座、轴承座以及底座等的止口接合面，常采用 O 形橡胶密封圈加以密封，以保持电动机的正常运行状态。电动机的螺栓连接处也应用 O 形橡胶密封圈或其他可靠的方法加以密封，阻止井水从螺栓连接处进入电动机内腔，从而避免电动机因内腔进水而造成绝缘性能下降或定子绕组损坏，使电动机的使用可靠性下降。

有的井用干式潜水电动机除在轴伸端安装机械密封外，还采用辅助的空气密封式结构；靠电动机内部（包括空气室内）的空气来阻止井水的侵入。下井时，电动机内腔的空气受到水静压的作用而被压缩，潜入深度越深，空气补压缩的体积就越小。为了保证水不致侵入电动机下端的轴承室内，必须有较大的空气室，这种结构会使电动机的体积增大。

④井用屏蔽式潜水电动机的密封结构　井用屏蔽式潜水电动机的定子由机壳、非磁性不锈钢屏蔽套和端环焊接后，成为一独立的密封腔。定子铁芯和绕组在密封的环境中工作，运行可靠性比较高。转子腔内充满清水或防锈润滑液，轴伸端安装机械密封或橡胶骨架油封防砂，将电动机内、外的液体分隔开。电动机机座、轴承

座及底座等的止口结合面一般用 O 形橡胶密封圈或密封胶密封，其密封要求与井用充水式潜水电动机基本相同。

(2) 井用潜水电动机转轴的密封结构　不管是充油式电动机、干式电动机、充水式电动机或屏蔽式电动机，它们在井下水中运行时，都要求井水以及水中所含固体杂质不能进入电动机内腔。因此，在各种结构的井用潜水电动机的轴伸端均装有转轴密封装置，包括橡胶骨架油封、各种结构形式的端面机械密封等。下面介绍井用潜水电动机常用的机械密封结构和橡胶骨架油封的安装结构。

① 机械密封结构　机械密封是井用充油式潜水电动机和井用干式潜水电动机的关键零部件，而在井用充水式潜水电动机或井用屏蔽式污水电动机的轴伸端也经常安装机械密封，但二者对所安装的机械密封的性能要求和所采用的机械密封的结构形式有很大的不同。

a. 充油式电动机和干式电动机的机械密封结构。充油式电动机和干式电动机对安装于轴伸端的机械密封的性能要求比较高：要求机械密封能阻止井水及水中所含的固体杂质进入电动机内腔，同时能防止电动机内腔所充绝缘润滑油向外泄漏。在电动机运行过程中，要求机械密封摩擦副（动环与静环）磨损小、密封泄漏尽量减小。

充油式潜水电动机常用的机械密封结构如图 6-6 所示。YQSY150A 型电动机的机械密封包括以动密封环、传动套、波纹管、弹簧和传动座组成的动密封环装配和以静密封环、静密封圈与螺帽组成的静密封环装配两部分 [图 6-6(a)]。静密封环用螺钉固定在端盖上；动密封环安装在轴上，由轴承端面限位，靠销键带动。YQSY200 和 250 型电动机以及 YQSY200 和 250B 型电动机的机械密封由动密封环、静密封环、推块、传动套和弹簧等组成 [图 6-6(b)]，动密封环通过销键、传动套由推块带动旋转。静密封环靠防转销制动，动、静密封环 O 形圈借助弹簧推力压紧进行密封。动、静密封环材料均为碳化钨。JQSY 型电动机的机械密封结构如图 6-6(c) 所示。

并且充油式潜水电动机机械密封常用的动密封环和静密封环材料主要为碳化钨和碳化硅，也有少量采用氯化硅、氧化铝陶瓷、金

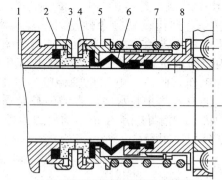

(a) YQSY150A型电动机的机械密封

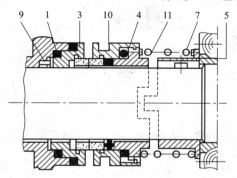

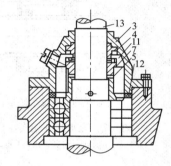

(b) YQSY200和250型电动机及YQSY200B和
250B型电动机的机械密封

(c) JQSY型电动机的机械密封

图 6-6　充油式潜水电动机机械密封结构

1—静密封圈；2—螺母；3—静密封环；4—动密封环；5—传动套；
6—波纹管；7—弹簧；8—传动座；9—槽；10—动密封圈；
11—推块；12—补偿胶垫；13—转轴

属氧化铝陶瓷等材料。

　　井用干式潜水电动机机械密封的常用结构与井用充油式潜水电
动机的机械密封结构类似。干式电动机常用的机械密封动、静密封
环材料，除充油式电动机机械密封所用的材料外，尚有石墨、塑
料、金属和其他的有机合成材料等。

　　b.充水式电动机和屏蔽式电动机的机械密封结构。当井用潜
水电动机和井用屏蔽式潜水电动机的使用水质不符合 GB/T 2818

《井用潜水异步电动机》标准的规定，即水中含砂量（质量比）超过 0.01％，甚至达到比较高的含砂量时，井水水质较差，橡胶骨架油封起不了良好的防砂作用。水中的砂料杂质进入电动机内腔，会使电动机内腔的水质恶化，从而影响到水润滑导轴承和水润滑止推轴承的正常工作。此时，电动机轴伸端应安装单端面机械密封［图 6-7（b）］，能有效防止井水中所含的砂粒杂质进入电动机内腔，从而改善电动机水润滑导轴承和止推轴承的运行条件，提高电动机运行可靠性、延长使用寿命。

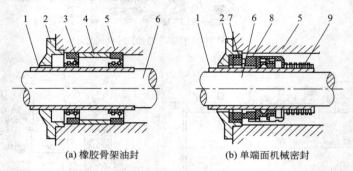

(a) 橡胶骨架油封　　　　　　(b) 单端面机械密封

图 6-7　充水式井用潜水电动机的橡胶骨架油封和单端面机械密封
1—轴套；2—压盖；3—油封；4—封套；5—上导轴承；
6—轴；7—静环；8—动环；9—弹簧

② 橡胶骨架油封结构　当潜水电动机所使用的井水水质符合 GB/T 2818《井用潜水异步电动机》标准的规定，其水中含砂量（质量比）不超过 0.01％，井水比较清洁时，井用充水式潜水电动机和井用屏蔽式潜水电动机的轴伸端经常安装橡胶骨架油封作为简单的防砂密封装置［图 6-7(a)］。它的结构简单、价格低廉、安装维修方便，但防砂效果相对比较差，使用寿命比较短。

③ 安装有与甩砂环的复合结构　井用潜水电动机的轴伸端除分别安装橡胶骨架油封或机械密封外，常在橡胶骨架油封或机械密封的外侧安装甩砂环。井用潜水电动机运行时，甩砂环能将聚集在轴伸端周围的泥沙颗粒等固体杂质不断甩开，从而减轻橡胶骨架油封或机械密封的防砂压力。在某些特殊的情况下，有时会将橡胶骨架油封与机械密封串联起来使用，以进一步增强潜水电动机的防砂

效果。

（3）**定子绕组接头和引出线的密封结构**　井用潜水电动机长期在井下水中工作，除了潜水电动机的定子具有良好的密封性能或定子绕组具有良好的耐水绝缘性能外，还要求定子绕组的接头与引出电缆和密封性能以及引出电缆与动力电缆接头的密封性能和耐水绝缘性能良好，以保证井用潜水电动机的工作可靠性和使用寿命。井用潜水电动机定子绕组接头与引出线的密封结构主要有：

① 采用自黏性胶带包扎密封　井用充水式潜水电动机定子绕组的星形连接点、耐水绝缘导线与引出电缆的连接接头的密封以及引出电缆与动力电缆连接接头的密封一般采用自黏性胶带作主密封层和主绝缘层，外加机械保护层。这种密封包扎工艺密封可靠、耐水绝缘性能良好。

② 采用密封圈和环氧胶密封　井用充油式潜水电动机引出电缆外圈和芯线用密封圈密封，引出电缆与导线的内接用环氧胶密封以防止电缆外圈和芯线渗油。引出电缆与动力电缆的接头也要牢固连接、严格密封。这种密封方法可以保证电缆接头的绝缘电阻，提高运行可靠性。

③ 采用环氧树脂浇注或隔离接头密封　井用干式潜水电动机尤其是空气密封式电动机，一般采用环氧树脂浇注或隔离接头来保证接头的密封性能和良好的绝缘性能。

④ 接插式密封结构　井用屏蔽式潜水电动机的电缆与引出线的连接，一般采用接插式密封结构。这样既减小了径向尺寸，又可以防止连接处渗漏，从而保证了屏蔽式潜水电动机的工作可靠性。

6.2　潜水电泵的使用及维护

6.2.1　潜水电泵使用前的准备及检查

潜水电泵使用前，应对潜水电泵、开关和电缆等有关设备进行如下全面的检查：

① 潜水电泵使用前，应检查电动机定子绕组对地的绝缘电阻，

其值一般应≥50MΩ。当测得的冷态绝缘电阻值低于 1MΩ 时，应检查定子绕组绝缘电阻降低的原因，排除故障，使绝缘电阻恢复到正常值后才能使用，否则可能会造成潜水电动机定子的损坏。

② 潜水电泵使用前，应安装好专用的保护开关或规格相符的过载保护开关，以使潜水电泵在使用过程中发生故障时，能得到可靠而有效的保护，而不致损坏潜水电动机的定子绕组，甚至损坏整台潜水电动机。

③ 潜水电泵使用前，外壳应可靠接地，潜水电泵引出电缆芯线中带有接地标志的黄绿双色接地线应可靠接地。如果限于条件没有固定的地线，则可在电源附近或潜水电泵使用地点附近的潮湿土地中埋入深 2m 的长金属棒作为地线。

④ 潜水电泵使用前，对充油式潜水电泵和干式潜水电泵应检查电动机内部或密封油室内是否充满了油，如未按照规定加满的，应补充注油至规定油面；对充水式潜水电泵，电动机内腔应充满清水或按制造厂规定配制的水溶液。

⑤ 潜水电泵一般应垂直吊装，不要横向着地使用（卧式潜水电泵除外），不应陷入淤泥中，防止因散热不良导致电动机损坏。潜水电泵外面可用竹筐或网篮罩住，防止水草等杂物堵塞滤网，影响潜水电泵吸水或绕住水泵叶轮，造成潜水电泵堵转甚至损坏潜水电泵。

⑥ 潜水电泵一般不应脱水运转，如需在地面上进行试运转时，其脱水运转时间一般不应超过 1～2min。充水式潜水电泵如电动机内部未充满清水或不能充满清水（过滤循环式），则严禁脱水运转。

⑦ 在使用三相潜水电泵前，应检查旋转方向是否正确，如潜水电泵启动后出水量小，说明转向反了，应立即停车，换接潜水电泵引出电缆或线路任意两相的接线位置。

⑧ 移动或搬运潜水电泵时，应先切断电源，并不得用力拖拽电缆，以免损坏操作电缆。如电缆损坏则应立即进行修理或更换。

6.2.2　井用潜水电动机的定期检查及维护

为了保证井用潜水电动机的正常运转，延长使用寿命，除了配备完善的控制保护装置和执行正确的操作外，还应做好日常的检修工作和定期的维修工作。当井用潜水电动机出现故障时，应及时排除故障，进行修复处理。井用潜水电泵每使用一年，一般应将潜水电泵提出井外，对潜水电动机进行检修。

在潜水电动机下井运行过程中，应对电动机的运行电流、对地绝缘电阻等进行经常性的监视或定期的检查，并定期对潜水电动机进行检修。

(1) **对电动机运行电流的监视** 井用潜水电动机长期潜入井下水中工作，其运行电流的大小和变化既反映了电动机工作负荷（即电泵输出的轴功率）的大小，也反映了电动机径向轴承、止推轴承和机械密封等易损件的磨损情况及水泵叶轮、径向轴承的磨损情况。因此，通过运行电流来监视潜水电动机的工作状态是最方便的方法、也是较为可靠的方法。一般应控制潜水电动机的运行电流不超过额定电流。当水泵输出的流量、扬程无明显变化，而潜水电动机运行电流逐渐变大，甚至超过额定电流时，说明潜水电动机的轴承等关键零部件已出现了问题，应尽快停机进行检查和修理。

(2) **对定子绕组**（包括信号线）**对地绝缘电阻的定期检查** 在各种型式的井用潜水电动机的运行过程中，应充分利用停机间歇，定期对定子绕组（对充油式电动机尚包括信号线）对地的绝缘电阻进行检查。对连续运行的电动机，也应定期停机进行测定，防止因定子绕组绝缘电阻下降，造成电动机定子绕组绝缘对地击穿，使故障扩大。

低压井用潜水电动机的绝缘电阻用 500V 绝缘电阻表在电动机引出线（或电缆出线端）和机壳（或出水管）之间测定。停机后立即测得的定子绕组的热态绝缘电阻，对于充水式电动机应不低于 $0.5M\Omega$，对于充油式、干式和屏蔽式电动机应不低于 $1M\Omega$；如测定冷态绝缘电阻，则一般应不低于 $5M\Omega$。电动机定子绕组的绝缘电阻如低于上述数值，一般应将电动机提出井外（以下简称提井）进行检查修理。

(3) **对充油式电动机内腔油量的检查及补充** 井用充油式潜水电动机运行一定时间后，由于轴伸端机械密封的泄漏、电动机内油液与井水的交换，使潜水电动机内腔的油量减少、油液中的含水量增加，对井用充油式潜水电动机的可靠运行产生了很大的影响。为此，应定期对井用充油式潜水电动机的内腔油量进行检查和补充。对电动机内腔油量进行检查和补充的方法如下：

① 将井用充油式潜水电动机平卧在地上，测量油囊托盘或油囊压盖到底座端面的尺寸，如果此尺寸明显较大，说明电动机内腔的油液已消耗较多，应对井用充油式潜水电动机内腔的油液加以补充。

② 打开平卧在地上的充油式潜水电动机上部的油塞，按图 6-8所示方法逐步拉紧油压弹簧到要求的充油位置，同时向电动机内腔缓慢注油。电动机内注满油后拧紧油塞，卸除螺杆，使弹簧放松。此时，由于弹簧力的作用，潜水电动机内产生油压，为了排除电动机内腔残存的气体，应再稍微松开油塞，让其自然排气，待无排气声响并开始溢油时，再拧紧油塞，电动机内腔注油完成。

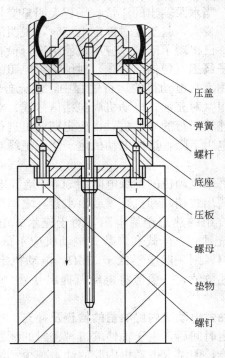

压盖

弹簧

螺杆

底座

压板

螺母

垫物

螺钉

图 6-8　充油式电动机注油前拉紧弹簧的方法

③ 如果充油式潜水电动机已发出贫油报警，则应将电动机内的油液全部放出，检查油液中的含水量情况。如油液中含水，则应拆开电动机进行检查，并烘干定子绕组，对轴承进行维护、加油后再进行装配。

6.2.3 潜水电泵的定期检查及维护

(1) 对潜水电泵运行情况的监视和绝缘电阻的定期检查 潜水电泵在水下运行，使用条件比较恶劣，平时又难以直接观察潜水电泵在水下的运行情况，因此应经常对潜水电泵进行定期检查与维护。

① 潜水电泵使用中，应经常利用停机间隙检查定子绕组的绝缘电阻值，以确保使用的可靠性，防患于未然。对连续使用的潜水电泵，也应定期停机对定子绕组的绝缘电阻值进行测定，防止因定子绕组绝缘电阻下降，造成对地击穿，使故障扩大。低压潜水电泵的绝缘电阻可用 500V 绝缘电阻表在潜水电动机的引出线（或电缆出线端）和机壳（或出水管）之间进行测定。停机后立即测得定子绕组的热态绝缘电阻，对于充水式潜水电泵应不低于 $0.5M\Omega$，对于充油式、干式和屏蔽式潜水电泵应不低于 $1M\Omega$；如测冷态绝缘电阻，则一般应不低于 $5M\Omega$。潜水电动机定子绕组的绝缘电阻如低于上述数值，一般应对潜水电泵的定子绕组进行仔细的检查，然后进行修理。

② 对潜水电泵的运行情况应进行经常的监视，如发现流量突然减少或有异常的振动或噪声时，应及时停止运行，并进行检查和修理。

(2) 对充油式潜水电泵内腔的充油量和干式潜水电泵油室油量的检查及补充 对充油式潜水电泵内腔的充油量和干式潜水电泵电动机油室的油量进行检查时，应先拆下电动机上、下端盖的加油螺钉和放油螺钉，将干式潜水电泵密封室内或充油式潜水电泵电动机内的油液放入盛器内，处理备用。如果从密封室内或电动机内放出的油液中含水量较少，则说明潜水电泵的机械密封工作情况较好，可对干水电泵密封室内或充油式潜水电泵电动机内充入洁净油液后重新使用；如果从密封室内或电动机内放出的油液中含水量较多，则说明潜水电泵的机械密封已存在问题，应从电动机轴上小心卸下整体式机械密封盒（或机械密封）并进行检查。

(3) 对机械密封的检查、维修及更换　机械密封是充油式潜水电泵和干式潜水电泵的关键部件，为了保证潜水电泵运行的可靠性，在运行一定时间（一般为 2500h）后，应对机械密封进行检查、维修或更换。如果在潜水电泵日常运行中，发现潜水电泵的机械密封确已存在问题、产生泄漏，也应及时对机械密封进行维修或更换。

(4) 对易损件及磨损零部件的检查、维修及更换　潜水电泵使用满一年（对频繁使用的潜水电泵，可适当缩短时间），应进行定期的检查和修理，更换油封、O 形圈等易损件以及磨损的水泵过流零件。

6.3 潜水泵电机与潜水泵常见故障与维修

6.3.1　潜水电泵不能启动、突然不转的原因及处理方法

(1) 潜水电泵不能启动的原因及处理方法

① 电源电压过低　因电源电压过低造成潜水电泵不能启动时，应将电源电压调整到 342V 以上。在抗灾排涝的紧急情况下必须使用潜水电泵，而电源电压又低于 342V 时，可采取临时的应急措施：适当调大潜水电泵保护开关的整定电流，使潜水电泵在使用过程中，其保护开关不致因过载而频繁跳闸。但使用时应控制潜水电泵定子绕组的电流不超过其额定电流的 1.1 倍，并控制使用时间，使潜水电泵不致因使用时间过长、超载过久，造成定子绕组温升过高而过热损坏。

② 电源断相或断电　潜水电泵使用中，如电缆芯线断裂、熔断器熔断、控制保护开关接触不良、保护装置动作等，造成潜水电泵停转时，应仔细检查供电线路中的熔断器、控制保护开关和保护装置是否存在故障，检查是否是电源断相或断电，或是因熔断器、控制保护开关和保护装置动作或接触不良造成断相或断电。修复因熔断器、控制保护开关和保护装置造成的断电或断相处；如是因电

源供电中断造成的，则应恢复供电。

③ 水泵叶轮卡住　因水泵叶轮被水草、杂物等卡住造成潜水电泵停转时，应拆检水泵，清除水草、杂物等，使潜水电泵能正常运行。

④ 电缆过细、过长，电压降过大　造成潜水电泵供电电压过低，电动机无法启动。处理方法是当潜水电耗使用地距离电源较远、电缆较长、电压降过大时，应适当加粗电缆截面；如果电缆长度增加一倍，则电缆截面也应相应增加一倍。

⑤ 潜水电泵的插头、开关等的接插件接触不良　潜水电泵的插头、开关等的接插件接触不良造成潜水电泵不能启动时，应修理或更换接触不良的接插件。

⑥ 潜水电泵的热保护器动作　潜水电泵使用中因热保护器动作造成停转时，应首先检查热保护器动作的原因。如是潜水电泵出现故障，则应立即查找并排除故障。如是电动机的过载造成的，则应找出过载的原因并加以消除：如电源电压过低造成电动机电流过大；或是因叶轮被杂物缠绕，转动不畅；或是因轴承损坏造成电动机的定子与转子相互摩擦以及环境温度过高等。因热保护器动作表明潜水电泵温度已超过额定温度，应等待定子绕组温度降低，热保护器自动复位后，潜水电泵才可重新运行。

⑦ 潜水电泵的热保护器损坏　处理方法是首先检查热保护器损坏的原因：如果热保护器损坏是因潜水电泵的故障引起，则应立即查找并排除潜水电泵的故障；如果热保护器损坏是因热保护器的质量造成或因热保护器使用时间过长造成，则应更换同样型号、同样规格的热保护器。

⑧ 潜水电泵的定子绕组损坏　潜水电泵的定子绕组损坏，造成停转时，应首先检查潜水电动机定子绕组损坏的原因，排除故障，防止再次损坏潜水电动机定子绕组；然后对潜水电动机定子绕组进行拆卸修理，按照要求重新更换损坏的定子绕组。

⑨ 单相潜水电动机离心开关接触不良或损坏　处理方法是首先检查离心开关损坏的原因是否与潜水电泵的故障有关，如果潜水电泵存在故障，应立即查找并排除潜水电泵的故障，然后修理或更换离心开关。

（2）**潜水电泵接入电源后，熔丝熔断的原因及处理方法**　潜水电泵接入电源后熔丝熔断，与供电电源的电压过低、水泵和电动机的故障以及使用不当等因素有关：

①　潜水电泵两相运转　潜水电泵发生两相运转时，首先应检查发生该故障的原因：如因电源的两相故障造成，则应修复损坏的电源；如因潜水电泵的故障造成，则应对潜水电泵的故障进行检查和修理。

②　潜水电泵叶轮受水草、杂物阻塞，摩擦严重　发现潜水电泵叶轮受水草、杂物阻塞时，应立即停机并拆卸潜水电泵，清除水泵叶轮或流道中的杂物，使潜水电泵转动平衡、轻快。

③　电源电压过低　电源电压过低使潜水电泵不能启动时，应将电源电压升到 $342\sim400V$，使潜水电泵能顺利启动。

④　潜水电泵电动机的轴承损坏　电动机的轴承损坏，会使潜水电耗不能正常运行，电流变大。处理方法是更换潜水电泵损坏的轴承。

⑤　潜水电泵转轴弯曲、定子与转子不同心　转轴弯曲是一种严重的故障情况，会使潜水电动机的气隙不均匀，轴承受力情况恶化，甚至会使潜水电泵的定子与转子相互摩擦，使潜水电泵运行时产生剧烈振动，应立即进行检修，校直弯曲的转轴、更换不合格的轴承。

（3）**潜水电泵正常运行中突然不转的原因及处理方法**　潜水电泵正常运行中突然不转的原因主要有：

①　电源断电　处理方法是检查电源断电的原因并及时排除故障，恢复供电。

②　潜水电泵的控制保护开关跳闸　控制保护开关跳闸的主要原因是潜水电泵运行时发生损坏或过载。处理方法是首先测量潜水电泵电动机的绝缘电阻，检查潜水电泵电动机定子绕组是否损坏，其他零部件是否损坏。如果因潜水电泵其他零部件损坏造成定子绕组损坏或定子绕组因过载、短路造成损坏，则应修理损坏的零部件和定子绕组。如果潜水电泵并没有损坏，则控制保护开关跳闸就是由潜水电泵的过载引起的，应检查电源电压及水泵的使用扬程是否在规定范围内，将电源电压和潜水电泵运行工况调整到允许范围

内，即可避免潜水电泵运行时过载，防止控制保护开关跳闸。

③ 潜水电泵供电电缆的芯线断裂 处理方法是将电动机供电电缆断裂的芯线处接好，并用绝缘胶带包扎好。如供电电缆断裂后修复的连接处需浸入水中，则应按电缆接防水连接及密封要求进行处理（可按《充水式井用潜水电动机的修理》中有关电缆接头防水连接及密封的内容进行连接及密封处理）或更换电缆。

④ 潜水电泵的热保护器动作 潜水电泵的热保护器动作主要是潜水电泵过载或潜水电泵电动机散热不良或脱水运行或热保护器故障产生误动作造成的。处理方法是检查热保护器动作的原因并加以消除，等待其自动复位或进行修理调整。

⑤ 潜水电泵堵转 潜水电泵发生堵转的主要原因是：

a. 泵叶轮卡住。处理方法是拆检水泵、清除杂物，使潜水电泵能正常运行。

b. 轴承等转动零件损坏，应加以修理或更换。

⑥ 潜水电泵的定子绕组烧坏 发现潜水电泵的定子绕组烧坏，首先应检查定子绕组损坏的原因，排除故障，防止再次损坏电动机定子绕组；然后对电动机定子绕组进行拆卸修理，按照要求重新更换损坏的定子绕组。

(4) 潜水电泵通电后不出水的原因及处理方法 潜水电泵通电后不出水的主要原因有：

① 电源电压过低、潜水电泵未能启动 潜水电泵因电源电压过低未能启动时，应将电压调至 342V 以上。如果因为各种原因电压调不到 342V，而潜水电泵又必须使用，可适当调大潜水电泵保护开关的整定电流。但使用时应控制电流不超过电动机额定电流的 1.1 倍，并控制使用时间，使电动机不致因超载过久，造成定子绕组过热损坏。

② 电源断相或断电 电缆断裂、熔断器熔断、控制保护开关接触不良、控制保护装置动作等，会造成潜水电泵不能启动。处理方法是仔细检查熔断器、控制保护开关和保护装置，检查是否因电源断相或断电，或是因熔断器、开关和保护装置动作或接触不良造成断相或断电。修复因熔断器、开关和保护装置造成的断电或断相处。

③ 水泵叶轮卡住　处理方法是拆卸水泵、清除叶轮杂物、修复水泵。

④ 潜水电泵定子线圈短路　处理方法是检查定子线圈短路处，修理潜水电泵的定子绕组。同时检查潜水电泵定子线圈短路的原因，排除潜水电泵存在的故障，避免潜水电泵定子线圈再次发生短路。

⑤ 潜水电泵定子线圈断路　处理方法是检查定子线圈断路处，修理潜水电泵的定子绕组；同时检查潜水电泵定子线圈断路的原因，排除潜水电泵存在的故障，避免潜水电泵定子线圈再次发生断路。

⑥ 潜水电泵的供电电缆过细或过长　潜水电泵的供电电缆过细或过长，会造成电缆压降过大、使潜水电泵电压过低，无法启动。处理方法是按供电电缆的合理选择要求调换较粗的电缆，减少电缆电压降。当潜水电泵的使用场所距供电电源较远、电缆较长、电压降过大时，应适当加粗电缆截面：电缆长度如果增加一倍，电缆截面也应相应增加一倍。这样可以提高潜水电泵的启动电压，使潜水电泵容易启动。

⑦ 潜水电泵导轴承与轴的间隙太小　充水式潜水电泵导轴承与轴的间隙太小，运行时容易因导轴承膨胀或发热，使轴承产生抱轴现象。处理方法是修理导轴承：按照规定要求，适当加大导轴承与轴的间隙，使潜水电泵运行时轴承不再发生抱轴现象。

⑧ 充水式潜水电泵内腔充水不足发生抱轴现象　处理方法是修理或更换损坏的轴承，同时对充水式潜水电泵，应保证内腔充满清水。

⑨ 潜水电泵使用后长期旋转　潜水电泵使用后长期旋转，致使水泵叶轮与口环部位锈蚀，尤其对于导叶式潜水电泵更是。处理方法是拆开水泵的上导流壳，清理锈蚀部位，使潜水电泵能灵活转动。

6.3.2　潜水电泵过载、出水少的原因及处理方法

（1）潜水电泵出水少的原因及处理方法

① 潜水电泵的使用扬程过高　潜水电泵使用中出现扬程过高

的主要原因是：所使用的潜水电泵选用不当、规定扬程过高或水泵使用中阀门调节不当。处理方法是按照潜水电泵规定的使用范围，适当调节它的使用扬程或另选合适规格的潜水电泵。

② 潜水电泵的过滤网堵塞　潜水电泵的过滤网堵塞会造成水泵进水不畅通，潜水电泵的出水量就会减少。处理方法是清除过滤网内外及潜水电泵周围的水草、杂物，必要时可用竹筐或网篮罩住潜水电泵，以防止水草杂物进入。

③ 潜水电泵的旋转方向反了　潜水电泵的旋转方向反了，出水量就会很小。处理方法是调换潜水电泵供电电缆与相序。

(2) 动水位下降到进水口以下，造成潜水电泵间隙出水　造成潜水电泵间隙出水的主要原因是潜水电泵的流量过大或下井深度不够。处理方法是：

① 关小潜水电泵出水管上的阀门、减少潜水电泵的流量，使井的动水位下降后，潜水电泵的进水口始终位于水下面下。

② 增加潜水电泵的下井深度至动水位下降时，使潜水电泵的进水口始终位于水面下的程度。

(3) 潜水电泵的转子断条　潜水电泵的转子断条会造成潜水电泵不能正常工作，转速下降，水泵的流量、扬程下降，电流表的指针摆动。处理方法是更换潜水电泵的转子。

(4) 潜水电泵运行时剧烈振动的原因及处理方法　潜水电泵运行时产生剧烈振动，主要与水泵叶轮和电动机转子的平衡以及机械原因有关，其中主要有：

① 潜水电泵的转子不平衡　处理方法是拆卸潜水电泵，重新对潜水电泵的转子校正动平衡。

② 潜水电泵的叶轮不平衡　处理方法是重新校正水泵叶轮的静平衡。

③ 潜水电泵的转轴弯曲　转轴弯曲是一种严重的故障情况，会使潜水电泵的气隙不均匀，轴承受力情况恶化，甚至会使潜水电泵的定子与转子相互摩擦，使潜水电泵运行时产生剧烈振动，应立即进行检修，校直弯曲的转轴。

④ 潜水电泵的轴承磨损　处理方法是更换损坏的滚动轴承或水润滑轴承与轴套。

⑤ 潜水电泵的连接法兰和螺栓松动　处理方法是拧紧松动的螺栓，使法兰连接牢固。

6.3.3　潜水电耗定子绕组故障的原因及处理方法

(1) **潜水电泵定子绕组绝缘电阻下降的原因及处理方法**　潜水电泵定子绕组的绝缘电阻下降与潜水电泵轴伸端机械密封的泄漏、电动机机座与端盖等处接合面的密封处泄漏以及潜水电泵定子绕组绝缘损坏等原因有关：

① 潜水电泵轴伸端的机械密封泄漏　潜水电泵轴伸端安装的机械密封泄漏，会造成机外水直接涌入潜水电泵的电动机内腔，从而造成潜水电泵定子绕组的绝缘电阻下降。处理方法是修理或更换损坏的轴伸端机械密封，并重新对潜水电耗的定子绕组进行干燥处理，提高定子绕组的绝缘电阻。

② 机座与端盖等处接合面的静密封泄漏　潜水电泵电动机机座、端盖等处接合面的静密封泄漏同样会造成机外水直接涌入潜水电泵的电动机内腔，从而造成潜水电泵定子绕组的绝缘电阻下降。处理方法是更换损坏的静密封（一般为O形密封圈），并重新对潜水电泵的定子绕组进行干燥处理，提高定子绕组的绝缘电阻。

③ 潜水电泵的电缆接头进水　潜水电泵的电缆接头进水同样会造成机外水直接涌入潜水电泵的电动机内腔，从而造成潜水电泵定子绕组的绝缘电阻下降。处理方法是重新处理电缆接头，保证电缆接头的连接和防水的可靠性；并重新对潜水电泵的定子绕组进行干燥处理，提高潜水电泵定子绕组的绝缘电阻。

④ 潜水电泵的定子绕组操作或损坏　潜水电泵定子绕组操作或损坏的处理方法是修理或更换损坏的定子绕组，并重新对潜水电泵的定子绕组进行干燥处理，提高潜水电泵定子绕组的绝缘电阻。

(2) **潜水电泵定子绕组烧坏的原因及处理方法**　潜水电泵定子绕组烧坏与轴伸端机械密封泄漏、机座与端盖等处接合面的静密封处渗漏、接线错误、使用条件恶化以及使用不当等因素有关：

① 潜水电泵的电缆接地线与芯线接错　潜水电泵的电缆接地线与芯线接错会造成潜水电泵的定子绕组损坏，处理方法是：拆除损坏的潜水电泵定子绕组，按原样重新修复定子绕组；重接电缆

线，并进行严格的检查，防止接地线与芯线接错，避免再次发生类似的故障。

② 潜水电泵定子绕组匝间短路　处理方法是检查潜水电泵定子绕组匝间短路处，拆除损坏的定子绕组，按原样重新修复定子绕组。

③ 充油式潜水电泵或干式潜水电泵机械密封损坏进水，定子绕组对地击穿　处理方法是修理或更换损坏的机械密封，拆除损坏的定子绕组，按原样重新修复定子绕组。

④ 潜水电泵的机座与端盖等处接合面的静密封泄漏　潜水电泵机座与端盖等处接合面的静密封泄漏同样会造成机外水直接渗入电动机内腔，从而造成潜水电泵定子绕组的绝缘电阻下降。处理方法是更换损坏的静密封（一般为 O 形密封圈），并重新对潜水电泵的定子绕组进行干燥处理，提高潜水电泵定子绕组的绝缘电阻。

⑤ 潜水电泵超载运行或两相运行时间过长　潜水电泵超载运行或两相运行时间过长造成潜水电泵定子绕组损坏时，首先应找出潜水电泵超载运行两相运行的原因、排除潜水电泵的故障；拆除损坏的定子绕组，按原样重新修复潜水电泵的定子绕组。

⑥ 潜水电泵脱水运行时间过长　潜水电泵脱水运行时间过长造成潜水电泵定子绕组损坏的处理方法是：拆除损坏的定子绕组，按原样重新修复定子绕组；运行中尽可能保证潜水电泵的冷却条件，减少脱水运行情况和脱水运行时间，并安装过载保护装置或过热保护装置，适当调节保护电流或保护温度，使潜水电泵的定子绕组不致因过热而损坏。

⑦ 上泵式潜水电泵电动机陷入泥中运行　上泵式潜水电泵电动机陷入泥中运行时，因机座散热困难，定子绕组的温升会快速上升，甚至损坏定子绕组。处理方法是拆除损坏的定子绕组，按原样修复潜水电泵的定子绕组。对上泵式潜水电泵运行时应采取有效措施，如使用篮、筐等加以隔离，防止电动机陷入泥中运行，以避免造成定子绕组散热困难，甚至损坏定子绕组。

⑧ 水泵叶轮卡住，电动机堵转时间过长　处理方法是拆检水泵、清除叶轮杂物，使电动机转动自如；同时拆除损坏的定子绕组，按原样重新修复潜水电泵的定子绕组。

⑨ 潜水电泵开停过于频繁　潜水电泵开停过于频繁，会使潜水电泵定子绕组频繁地流过很大的启动电流，绕组发热很厉害，热量又来不及散发，从而造成定子绕组的损坏。处理方法是：拆除损坏的定子绕组，按原样重新修复潜水电泵的定子绕组；使用中潜水电泵不宜频繁启动和停止，以免潜水电泵定子绕组过度发热，造成损坏。

⑩ 潜水电泵的供电电缆受损进水，定子绕组受潮，匝间绝缘击穿或定子绕组对地击穿　处理方法是：检查受损的供电电缆，对电缆受损部位进行防水包扎处理或更换电缆；拆除损坏的定子绕组，按原样重新修复潜水电泵的定子绕组。

⑪ 潜水电泵遭受雷击，定子绕组损坏　潜水电泵遭受雷击，定子绕组损坏后，应拆除损坏的定子绕组，按原样重新修复潜水电泵的定子绕组；对受到雷击的电源设备应采取有效的防雷措施，避免潜水电泵因再次遭受雷击而损坏定子绕组。

6.4　潜水电泵定子绕组常见故障的分析及处理

　　潜水电泵长期潜入水中运行，使用条件比较恶劣，运行中出现的噪声、振动、温度等异常变化不易受到直接监视，尤其是在农村中使用的一部分潜水电泵保护装置较差，运行中产生的各种故障如未能及时发现并加以适当的处理，则最终均反映在潜水电动机定子绕组的故障上。因此，电动机定子绕组的故障是潜水电泵最常见的故障之一。

6.4.1　潜水电泵定子绕组接地故障

　　（1）潜水电泵定子绕组接地故障的主要特征　潜水电泵定子绕组因接地故障而烧坏的主要特征是：槽口或槽底有明显的烧伤痕迹。

　　（2）潜水电泵定子绕组发生接地故障的主要原因　定子绕组接地故障属危险事故，因为定子绕组与铁心或机壳间的绝缘损坏所造成的机壳带电将危及人的生命安全，并导致有关设备的损坏。潜水电泵定子绕组接地故障的主要原因是：

① 定子绕组受潮而失去绝缘作用　潜水电泵在水下运行时，干式潜水电动机或充油式潜水电动机定子绕组受潮，定子绕组的绝缘性能会逐步下降，直到完全失去绝缘作用。

② 潜水电泵长期过载使定子绕组绝缘老化　潜水电泵长期低电压运行、长期过载、电流偏大、温升偏高，均会使定子绕组的绝缘逐渐老化。

③ 定子与转子相互摩擦　潜水电泵定子铁芯与转子铁芯同轴度不好或因轴承损坏而导致定子与转子相互摩擦，定子铁芯与转子摩擦的部分因摩擦发热而烧焦槽绝缘，导致线圈绝缘损坏而使定子绕组发生接地故障。

④ 制造中存在的质量问题　制造过程中定子绕组嵌线工艺不当或嵌线质量差，在铁芯槽口线圈直线部分与端部转角处有挤压，槽绝缘破损；部分槽口绝缘没有封卷好、槽绝缘损坏等；槽楔与导线直接接触；槽楔受潮后绕组绝缘电阻下降、反向运动等原因都会造成定子绕组接地故障。槽绝缘损坏严重的会因导线中裸铜处与铁芯、机壳相接触，造成定子绕组接地事故。

⑤ 其他因素　雷击造成定子绕组绝缘损坏等，也可能造成各种结构潜水电泵定子绕组的接地故障。

(3) 潜水电泵定子绕组接地故障的检查

① 用绝缘电阻表进行检查　对低压潜水电泵用 500V 绝缘电阻表测量定子绕组（或电缆芯线）对机壳的绝缘电阻，其值接近于零，表示定子绕组接地。农村中如无绝缘电阻表时，可用万用表电阻挡（$R \times 1k$ 或 $R \times 100$ 等大电阻挡）的绝缘电阻，如其值很大，则表示潜水电泵定子绕组的绝缘良好，潜水电泵可继续使用；如其值较小或很小，则表示潜水电泵定子绕组绝缘电阻很小或定子绕组已接地。

② 用校验白炽灯进行检查　用校验白炽灯检查定子绕组的接地故障时，应将检验灯的一端接定子绕组引出线，另一端接机壳，通 220V 电压后，如灯泡发亮则表示定子绕组已接地。这时，可检查定子绕组端部绝缘和接近槽口部分的槽绝缘有无破裂或发焦，如

发现槽绝缘破裂或发焦，则破裂或发焦处很可能就是定子绕组的接地点。

③ 槽口部位接地故障的检查　通常定子绕组接地常发生在槽口或槽口的底部。如为槽口部位接地故障，则要区分接地方式是"虚接"还是"实接"。虚接时，为了查明故障，可升高电压将虚接部位击穿，由火花和冒烟痕迹可判断出来；实接部位可根据放电烧焦的绝缘部位检查出来。

6.4.2　潜水电泵定子绕组短路故障

（1）潜水电泵定子绕组发生短路故障的主要特征及主要原因　干式和充油式潜水电泵定子绕组的短路故障主要有线圈匝间短路、线圈相间短路和绕组对铁芯短路三类，其中线圈匝间短路包括各极相组线圈间短路，一个极相组中线圈之间短路以及一个线圈中的线匝之间短路。线圈相间短路故障通常有定子绕组端部层间短路和槽内上、下层线圈边之间的短路等几种。充水式潜水电泵定子线圈直接浸在水中，因此，其定子绕组的短路故障只有对地短路一种，也即充水式潜水电泵的定子绕组短路故障就是定子绕组的对地短路故障。

① 定子绕组短路烧坏的主要特征

a. 因匝间短路烧坏定子绕组的主要特征为：定子线圈的端部有几匝或一个极相组烧焦，而其余的线圈稍微变色。

b. 因相间短路造成定子绕组烧坏的主要特征为：在短路发生处定子绕组产生熔断现象（即导线多根烧断）并有熔化的铜屑痕迹，其他线圈组或线圈的另一端部就不存在烤焦现象。

② 定子绕组短路故障产生的主要原因

a. 潜水电泵使用环境恶劣，干式或充油式潜水电动机长期在水中工作，定子绕组受潮，在使用中产生的过电压作用下，定子绕组绝缘局部击穿。

b. 农村中使用的潜水电泵，因供电电压过低、电流长期过大，造成定子绕组过热、绝缘老化，局部发生击穿。

c. 电动机过载、过电压或单相运行以及导线绝缘材质不良等均会造成定子绕组匝间短路。尤其是聚酯漆包线的漆膜热态机械强度较差，当浸漆不良而线匝之间未能形成坚固的整体时，大量外界粉尘会积存在线匝缝隙当中，导线在电磁力作用下相互振动摩擦，塞在缝隙中的粉尘又起"研磨剂"的作用，时间一久，将导线绝缘磨破，会造成线圈匝间短路。

d. 潜水电泵使用中遭雷击，造成定子绕组绝缘击穿损坏等短路故障。

e. 潜水电泵制造过程中因工厂工艺不稳定或者加工疏忽造成定子绕组短路故障的产生频率也较高，如相间绝缘尺寸不符合规定，绝缘垫本身有缺陷；在连绕的同心式绕组中，存在极相组间的连接线上绝缘套管没有套到线圈嵌入槽的槽部或绝缘套管被压破，造成短路故障；线圈间的过桥线连接不好或嵌线方法不妥，整形时用力过重造成的线圈间短路故障；嵌线时存在划棒（理线板）划破导线绝缘以及焊接时烫焦导线绝缘或线圈端部绝缘被焊接头碰伤等，导致线圈匝间导线短路；定子搬运过程中定子绕组端部绝缘局部损坏等。

f. 如果定子绕组线圈端部的相间绝缘或双层线圈的层间绝缘没有垫好，则在潜水电泵电动机的温升过高或定子绕组受潮的情况下，就会发生绝缘击穿，形成相间短路。如有极相组线圈的连线套管没有套好，则也会造成连线间短路。

g. 对小功率潜水电泵因选用的电磁线线径较细，线圈端部机械强度低，检修时稍有疏忽就会损伤绝缘层而发生匝间短路，因此，对于小功率潜水电泵定子绕组的检查与修理更要特别注意。

(2) 潜水电泵定子绕组短路故障的检查　干式和充油式潜水电泵定子绕组发生短路时，由于短路电流大、短路处过热，绝缘容易老化、发焦、变脆，因此，可用肉眼检查定子绕组绝缘烧焦处，并可通过嗅觉检查有焦味的地方，一般往往就是定子绕组的短路处。有条件时，可用仪器仪表进行检查。下面介绍六种检查潜水电泵定子绕组短路故障的方法。

① 电流平衡法　检查定子绕组短路故障的电流平衡法接线如图 6-9 所示。因为某相定子绕组短路相当于部分线圈短接，该相定子绕组的直流电阻减小，电流就会变大。在定子绕组出线端串接三只电流表，然后通入交流低电压，如果三只电流表的读数相差较大

（正常情况下，三只电流表读数相差不超过10％，如果相差超过10％，则表明情况存在异常），则电流读数大的一相极有可能就是定子绕组的短路相。

② 利用绝缘电阻表检查相间短路　用绝缘电阻表检查任何两相定子绕组间的绝缘电阻，若绝缘电阻低，则说明该两相定子绕组存在短路。

③ 用短路侦察器检查定子绕组匝间短路　将线圈短路侦察器接通交流电源，然后放入定子内圆表面的定子槽口上，沿各槽口逐槽移动进行检查。当短路侦察器经过一个短路绕组时，此短路绕组相当于变压器的二次侧绕组。在短路侦察器绕组中串联一只电流表，此时电流表指示出较大的电流［图6-10（a）］。若没有电流表，也可用一根旧锯条钢片放在被侧绕组的另一边所在槽口上面［图6-10（b）］，若被测绕组短路，则此钢片不会产生振动。

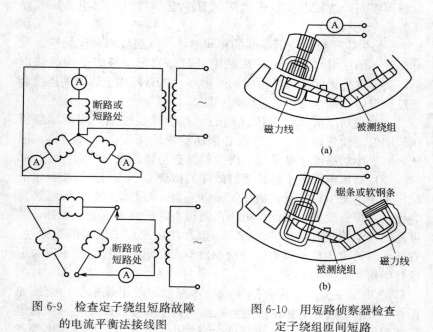

图6-9　检查定子绕组短路故障
的电流平衡法接线图

图6-10　用短路侦察器检查
定子绕组匝间短路

对于定子绕组采用并联接法的电动机，必须把各并联的支路拆开，才能采用线圈短路侦察器检查定子绕组的匝间短路。

④ 磁针检查法　对于线圈整个短路或因接线疏忽误将同一线圈的两个引出端接通的故障，可采用此方法进行检查。检查时，定子绕组应通直流电。将磁针沿定子内圆表面缓缓移动，磁针的指向是交替变化的，在每一导线上停留片刻，若磁针无偏转，则说明该导线的线圈短路。

⑤ 温度测试法　将潜水电动机通电运转数分钟，然后将电动机停转，用手对线圈逐个进行检查，这时短路线圈的温度比其他的线圈要高。若不明显，则再降压运转数分钟，用同样的方法进行检查。

⑥ 电桥检查（电阻测定）法　用电桥检查，比用电流表检查方便，只要用电桥测量潜水电泵各相定子绕组的直流电阻，如三相定子绕组的电阻值相差在 5% 以上，则电阻较小的一相定子绕组极可能就是发生短路的一相。

(3) 潜水电泵定子绕组对铁芯短路的检查　潜水电泵定子绕组对铁芯短路一般可用三种方法进行检查：

① 电阻测定法　检查定子绕组对铁芯短路的电阻测定法试验线路如图 6-11 所示。

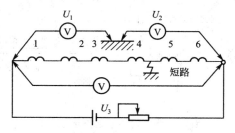

图 6-11　检查定子绕组对铁芯短路的电阻测定法接线图

在有故障的一相绕组上，施加电压适中的直流电源或交流电源（电源不接地）。若用交流电源，则电动机的转子必须从定子取出。读取电源电压 U_3 和有故障的一相绕组两端至铁芯的电压值 U_1 和 U_2。若此绕组完全对铁芯短路，则 $U_1 + U_2 = U_3$。由 U_1 与 U_2 的比例关系，可基本确定短路的线圈。

② 电流定向法　检查定子绕组对铁芯短路的电流定向法接线

如图 6-12 所示。电源的一端同时接至产生故障线圈的两个端头，而将另一端接通铁芯，电流方向如箭头所示，两股电流同时流向线圈的短路地点。

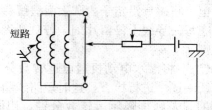

图 6-12　检查定子绕组对铁芯短路的电流定向法接线图

试验三相潜水电动机时，可将三相的头尾接在一起，与电源相连，电源的另一端接铁芯。把一枚磁针放在槽顶上，逐槽推过去，视磁针改变指向的地点便可确定短路的位置和短路的相号。

③ 试灯检查法　用试灯（40W 以下）按图 6-13 所示接线逐相检查。检查时若试灯暗红，则表明该相绕组严重受潮。若存在试灯发亮的相，则说明该相对铁芯短路。

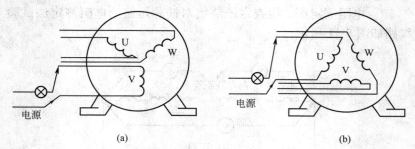

图 6-13　检查定子绕组对铁芯短路的试灯检查法示意图

6.4.3　潜水电泵定子绕组断路故障

干式潜水电泵和充油式潜水电泵定子绕组的断路故障主要有匝间断路、一相断路、并联导线中一根断路或并联支路一路断路等。造成的主要原因是定子线圈匝间短路未及时发现，造成定子线圈局部过热烧断导线；定子绕组连接处焊接不良，局部过热脱焊；制造过程中存在隐患，使用不当（如拉扯、碰撞等）造成断路。

① 定子绕组引出线和过桥线焊接处的检查　当潜水电泵发生定子绕组断路时，首先应检查定子绕组引出线和各过桥线的焊接处是否有焊锡熔化或焊接点松脱等现象。如不存在焊锡熔化或焊接点松脱等现象，则应检查定子绕组端部线圈是否存在发焦、烧断现象，槽内导线是否存在烧断等情况。

② 用仪表或试灯进行检查　干式潜水电泵和充油式潜水电泵定子绕组断路故障可用仪表进行检查。由于潜水电泵定子绕组制造过程中，星形连接的中性点或三角形接法与电缆的连接点均包扎密封起来，检查时必须将连接点的密封包扎拆开。对三角形接法的定子绕组，用万用表电阻挡或绝缘电阻表测得的定子绕组电阻值为无穷大，则表示该相定子绕组断路，如用试灯检查时灯不亮，也同样表示该相定子绕组断路。

由于充水式潜水电泵定子绕组直接浸水，因此绕组的断路故障一般均转变成定子绕组的对地故障。

③ 对用多根导线并绕或多路并联的定子绕组　可采用电桥或电流表来检查并联导线中某根导线断路或并联去路中某一支路断路。

a.电桥检查法。用电桥测量三相定子绕组的电阻，如三相定子绕组的电阻值相差超过 10%，则电阻大的一相定子绕组一般为断路相。

b.电流表检查法。用电流表检查时，对星形接法的定子绕组，应在每相定子绕组中接入电流表，三相定子绕组并联，加上低电压，如三相电流值相差超过 10%，则电流小的一相定子绕组一般为断路相；对三角形接法的定子绕组应逐相通入低电压，在同样的电压下，如三相电流值相差超过 10%，则电流小的一相定子绕组一般为断路相。

6.4.4　潜水电泵因过载使定子绕组烧坏的检查

(1) 因过载使定子绕组绕坏的主要故障特征　潜水电泵因为过载使定子绕组全部烧坏的故障的主要特征是定子绕组均烧成焦黑色。

(2) 潜水电泵因过载使定子绕组烧坏故障的原因

① 潜水电泵的流量与扬程选用不当 实际使用的负载工况条件与所选用的潜水电泵流量、扬程不匹配：所选用的潜水电泵的扬程过高（对离心泵或混流泵）或过低（对轴流泵）。

② 电源电压过低 潜水电泵在农村中低于额定电压较多的电压条件下运行，定子绕组中的电流增加较多，导致定子绕组温升增高过多而过热烧坏。

③ 潜水电泵的机械故障 潜水电泵轴承严重损坏、定子与转子相互摩擦"扫膛"、水泵叶轮被水草或其他杂物"卡死"等机械故障，都会造成潜水电泵定子绕组烧坏。

④ 制造或修理中存在的质量问题 因潜水电泵制造或修理中的质量问题，使定子绕组发热烧坏的原因主要有如下三种：

a. 潜水电泵铸铝转子的铝质不好、铸铝过程中发生断条或较大缩孔，都会造成潜水电泵启动困难。即使启动成功，潜水电泵的转速也达不到额定转速，运行电流大于额定电流，定子绕组过热。此时若取出转子观察，就可以看到定子铁心槽口有烧痕特征。

b. 因定、转子间气隙过大、气隙不均匀、铁芯硅钢片质量差、冲片毛刺大、铁芯叠压后冲片参差不齐等原因，造成潜水电泵空载电流过大，铁损耗增大。有的潜水电泵因修理时对定子绕组采用火烧拆除的方法，如火烧时温度过高，时间过长，损坏了铁芯冲片的绝缘层，降低了铁芯冲片的导磁性能，使得潜水电泵的铁芯损耗与空载电流增大。潜水电泵空转不长时间，定子绕组就发烫，若继续使用，则定子绕组就会烧坏。

c. 由于定子绕组重绕后的参数不符合原设计要求，匝数和线径有差异，因此导致潜水电泵定子绕组温升过高而烧坏。

6.4.5 潜水电泵因单相运行而烧坏的主要特征及主要原因

(1) 三相潜水电泵因单相运行而烧坏的主要特征 主要特征是定子绕组端部的 1/3 或 2/3 的极相组烧黑或变为深棕色，而剩下的一相或两相定子绕组尚好或稍带焦色。

(2) 三相潜水电泵因单相运行而烧坏的主要原因

① 三相潜水电泵的定子绕组为 Y 形连接 若电源的 U 相断

开，则电流从潜水电泵电动机的 V 相绕组和 W 相绕组流过，使得 V 相绕组和 W 相绕组烧坏。对于 2 极电动机将有 V 相和 W 相 4 个极相组的线圈烧坏而变焦黑；对于 4 极的电动机将有 V 相和 W 相 8 个极相组的线圈烧坏变成焦黑色。

② 三相潜水电泵的定子绕组为△形连接　若电源的 U 相断开，则其中一路电流从潜水电泵电动机的 U 相和 W 相二相串联的绕组中流过，另一路电流从 V 相绕组流过，因 V 相绕组阻抗相对较低、流过的电流较大，故首先被烧坏。对于 2 极电动机将有 V 相绕组对称的两个极相组的线圈烧焦；对于 4 极电动机将有 V 相绕组对称的四个极相组的线圈烧焦。

(3) 三相潜水电泵因两相运行而烧坏的主要原因

① 供电线路的故障或连接故障　由于供电线路的故障或从电源到潜水电泵电缆的连接故障，都会造成潜水电泵的一相供电中断，使三相潜水电泵两相运行，时间一长便会使潜水电泵定子绕组损坏。

② 接触器的触头损坏或熔丝连接不良　接触器的一对触头损坏或熔丝的连接处有浮接或隐伤，使一相熔丝处于要断未断的状态，潜水电泵的接线端子松脱或未焊牢，从而造成潜水电泵的一相供电中断，使三相潜水电泵两相运行，时间一长便会使潜水电泵定子绕组损坏。

③ 其他原因　潜水电泵启动时电流大，接触不良处接触电阻大，长期氧化造成一相或两相断路等。

以上几种原因都会造成潜水电泵的两相运行或单相运行状态。

6.4.6　潜水电泵定子绕组其他故障的检查

(1) 潜水电泵定子绕组的头尾接反的检查

① 用绕组串联法进行检查　用单相电源检查三相定子绕组头尾的接线如图 6-14 所示：将潜水电泵定子绕组其中的一相绕组接到 36V 的低压交流电源上（对小功率的潜水电泵可用 220V 交流电源），另外两相绕组串联起来接上试灯，若试灯发亮，则说明三相绕组头尾连接是正确的；若试灯不亮，则说明两相绕组头尾接反了，应将这两相绕组的头尾对调。重复进行上述试验，直到确定定

子绕组的接线完全正确为止。

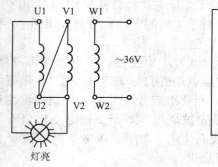
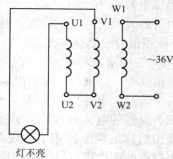

(a) 绕组头尾连接正确,灯亮　　　　　(b) 绕组头尾接反,灯不亮

图 6-14　用单相电源检查三相定子绕组头尾的接线图

　　② 用万用表进行检查　用万用表检查定子绕组头尾的接线如图 6-15 所示。用万用表（mA 挡）进行测试,转动潜水电动机的转子,若万用表的指针不动,则说明定子绕组头尾连接是正确的;若万用表指针转动了,则说明定子绕组头尾连接反了,应调整后重试。也可以如图 6-16 所示检查接线。当开关接通瞬间,若万用表（mA 挡）指针摆向大于零的一边,则电池正极所接线端与万用表负端所接的线端同为头或尾;若指针反向摆动,则电池正极所接线端与万用表正端所接线端同为头或尾。再将电池接到另一相的两线头试验,就可确定各相的头和尾。图 6-17 是检查定子绕组头尾常用的判断接线图。

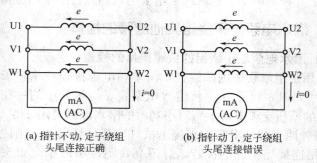

(a) 指针不动,定子绕组　　　　　(b) 指针动了,定子绕组
　　头尾连接正确　　　　　　　　　头尾连接错误

图 6-15　检查定子绕组头尾的万用表检查法

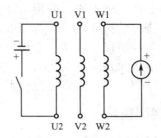

图 6-16　检查定子绕组头尾常用的判断接线图

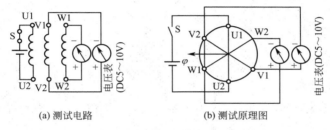

(a) 测试电路　　　　　　　　(b) 测试原理图

图 6-17　测定三相定子绕组始末端的电路及原理图

　　③ **直流毫伏表法**　测定潜水电泵三相定子绕组头尾端的电路如图 6-17 所示。以 U1、V1 和 W1 代表三相定子绕组的头，而以 V2 和 W2 代表三相定子绕组的尾。用低压直流电源供电给 U 相，而在 V 相和 W 相各接一只直流毫伏表，极性和接法如图 6-17 所示。当开关 S 刚合上时，如两只毫伏表都作正向偏转，则毫伏表的负极所接的线端为 V 相和 W 相的头（即 V1 和 W1），接毫伏表正极的线端为绕组的尾（即 V2 和 W2）。换言之，电源的正极和毫伏表的负极所接的线端为绕组的头，另一线端则为绕组的尾。如果有一个绕组的毫伏表反向偏转，则绕组的头尾端与图中所示正好相反。

　　用直流毫伏表测定三相定子绕组头尾端时应注意：试验中使用的低压直流电源最好用蓄电池或大容量的电池，如果电池容量太小，流过的电流太小，则所产生的感应磁场不能克服电动机的剩磁场，就可能会得出不正确的测定结果。

　　(2) 定子绕组内部个别线圈或极相组接错或嵌反的检查　将低压直流电源（一般可采用蓄电池）接入潜水电泵定子某相绕组，用指南针沿着定子内圆表面逐槽检查。若指南针在每极相组的方向交替变化，则表示定子绕组的接线正确；若邻近的极相组指南针的指向相同，则表示这组极相组接错；若某极相组中个别线圈嵌反，则在此极相组处指南针的指向是交替变化的。如指南针的方向指示不清楚，则应适当提高电源电压，重新进行检查。

6.4.7　潜水电机绕组重绕

潜水电泵电机绕组绕制与嵌线技术参见前面单相和三相电机维修部分章节，在此不再赘述。

第7章
小型电机维修

7.1 电机结构

7.1.1 结构

如图 7-1 所示，直流电机主要包括定子、转子和电刷三部分。定子是固定不动的部分，由永久磁铁制成，转子是在软磁材料硅钢片上绕上线圈构成的，而电刷则是把两个小炭棒用金属片卡住，固定在定子的底座上，与转子轴上的两个电极接触而构成的。电子稳速式电机还包括电子稳速板。

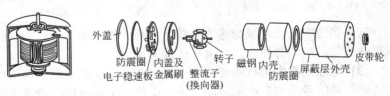

外盖　防震圈　内盖及　转子　磁钢　内壳　屏蔽层　外壳　皮带轮
电子稳速板　金属刷　整流子　防震圈
(换向器)

图 7-1　电机的结构

7.1.2 直流电机稳速原理

（1）机械稳速　机械稳速是通过在电机转子上安装的离心触点开关实现的，离心开关与电阻并联，当电机转子旋转过快时，调速器触点受离心力作用而离开，电源通过电阻 R 后再加到电机上，因而电机两端电压下降，使电面转速减慢；当电机转速过慢时，离心力变小，调速器触点闭合，电源不通过电阻而是直接加到电机上，电机转速加快，如图 7-2 所示。

（2）**电子稳速** 用晶体管电子电路稳定电机转速的装置叫电子稳速装置，电机线圈、电阻 R1、R2 和 R3 构成桥式电路。当电路保持平衡状态时，a 点电位比 b 点高约 0.4V，此时电位器 RP1（RP2）有一定电流通过。当电机转速增加时，反电动势增加，相当于电机线圈内阻增加，致使 a 点的电位更高于 b 点的电位。a 点电位升高，VT2 的发射极电位也随着升高，相对的基极电位降低，于是其集电极电流减小，由于 VT2 的集电极电流即是 VT1 的基极电流，所以，VT1 的集电极电流也减小，因此流过电机线圈的电流减小，电机转速变低。相反，电机转速过低时，通过三极管的作用，使电机线圈电流有所增加，从而使电机转速提高，如图 7-3 所示。

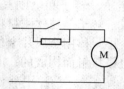

图 7-2　机械稳速原理

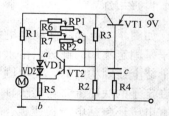

图 7-3　电子稳速原理

电子稳速方式比机械稳速方式稳定性高、噪声小，所以被现代高级盒式收录机和普通盒式收录机普遍采用。

（3）**电压伺服发电机稳速** 在电机内装有伺服发电机，当电机旋转时，同时带动该发电机转动。该发电机产生的电压与转速成正比。为了利用发电机产生的电压控制电机的转速，通常在发电机 G 和电机 M 之间接上电压伺服电路。当电机转速变快时，发电机产生的电压升高，使三极管 VT1 的基极电压增大，集电极电压即三极管 VT2 基极电压变低；VT2 的基极电流 I_{b2} 变小，从而 VT2 的集电极电流 I_{c2} 变小。电流 I_{c2} 即是电机的电流，I_{c2} 变小，会使电机转速变慢。与上述过程相反，当电机转速变慢时，通过发电机和电路的调整作用会使电机转速变快,如图 7-4 所示。

7.1.3 电机常见故障及检修

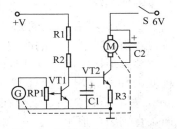

图 7-4 伺服发电机稳速原理

(1) **电机不转** 电机内转子线圈断路,电机引线断路,稳速器开路以及电刷严重磨损而接触不上,都会致使电机不转,此外,若电机受到强烈振动或碰撞,使电机定子的磁体碎裂而卡住转子或者电机轴与轴之间严重缺油而卡死转子,也均会造成电机不转。注意,一旦出现这两种情况时,就不应再加电,否则会烧毁转子线圈。

(2) **转速不稳** 电动机转速不稳的原因较多。例如,因电机长期运转,致使轴承中的油类润滑剂干涸,转动时机械噪声将明显增大,若用手转动电机轴,则会感到转动不灵活。如果电机的换向器或电刷磨损严重,二者不光滑,则也会造成电机转速不稳。如果电子式稳速器中可变电阻的滑动片产生氧化层或松动,与电阻片接触不良,则会造成无规则的转速不稳。另外,若电子稳速电路中起补偿作用的电容开路,则会使电路产生自激振荡,而使电机转速出现忽快忽慢有节奏的变化。

(3) **电噪声大** 电机在转动过程中产生较大火花,如果电机的换向器和电刷磨损较严重,二者接触不良,即转子旋转中时接时断,则会产生火花。另外,若换向器上粘上炭粉、金属末等杂物,则也会造成电刷与换向器的接触不良,从而产生电火花。

(4) **转动无力** 定子永久磁体受震断裂,电机转子线圈中有个别绕组开路等,都会使电机转动无力。

(5) **电机的修理**

① 电机轴承浸油 如果确认电机转速不稳是因其轴承缺油造成的,则应给轴承浸油。具体做法是:将电机拆下,打开外罩,撬开电机后盖,抽出电机转子,用直径为 4mm 的平头钢冲子,冲下电机壳上以及后盖上的轴承。然后用纯净的汽油洗刷轴承,尤其要对轴承内孔仔细清洗。清洗后要将轴承擦干,在纯净的钟表润滑油中浸泡一段时间。在对轴承浸油的同时,可利用无水酒精将转子上

的换向器和后盖上的电刷都清洗一下。最后复原。

② 换向器和电刷的修理　如果出现电机火花严重的现象，则应检查换向器和电刷的磨损情况，并修理。

a. 修理换向器。打开电机壳，将电子抽出，检查换向器的磨损程度，并视情况进行处理。若换向器的表面有轻微磨损，可将3mm 宽的条状金相砂纸套在换向器上，转动电机转子，打磨其表面，直到磨损痕迹消失。若换向器表面磨损较重，出现凹状，则可用 4mm 宽的条状 400 号砂纸套在换向器上，然后将转子卡在小型手电钻上，先粗磨一遍，待表面较平滑时，再用金相砂纸细磨，可调整电刷与换向器的相对位置，避开磨损部位。另外，有些电机转速正常，只是产生火花，干扰其他电气或音视频设备。这种现象很可能是由于换向器上粘上炭粉、金属沫等杂物，造成电刷与换向器之间接触不良而引起的。可用提高转速法试排除之。具体方法是：将电机上的传动带摘除，对电机加上较高的直流电源，让其高速运转 1min。若是电子稳速电机，则可以加上 12～15V 电压。电机旋转时间可以根据实际情况而定，可长可短。这样做的目的是利用电机作高速旋转时产生的离心力作用，将换向器上的杂物甩掉。

b. 修理电刷。电机里的电刷有两种，一种是炭刷，另一种是弹性片。炭刷磨损后，使弧形工作面与换向器的接触紧密，两者之间某处有间隙，这时用小什锦圆锉边修整圆弧面同时靠在换向器上试验，直至整个圆弧面都与换向器紧密接触为止。另外，在炭质电刷架的背面都粘有一条橡胶块，其作用是加强电刷的弹性。使用中，若该橡胶块脱落或局部开胶，就会使电刷弹性减小，从而使电刷对换向器的压力减小，接触也就不紧密。遇此情况，用胶水将橡胶块按原位粘牢即可。对于弹性片电刷，常出现的问题主要是刷面不平整，有弯曲的地方，只要用镊子将其拉直矫正并且使两个电刷互相靠近即可修复。

注意：按上述的方法对换向器以及电刷修整后，一定要仔细进行清洗，尤其换向器上的几个互不接触的弧形钢片之间的槽里要用钢材剔除粉末杂物，否则电机将不能正常工作。

c. 电机开路性故障的修复。经过检测，如果发现电机有开路性故障，在一般情况下是可以修复的，因为电机开路通常多是由换向器上的焊点脱焊或离心式稳速开关上的焊点脱焊以及电子式稳速器中晶体三极管开路（管脚脱焊或损坏）造成的。可针对实际情况进行修理。如果是焊点脱焊，则可重新焊好；如果是晶体三极管损坏，则应将其更换。

d. 电机短路性故障的修理。对于电机线圈内部的短路性故障，在业余条件下，多采用更换法进行修复。

7.2 罩极式电动机维修

7.2.1 罩极式电动机的构造原理

罩极式电动机的构造如图 7-5 所示，主要由定子、定子绕组、罩极、转子、支架等构成，通入 220V 交流电，定子铁芯产生交变磁场，罩极也产生一个感应电流，以阻止该部分磁场的变化，罩极的磁极磁场在时间上总滞后于嵌放罩极环处的磁极磁场，结果使转子产生感应电流而获得启动转矩，从而驱动蜗轮式风叶转动。

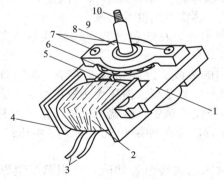

图 7-5 罩极式电动机构造

1—定子；2—定子绕组；3—引线；4—骨架；5—罩极（短路环）；
6—转子；7—紧固螺钉；8—支架；9—转轴；10—螺杆

7.2.2 检修

(1) 开路故障 用万用表 $R \times 10$ 或 $R \times 100$ 挡测量两引线的电

阻，视其电阻大小判断是否损坏。正常电阻值在几十到几百欧姆之间，若测出电阻为无穷大，则说明电机的绕组烧毁，造成开路。先检查电机引线是否脱落或脱焊，若是则重新接好焊好引线，故障便排除了。正常情况下故障部位多半是绕组表层齐根处或引出线焊接处受潮霉断而造成开路，只要将线包外层绝缘物卷起来，细芯找出断头，重新焊牢，故障即排除。若断折点发生在深层，则按下列有关内容进行修理。

(2) **电机冒烟，有焦味**　故障现象为电机绕组匝间或局部短路所致，电流急剧增大，绕组发高热最终冒烟烧毁。遇到这种故障应立即关掉电源，避免故障扩大。

用万用表 $R\times10$ 或 $R\times100$ 挡测量两引棒（线）电阻若比正常电阻低得多，则可判定电机绕组局部短路或烧毁。维修步骤如下：

① 先将电机的固定螺钉拧出，拆下电机。

② 拆下电机架螺钉，使支架脱离定子，取出转子（注意，转子轴直径细而长，卸后要保管好，切忌弄弯！）。

③ 找两块质地较硬的木版垫在定子铁芯两旁，再用台虎钳夹紧木版，用尖形铜棒轮换顶住弧形铁芯两端，用铁锤敲打铜棒尾端，直至将弧形铁芯绕组组件冲出来。

④ 用两块硬木板垫在线包骨架一端的铁芯两旁，用上述的方法将弧形铁芯冲出来。

⑤ 将骨架内的废线、浸渍物清理干净，利用原有的骨架进行绕线。如果拆出的骨架已严重损坏无法复用时，可自行粘制一个骨架，将骨架套在绕线机轴中，两端用锥顶、锁母夹紧，按原先匝数绕线。线包绕好后，再在外层包扎 2～3 层牛皮纸作为线包外层绝缘。

⑥ 把弧形铁芯嵌入绕组骨架内，经驱潮浸漆烘干再放回定子铁芯弧槽内。

⑦ 用万用表复测绕组的电阻，若正常，则绕组与铁芯无短路，空载通电试转一段时间，手摸铁芯温升正常，说明电机修好了，将电机嵌回电热头原位，用螺钉拧紧即可恢复正常使用。

有时电机经过拆装，特别是拆装多次，定子弧形槽与弧形铁芯配合间隙会增大，电机运转时会发出"嗡嗡"声，此时可在其间隙处滴入几滴熔融沥青，凝固后，噪声便消除。

(3) **电机启动困难** 故障原因：多半是罩极环焊接不牢形成开路，导致电机启动力矩不足。

维修时用万用表 AC250V 挡测量电机两端引线电压，220V为正常，再用电阻挡测量单相绕组电阻，如也正常，再用手拨动一下风叶，若转动自如，则故障原因多半是四个罩极环中有一个接口开路。将电机拆下来，细心检查罩极环端口即可发现开路处。

7.3 同步电机维修

7.3.1 结构特点

永磁式同步电机，具有体积小、结构紧凑、耗电省、工作稳定、转动平稳、输出力矩大和供电电压高、低变化对其转速无影响等优点。永磁同步电机的整体结构如图 7-6 所示，它由减速齿轮箱和电机两部分构成。电机由前壳、永磁转子、定子、定子绕组、主轴和后壳等组成。前壳和后壳均选用 0.8mm 厚的 08F 结构钢板经拉伸冲压而成，壳体按一定角度和排列冲出 6 个辐射状的极爪，嵌装后上、下极爪互相错开构成一个定子，定子绕组套在极爪外。后壳中央铆有一根直径为 1.6mm 的不锈钢主轴，主要作用为固定转子转动。永磁转子采用铁氧体（YIOT）粉末加入黏合剂经压制烧结而成，表面均匀地充磁 $2p=12$ 极，并使 N、S 磁极交错排列在转子圆周上，永磁磁场强度通常为 $0.07\sim0.08$T。组装时，先将定子绕组嵌入后壳内，采用冲铆方式铆牢电机。

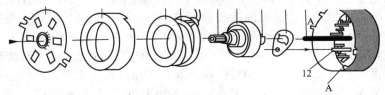

图 7-6 永磁同步电机构造

7.3.2 维修 (以 220V 同步电机为例)

检修时，首先从同步电机外部电路开始检查，看连接导线是否折断、接线端子是否脱落。若正常，则用万用表交流 250V 测量接线端子的端电压，若正常，则说明同步电机损坏。

拧下同步电机两支 M3 螺钉，卸下电机，用什锦锉锉掉后壳铆装点后壳 "A" 四处，用一字螺丝刀插入前壳缝隙中将前壳撬出，取出绕组，用万用表 $R \times 1k$ 或 $R \times 10k$ 挡测量电源引线两端。绕组正常电阻为 $10 \sim 10.5k\Omega$，如果测量出的电阻为无穷大，则说明绕组断路。这种断路故障有可能发生在绕组引线处，先拆下绕组保护罩，用镊子小芯地将绕组外层绝缘纸掀起来，细心观察引线的焊接处，找出断头后，逆绕线方向退一匝，剪断原断头，重新将断头焊牢引线，将绝缘纸包扎好，装好电机，故障排除。

有时断头未必发生在引线焊点处，很有可能在绕组的表层，此时可将绕组的漆包线退到一个线轴上，直至将断头找到。用万用表测量断头与绕组首端是否接通。若接通，则将断头焊牢包扎绝缘好，再将拆下的漆包线按原来绕线方向如数绕回线包内，焊好末端引线，装好电机，故障即消除。

绕组另一种故障是烧毁。轻度烧毁为局部或层间烧毁，线包外层无烧焦迹象。严重烧毁的线包外层有烧焦迹象。对于烧毁故障，用万用表 $R \times 1k$ 或 $R \times 10k$ 挡测量引线两端电阻。如果测得电阻比正常电阻小很多，则说明绕组严重烧毁短路，对于上述的烧毁故障，必须重新绕制绕组，具体做法是：将骨架槽内烧焦物、废线全部清理干净，如果骨架槽底有轻度烧焦或局部变形疙瘩，则可用小刀刮掉或用什锦锉锉掉，然后在槽内缠绕 $2 \sim 3$ 匝涤纶薄膜青壳纸做绝缘层。将骨架套进绕线机轴中，两端用螺母迫紧，找直径为 0.05mm 的 QA 型聚氨酯漆线包密绕 11000 匝（如果手头只有直径为 0.06mm 的 QZ-1 型漆线包也可使用，只是绕后耗用电流大一些，对使用性能无影响）。由于绕组用线的直径较细，绕线时绕速力求匀称，拉力适中，切忌一松一紧，以免拉断漆线包，同时还要注意漆包线勿打结。为了加强首末两端引线的抗拉机械强度，可将首末漆包线来回折接几次，再用手指捻成一根多股线，再将其缠绕在电源引线裸铜线上，不用刮漆，用松香焊牢即可。注意，切勿用带酸性焊锡膏进行焊锡，否则日后使用漆包线容易锈蚀折断！绕组绕好后，再用万用表检查是否对准铆装点（四处），用锤子敲打尖冲子尾端，将前、后壳铆牢。通电试转一段时间，若转子转动正常，无噪声，外壳温升也正常，即可装机使用。

7.4 步进电机维修

7.4.1 步进电机作用与结构

（1）**作用** 步进电机是将电脉冲信号转变为角位移或线位移的开环控制组件。在非超载的情况下，电机的转速、停止的位置只取决于脉冲信号的频率和脉冲数，而不受负载变化的影响，即给电机加一个脉冲信号，电机则转过一个步距角。这一线性关系的存在，加上步进电机只有周期性的误差而无累积误差等特点，使得在速度、位置等控制领域用步进电机来控制变得非常地简单。单相步进电机有单路电脉冲驱动，输出功率一般很小，其用途为微小功率驱动。多相步进电机有多相方波脉冲驱动，用途很广。使用多相步进电机时，单路电脉冲信号可先通过脉冲分配器转换为多相脉冲信号，在经功率放大后分别送入步进电机各项绕组。每输入一个脉冲到脉冲分配器，电机各相的通电状态就发生一次变化，转子会转过一定的角度（称为步距角）。正常情况下，步进电机转过的总角度和输入的脉冲数成正比；连续输入一定频率的脉冲时，电机的转速与输入脉冲的频率保持严格的对应关系，不受电压波动和负载变化的影响。在非超载的情况下，电机的转速、停止的位置只取决于脉冲信号的频率和脉冲数，而不受负载变化的影响，即给电机加一个脉冲信号，电机则转过一个步距角。步进电机按旋转结构分两大类：圆形旋转电机如图 7-7(a) 所示；直线形电机结构就像一个圆形旋转电机被展开一样，如图 7-7(b) 所示。

（2）**步进电动机结构** 步进电机主要由两部分构成：定子和转子，它们均由磁性材料构成。以三相步进电机为例，其定子和转子

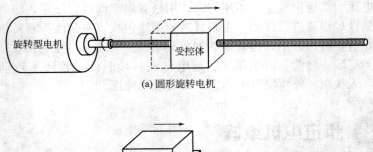

(a) 圆形旋转电机

(b) 直形形电机

图 7-7　两种类型的电机

上分别有六个、四个磁极。其结构如图 7-8 所示，外形如图 7-9
所示。

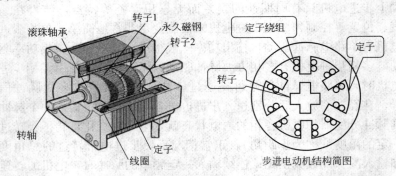

图 7-8　步进电动机结构图

7.4.2　步进电机的种类

现在，在市场上所出现的步进电机有很多种类，依照性能及使
用目的等有各自不同的区分使用。

如根据需求不同有使用有精密位置决定控制的混合型、低价格
简易控制系构成的 PM 型；还有依步进电机的外观形状来分类，也

图 7-9 步进电动机外形

有由驱动相数来分类和驱动回路分类等。

以步进电机的转子的材料来分可以分为以下三大类。

① PM 型步进电机：永久磁铁型（permanent magnet type）。

② VR 型步进电机：可变磁阻型（variable reluctance type）。

③ HB 型混合型步进电机：复合型（hybrid type）。

(1) PM 型 PM 型步进电机的原理构造如图 7-10 所示，转子由永久磁铁所构成，还在其周围配置了复数个的固定子。

如图 7-10 所示，转子磁铁为 N、S 一对，而它的固定子线圈由 4 个构成，这些因为和步进角有直接关系，所以如需要较微细的步进角时，转子磁铁的极数和发生驱动力的固定子线圈的数量不能不对应的增加，还有在图 7-10 中所示的构造步进角为 90°。

而且，PM 型的特征是因为其转子是永久磁铁构成的，所以就算在无励磁（固定子的任何线圈不通电时）的情况下也可在一定程度上保持了转矩的发生，因而可以构成省能积形的系统。

这种步进电机的步进角种类很多，钐钴系磁铁的转子是用在 45°或者 90°上，用氟莱铁（ferrite）磁铁作为多极的充磁，有 3.75°、11.25°、15°、18°、22.5°等丰富的种类，但是从这些数字上看 7.5°（转 48 步进）是最为普及化的。

(2) VR 型 VR 型步进电机的构造如图 7-11 所示，转子是利用转子的突极吸引所发生的转力，因而 VR 型在无励磁的时候并不产生保持转矩。

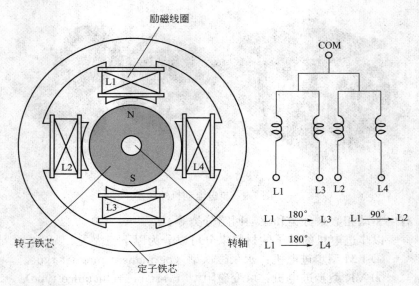

图 7-10 PM 型步进电机原理图（两相单极）

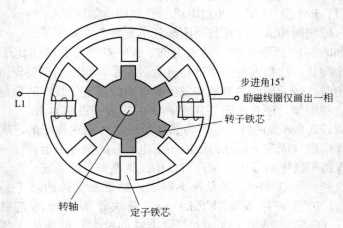

图 7-11 VR 型步进电机的原理图（两相单极）

　　其主要的用途是用在比较大的转矩上的工作机械，或者特殊使用的小型启动机的上卷机械上。其他也有用在输出功率在 1W 以下的超小型电机上的。总之，VR 型的数量是非常少的，在步进电机的全部生产量上只占百分之几的而已。

其步进角虽然也有 15°、7.5°、1.8°等，但是在数量上以 1.5° 步进为最普遍的。

（3）HB 混合型　混合型步进电机，是由固定子磁（齿）极以及和它对向的转子磁极所构成的，更进一步地说，它的转子为齿车状，在转子上是由转轴和在同方向被磁化的永久磁铁所组合而成，还有在构造上比前面的 PM 型以及 VR 型更复杂，基本上是可以考虑由 VR 型和 PM 型一体化的构造。

"hybrid type"型有混合型的意思存在，其刚好是 VR 型和 PM 型两者组合的情况，所以就有如此的称呼。

一般的混合型，因具有高精度、高转矩、微小步进角等优异的特征，因此在其他的分类上也大幅地被使用，特别是在生产量上，大半是使用在盘片记忆关系的磁头上。

图 7-12 为混合型步进电机的构造图。在固定定子上侧有 8 个励磁线圈，在磁极的先端上有复数的小齿（齿车状突极），这些是对于转子侧的齿车状磁极，还有步进电机的驱动机械装置。

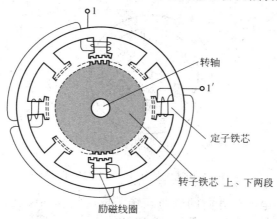

图 7-12　混合型步进电机的构造图（两相单极）

7.4.3　步进电机的工作原理

三相步进电机的工作方式可分为：三相单三拍、三相单双六拍、三相双三拍等。

(1) 三相单三拍

① 三相绕组连接方式：Y形。

② 三相绕组中的通电顺序为：

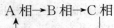

③ 工作过程如下（图7-13）：

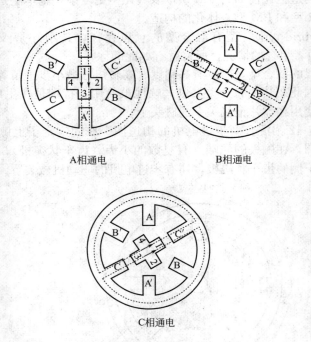

A相通电   B相通电

C相通电

图7-13　A相通电使转子1、3齿和AA′对齐

A相通电，A方向的磁通经转子形成闭合回路。若转子和磁场轴线方向原有一定角度，则在磁场的作用下，定子被磁化，吸引转子，使转子转到力使通电相磁路的磁阻最小的位置，使转、定子的齿对齐后停止转动。

这种工作方式，因三相绕组中每次只有一相通电，而且，一个循环周期共包括三个脉冲，所以称三相单三拍。

④ 三相单三拍的特点：

a. 每来一个电脉冲，转子转过 30°。此角称为步距角，用 θ_S 表示。

b. 转子的旋转方向取决于三相线圈通电的顺序，改变通电顺序即可改变转向。

正转： 反转：

A 相→B 相→C 相 A 相→C 相→B 相

(2) 三相单双六拍 三相绕组的通电顺序为 "A→AB→B→BC→C→CA→A"，共六拍。

工作过程如下（图 7-14）：

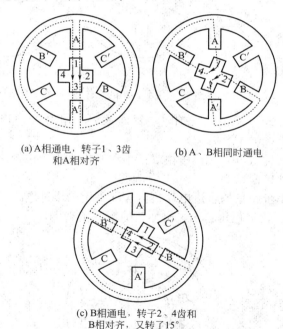

(a) A相通电，转子1、3齿 (b) A、B相同时通电
和A相对齐

(c) B相通电，转子2、4齿和
B相对齐，又转了15°

图 7-14 三相单双六拍工作过程

① BB′磁场对 2、4 齿有磁拉力，该拉力使转子顺时针方向转动。

② AA′磁场继续对 1、3 齿有磁拉力。

所以转子转到两磁拉力平衡的位置上。相对 AA′通电，转子转了 15°。

总之，每个循环周期，有六种通电状态，所以称为三相六拍，步距角为 15°。

(3) 三相双三拍　三相绕组的通电顺序为"AB→BC→CA→AB"，共三拍。

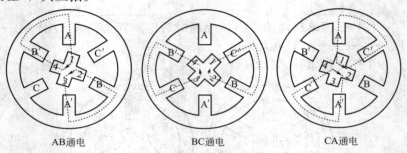

AB通电　　　　　BC通电　　　　　CA通电

图 7-15　三相双三拍的工作过程

工作方式为三相双三拍时，每通入一个电脉冲，转子也是转 30°，即 $\theta_S=30°$（图 7-15）。

以上三种工作方式，三相双三拍和三相单双六拍较三相单三拍稳定，因此较常采用。

(4) 小步距角的步进电动机　实际采用的步进电机的步距角多为 3°和 1.5°，步距角越小，机加工的精度越高。

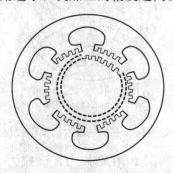

图 7-16　小步距角的步进电动机

为产生小步距角，定、转子都做成多齿的，图 7-16 中所示转子有 40 个齿，定子仍是 6 个磁极，但每个磁极上也有 5 个齿。

转子的齿距等于 $360°/40＝9°$，齿宽、齿槽各 $4.5°$。

为使转、定子的齿对齐，定子磁极上的小齿的齿宽和齿槽与转子相同。

工作原理如下（假设是单三拍通电工作方式）：

① A 相通电时，定子 A 相的五个小齿和转子对齐。此时，B相和 A 相空间差 $120°$，含 $120°/9°＝13\frac{1}{3}$（齿）。

A 相和 C 相差 $240°$，含 $240°/9°＝26\frac{2}{3}$·（齿）。所以，A 相的转子、定子的五个小齿对齐时，B 相、C 相不能对齐，B 相的转子、定子相差 1/3 个齿（3°），C 相的转子、定子相差 2/3 个齿（6°）。

② A 相断电、B 相通电后，转子只需转过 1/3 个齿（3°），即可使 B 相转子、定子对齐。

同理，C 相通电再转 3°……

若工作方式改为三相六拍，则每通一个电脉冲，转子只转 1.5°。

步进电机的转动方向仍由相序决定。

7.4.4　步进电机的特点

(1) 步进电机的特点

① 可以用数字信号直接进行开环控制，整个系统简单廉价。

② 位移与输入脉冲信号数相对应，步距误差不长期积累，可以组成结构较为简单又具有一定精度的开环控制系统，也可组成要求更高精度的闭环控制系统。

③ 无刷，电动机本体部件少，可靠性高。

④ 易于启动、停止，正反转及速度响应性好。

⑤ 停止时可有自锁能力。

⑥ 步距角可在大范围内选择，在小步距情况下，通常可以在超低转速下高转矩稳定运行，通常可以不经减速器直接驱动负载。

（2）步距角　步进机通过一个电脉冲转子转过的角度，称为步距角，即：

$$\theta_S = \frac{360°}{Z_r N}$$

式中　N——一个周期的运行拍数；

　　　Z_r——转子齿数。

如：$Z_r = 40$，$N = 3$ 时，$\theta_S = \frac{360°}{40 \times 3} = 3°$

拍数：　　　　　　　　$N = km$

式中　m——相数。

$$k = \begin{cases} 1 & \text{单拍制} \\ 2 & \text{双拍制} \end{cases}$$

（3）转速　每输入一个脉冲，电机转过 $\theta_S = \frac{360°}{Z_r N}$，即转过整个圆周的 $1/(Z_r N)$，也就是 $1/(Z_r N)$ 转。因此每分钟转过的圆周数，即转速为：

$$n = \frac{60f}{Z_r N} = \frac{60f \times 360°}{360° Z_r N} = \frac{\theta_S}{6°} f \ \ (\text{r/min})$$

（4）步进电机具有自锁能力　当控制脉冲停止输入，而使最后一个脉冲控制的绕组继续通电时，电机可以保持在固定位置。

7.4.5　步进电机的驱动原理

关于步进电机的驱动机械装置，用简单的构造图简易说明，图 7-17 是为了要说明步进电机驱动原理的构造图。在固定架构上有 4 个电磁铁并列着，其下方有一个可动磁铁，在磁铁的下侧上还装置了引导滚轮作直线状的引导轴，沿着左、右方向移动。

在此对步进电动机的驱动原理追加说明，现在，电磁铁 L1 和可动磁铁 Mg 之间相互作用产生了磁吸引力，因而在此时，（a）部的位置滑动部产生静止作用；其次是电磁铁 L2 励磁时，刚才的电磁铁 L1 OFF，可动磁铁就被吸引附在电磁铁 L2 的位置上，就到了（b）的位置上；接着在电磁铁 L3 受到励磁时，刚才的电磁铁 L2 OFF，可动磁铁就移动至电磁铁 L3 的位置，就到了（c）的位置上。

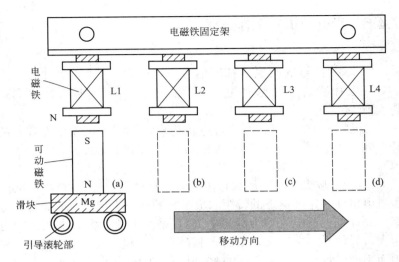

图 7-17 直线型步进电机驱动原理

图 7-17 所示的电机为直线型运动电机，属于直线型步进电机，并不能成为旋转型的情况。因此，为了要成为旋转型就必须下些工夫，图 7-18 所示是为了使刚才直线型的构造成为旋转型的构造所做的改造，所以它的驱动原理在本质上和刚才的直线运动型电机一样。

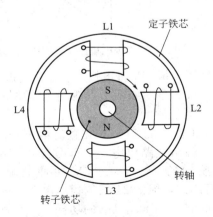

图 7-18 改造成为旋转型构造的产品

7.4.6 步进电机的工作过程

(1) 简介

① 脉冲信号的产生　脉冲信号一般是由 CPU 或单片机产生的，一般脉冲信号的比例为 0.3～0.4，电机转速越高，比例就越大。

② 微处理器　以四相步进电机为例，四相电机工作方式有两种，四相四步为"AB—BC—CD—DA"；四相八步为"AB—B—BC—C—CD—D—AB"。

③ 功率放大　功率放大是步进电机驱动系统最为重要的部分。步进电机在一定转速下的转矩取决于它的动态平均电流而非静态电流（而样本上的电流均为静态电流）。平均电流越大，电机力矩也越大，要使平均电流大，就需要驱动系统尽量克服电机的反电势。因而不同的场合需采取不同的驱动方式，到目前为止，驱动方式一般有以下几种：恒压、恒压串电阻、高低压驱动、恒流、细分数等。

步进电机控制流程如图 7-19 所示。

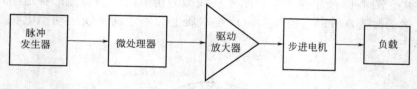

图 7-19　步进电机控制流程图

(2) 电路原理图分析　步进电机驱动器由功放板、控制板两块电路板组成，功放板电路图如图 7-20 所示；控制板电路图如图 7-21 所示。

从接线端子 J11 接入的 24～40V 直流电源经过熔断管后分为两部分，一部分为输出电路供电，一部分经过三端稳压电源 U_1、U_2、U_3 产生控制用的 +15V、+5V 两种电源。U_1 的输出为 +24V，对外没有用到，但 7824 三端稳压电源有较高的 40V 的输入耐压值。增加 U_1 是为了减小 U_2 的功耗，同时解决 7815 三端稳压电源的输入耐压值只有 35V，低于最高的电源电压的问题。

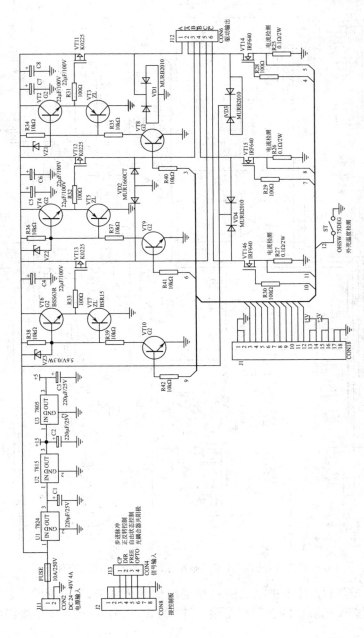

图 7-20 40V4A 步进电机驱动器功放电路原理图

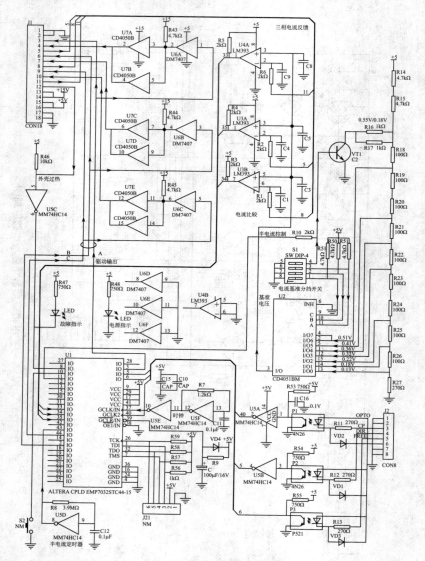

图 7-21 40V4A 步进电机驱动器控制板电路原理图

　　① J12 接步进电机的三相绕组的六个端子，J11 的 1、2 号端子接 A 相绕组的首端和尾端；J11 的 3、4 号端子接 B 相绕组的首

端和尾端；J11 的 5、6 号端子接 C 相绕组的首端和尾端。当 A 相绕组需要通电时，VT11、VT14 同时导通，由于绕组为电感，所以 A 相绕组的电流近似呈直线上升。通过 R25 对该电流取样检测。当电流达到设定最大值时，VT11、VT14 同时关断，负载电感的感生电压使续流二极管 VD1、VD3 导通，电感通过续流二极管对电源释放存储的能量，电感的电流和开通时相似，也是直线下降。由于电源较高，所以电流下较快。经过一定时间 VT11、VT14 又同时导通，VT11、VT14 如此反复通断，A 相绕组的电流会在设定值附近小幅度波动，近似为恒流驱动。当 A 相绕组需要断电时，VT11、VT14 同时关断，不再导通。这种开关恒流驱动方式效率高，电流脉冲的前后沿很陡，符合步进电机绕组电流波形的要求。VT14 的驱动信号为 0～15V 的矩形波，R28 为防振电阻，防止 VT14 的绝缘栅电容和栅极导线电感组成的 LC 电路，在矩形波驱动信号的前后沿产生寄生振荡，增加 VT14 的损耗。VT11 是 P 沟道绝缘栅场效应管，驱动信号要求是相对于电源的 0～−15V，即和电源电压相等时关闭，比电源电压低 15V 时导通。由于从控制电路来的控制信号是以低电平为参考的，所以控制信号需要电位偏移。VT8 的基极的驱动信号为 0～5V 的与 VT13 同步的矩形波，当 VT8 的电压基极为 0V 时，VT8 截止集电极电流为零，R34 无电流流过，VT2、VT3 的基极电压与电源电压相等，VT2 可以导通，VT3 不会导通，VT11 栅极和电源电压相等，栅极和源极的电压差为 0V，VT11 截止。当 VT8 的电压基极为 5V 时，VT8 导通，R34、R35 有电流流过，VT2、VT3 的基极电压降低；由于稳压二极管 VZ1 的反向击穿，VT2、VT3 的基极电压比电源电压低 VZ1 击穿电压即降低 15V，VT3 可以导通，VT2 不会导通；VT11 栅极电压比电源电压即源极电压低 15V，VT11 导通。另外两路绕组的驱动电路工作原理与此相同。本电路用绝缘栅场效应管（MOSFET）做功率开关管，可以工作在很高的开关频率上。续流二极管采用肖特基二极管，有很短的恢复时间。ST 为温度开关，当温度高于极限值时断开，作为过热指示和保护的依据。

连接器 J1 与主控板，有三路高边驱动、三路低边驱动、三路电流检测、两路电源和地线。J13 为外接控制线，CP 是步进脉冲，平时为+5V高电压，每有一个0V的脉冲，步进电机就转一步。DIR为正、反转控制，+5V时为正转，0V为反转。FREE为自由状态控制，平时为+5V，0V时步进电机处于自由状态，任何绕组都不通电，转子可以自由转动。这和停止状态不同，停止状态有一相或两相绕组通电，转子不能自由转动。OPTO为隔离驱动光电耦合器的公共阳极，接+5V电源。这些驱动信号经过J2到主控板。

② 主控板的核心是U1，U1是复杂可编程逻辑器件（CPLD），与单片机、数字信号处理器（DSP）比速度要高很多，在10ns的数量级，适合于高速脉冲控制。U1的8号端子为外壳过热检测输入端，同时也是故障指示输出端，低电压表示有故障，外接的红色指示灯亮。外壳过热检测线高电压表示过热，该信号经过非门U5C反相接到U1；R46是上拉电阻，过热检测开关过热断开时，该线被拉成高电压，而不是悬空的高阻状态；U5C是CMOS型集成电路，输入端是绝缘栅，不得悬空。U1的5、6、40号端子的功能分别是正反转控制、自由状态控制、步进脉冲，都经过了光电耦合器隔离。正反转控制、步进脉冲还经过了非门U5B、U5A倒相。U1的37号端子是工作时钟，时钟振荡器由U5F、R7、C11组成，U5E提高振荡器的驱动能力。U5F是有回差的反相器（施密特触发器），利用正负翻转的输入电压的回差和R7、C11的充放电延时组成振荡器。U1的39号端子为复位输入端，低电压有效。开机上电时，由于电容C没充电，电容电压是0V，U1内部的状态为规定的初始状态。随着R9对C的充电，经过几百毫秒，电压变高，复位完成，U1开始以复位状态为起点正常工作。U1的1、32、26、7号端子组成边界检测接口，通过串行总线用专业设备检测和对U1的系统编程。U1的3、2、44号端子分别为三相脉宽调制（PWM）驱动信号。这三路信号直接输出驱动低边的三个输出场效应管，还经过集电极开路的同相门U6将0～5V的信号变换为0～15V。R43～R45是集电极供电电阻。

7.4.7 多种步进电机接线图与控制电路接线

（1）步进电机接线 步进电机接线情况如图7-22所示。

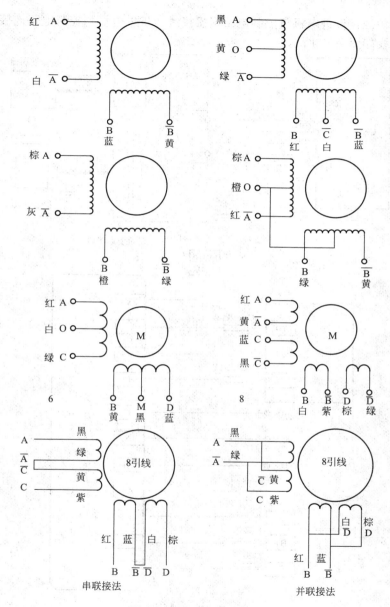

图 7-22　步进电机接线图

（2）步进电机与控制电路连接接线　步进电机与控制电路连接
接线如图 7-23 所示。

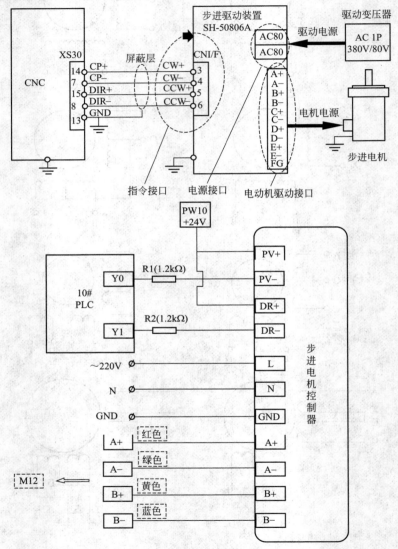

图 7-23　步进电机与控制电路连接接线图

7.4.8 步进电机检修

(1) **步进电机接线判别** 步进电机的应用越来越普遍。在使用过程中，电机的相序主要靠引出线的颜色、长度来区分。若找不到说明书或标记不清，则步进电机的接线将十分麻烦。

大家都知道步进电机是将电脉冲信号转变为角位移或线位移的开环控制元件。在非超载的情况下，电机的转速、停止的位置只取决于脉冲信号的频率和脉冲数，而不受负载变化的影响，即给电机加一个脉冲信号，电机则转过一个步距角。下面以五相步进电机为例，教大家如何在不知道步进电机的接线方法的情况下接线：

① 用万用表电阻挡找出步进电机的五相绕组：A1-A2、B1-B2、C1-C2、D1-D2、E1-E2。

② 把万用表拨到直流微安挡。将万用表的表笔接到其中一相，如 B 相上，红表笔接 B1，黑表笔接 B2。

③ 将电池分别接步进电机其余四相，在接通瞬间记下万用表指针摆动幅度。如果指针反转，则要调换电池极性。在四次接通的瞬间，指针有两次摆幅度最大，说明这两次电池所接的是万用表所接 B 相旁边的两相，即 A 相和 C 相。

④ 将万用表接 A 相或 C 相中的一相，如接 C 相。用上述方法可找出 C 相旁边的两相——B 相和 D 相。依此类推，可按顺序找出 A、B、C、D、E 五相相序。

⑤ 电池接 A 相，万用表接 B 相，在电池接通的瞬间，若万用表指针正转（如指针反转，则应调换电池极性），则电池正极所接的 A 端和万用表红表笔所接的 B1 端为首端。依此方法，可以确定其余三相的首端 C1、D1、E1。

(2) **步进电机常见故障的原因分析**

① 电机不运转

a. 驱动器无供电电压。

b. 驱动器熔丝熔断。

c. 驱动器报警（过电压、欠电压、过电流、过热）。

d. 驱动器与电机连线断线。

e. 系统参数设置不当。

f. 驱动器使能信号被封锁。

g. 接口信号线接触不良。

h. 驱动器电路故障。

i. 电机卡死或者出现故障。

j. 电动机生锈。

k. 指令脉冲太窄、频率过高、脉冲电平太低。

② 电机启动后堵转

a. 指令频率太高。

b. 负载转矩太大。

c. 加速时间太短。

d. 负载惯量太大。

e. 电源电压降低。

③ 电机运转不均匀，有抖动

a. 指令脉冲不均匀。

b. 指令脉冲太窄。

c. 指令脉冲电平不正确。

d. 指令脉冲电平与驱动器不匹配。

e. 脉冲信号存在噪声。

f. 脉冲频率与机械发生共振。

④ 电机运转不规则，正反转地摇摆

a. 指令脉冲频率与电机发生共振。

b. 外部干扰。

⑤ 电机定位不准

a. 加减速时间太小。

b. 存在干扰噪声。

c. 系统屏蔽不良。

⑥ 电机过热

a. 工作环境过于恶劣，环境温度过高。

b. 参数选择不当，如电流过大，超过相电流。

c. 电压过高。

⑦ 工作过程中停车

a. 驱动电源故障。

b. 电动机线圈匝间短路或接地。

c. 绕组烧坏。

d. 脉冲发生电路故障。

e. 杂物卡住。

⑧ 噪声大

a. 电机运行在低频区或共振区。

b. 纯惯性负载、短程序、正反转频繁。

c. 混合式或永磁式转子磁钢退磁后以单步运行或在失步区。

⑨ 失步或者多步

a. 负载过大，超过电动机的承载能力。

b. 负载忽大忽小。

c. 负载的转动惯量过大，启动时失步、停车时过冲。

d. 传动间隙大小不均。

e. 传动间隙产生的零件有弹性变形。

f. 电动机工作在震荡失步区。

g. 电路总清零使用不当。

h. 干扰。

i. 定、转子相互摩擦。

⑩ 无力或者是输出功率降低

a. 驱动电源故障。

b. 电动机绕组内部出现错误。

c. 电动机绕组碰到机壳，发生相间短路或者线头脱落。

d. 电动机轴断裂。

e. 电动机定子与转子之间的气隙过大。

f. 电源电压过低。

⑪ 不能启动

a. 工作方式不对。

b. 驱动电路故障。

c. 遥控时，线路压降过大。

d. 安装不正确，或电动机本身轴承、止口等故障使电动机不转。

e. N、S极接错。

f. 长期在潮湿场所存放，造成电动机部分生锈。

参 考 文 献

[1] 曹祥. 电动机原理维修与控制电路. 北京：电子工业出版社，2010.
[2] 杨扬. 电动机维修技术. 北京：国防工业出版社，2012.
[3] 赵清. 电动机. 北京：人民邮电出版社，1988.
[4] 松柏. 三相电动机修理自学指导. 北京：北京科学技术出版社，1997.

化学工业出版社专业图书推荐

ISBN	书　　　名	定价
28866	电机安装与检修技能快速学	48
28459	一本书学会水电工现场操作技能	29.8
28479	电工计算一学就会	36
28093	一本书学会家装电工技能	29.8
28482	电工操作技能快速学	39.8
28480	电子元器件检测与应用快速学	39.8
28544	电焊机维修技能快速学	39.8
28303	建筑电工技能快速学	28
28378	电工接线与布线快速学	49
25201	装修物业电工超实用技能全书	68
27369	AutoCAD 电气设计技巧与实例	49
27022	低压电工入门考证一本通	49.8
26890	电动机维修技能一学就会	39
26619	LED 照明应用与施工技术 450 问	69
26567	电动机维修技能一学就会	39
26330	家装电工 400 问	39
26320	低压电工 400 问	39
26318	建筑弱电电工 600 问	49
26316	高压电工 400 问	49
26291	电工操作 600 问	49
26289	维修电工 500 问	49
26002	一本书看懂电工电路	29
25881	一本书学会电工操作技能	49
25291	一本书看懂电动机控制电路	36
25250	高低压电工超实用技能全书	98
27467	简单易学 玩转 Arduino	89
27930	51 单片机很简单——Proteus 及汇编语言入门与实例	79
27024	一学就会的单片机编程技巧与实例	46
25170	实用电气五金手册	138
25150	电工电路识图 200 例	39
24509	电机驱动与调速	58
24162	轻松看懂电工电路图	38
24149	电工基础一本通	29.8
24088	电动机控制电路识图 200 例	49
24078	手把手教你开关电源维修技能	58

ISBN	书　　名	定价
23470	从零开始学电动机维修与控制电路	88
22847	手把手教你使用万用表	78
22836	LED超薄液晶彩电背光灯板维修详解	79
22829	LED超薄液晶彩电电源板维修详解	79
22827	矿山电工与电路仿真	58
22515	维修电工职业技能基础	79
21704	学会电子电路设计就这么容易	58
21122	轻松掌握电梯安装与维修技能	78
21082	轻松看懂电子电路图	39
20494	轻松掌握汽车维修电工技能	58
20395	轻松掌握电动机维修技能	49
20376	轻松掌握小家电维修技能	39
20356	轻松掌握电子元器件识别、检测与应用	49
20163	轻松掌握高压电工技能	49
20162	轻松掌握液晶电视机维修技能	49
20158	轻松掌握低压电工技能	39
20157	轻松掌握家装电工技能	39
19940	轻松掌握空调器安装与维修技能	49
19939	轻松学会滤波器设计与制作	49
19861	轻松看懂电动机控制电路	48
19855	轻松掌握电冰箱维修技能	39
19854	轻松掌握维修电工技能	49
19244	低压电工上岗取证就这么容易	58
19190	学会维修电工技能就这么容易	59
18814	学会电动机维修就这么容易	39
18813	电力系统继电保护	49
18736	风力发电与机组系统	59
18015	火电厂安全经济运行与管理	48
16565	动力电池材料	49
15726	简明维修电工手册	78

欢迎订阅以上相关图书

图书详情及相关信息浏览：请登录 http://www.cip.com.cn

购书咨询：010-64518800

邮购地址：北京市东城区青年湖南街13号化学工业出版社（100011）

如欲出版新著，欢迎投稿 E-mail：editor2044@sina.com